# 陆相砂岩油藏开发试验实践与认识
## ——以孤岛油田高效开发为例

姚秀田　郭建平　束青林　徐　磊　著

中国石化出版社
·北京·

**图书在版编目（CIP）数据**

陆相砂岩油藏开发试验实践与认识：以孤岛油田高
效开发为例/姚秀田等著.—北京：中国石化出版社，
2024.3
ISBN 978-7-5114-7473-5

Ⅰ.①孤…　Ⅱ.①姚…　Ⅲ.①陆相—砂岩油气藏—
油田开发—研究　Ⅳ.①TE343

中国国家版本馆 CIP 数据核字（2024）第 062958 号

**中国石化出版社出版发行**

地址：北京市东城区安定门外大街 58 号
邮编：100011　电话：(010) 57512500
发行部电话：(010) 57512575
http://www.sinopec-press.com
E-mail：press@sinopec.com
北京艾普海德印刷有限公司印刷
全国各地新华书店经销
\*
787 毫米 ×1092 毫米 16 开本 18.5 印张 457 千字
2024 年 3 月第 1 版　2024 年 3 月第 1 次印刷
定价：88.00 元

# 序言

PREFACE

孤岛油田是我国陆相普通稠油油藏的典型代表，也是我国投入勘探开发最早的油田之一，作为我国第一个投入注水开发、高温高盐油藏化学驱、稠油热采的疏松砂岩油藏，主力油层发育，储量集中，具有高孔高渗、强非均质、高饱和压力、胶结疏松、生产过程中易出砂等特点。孤岛油田的开发是一部艰苦创业史，也是一部科技创新史。在国内外无先例借鉴的情况下，孤岛石油人坚定信心，试验先行、示范引领，走实践创新之路，科学探索注水开发，至1992年，年产油达到历史最高水平$474.1 \times 10^4$t；科学探索化学驱开发、稠油热力及热化学开发等新技术，原油产量连续12年稳定在$400 \times 10^4$t以上、连续39年稳定在$300 \times 10^4$t以上，创出了同类型油藏开发的高水平。系统总结孤岛油田成功开发的经验，对于同类型油田的开发具有很好的指导意义。

该书以孤岛油田的开发试验实践为主线，资源有限、创新无限，系统阐述了水驱、化学驱、稠油热采等开发方式不同开发阶段的开发试验、技术体系和取得的经验，总结提炼了开展战略性接替技术攻关所取得的新理念、新方法、新技术、新认识，在实践中创新、在创新中发展，为油田的高效开发提供了技术创新思路。通过开展油田开发矿场试验，可及时发现和解决油田开发中出现的主要问题，解放思想，挑战采收率极限，体现了石油人持续寻找打造油田高效开发技术的精神，指明了油田开发技术的主要接替方向，实现科技攻关成果向规模应用转化。矿场试验经验的总结和提炼是一个再学习的过程，也是一个提高和升华的过程，可避免重复试验、低效试验，达到经验共享、成果共享、技术共享，便于技术推广。

该书具有很强的实践性、针对性和实用性，是几代石油人长期实践探索与理论结合的总结提升，也是油田开发领域一部极具实用价值的参考书。希望该书的出版能给予广大油气勘探开发科技工作者一些启示，提供经验借鉴，共同推动我国油气勘探开发工作创新发展，为保障国家能源安全再创佳绩、再立新功。

中国工程院院士：

2024年3月

# 前言

## F|O|R|E|W|O|R|D

中国石油开发的历史是一部科技进步的历史。只有始终根据不同油藏的地质特点和开发阶段，围绕提高采收率和投资回报率，不断研究、攻关试验、创新实践、再认识，才能不断突破技术瓶颈，实现油田高水平、高效益开发。

我国油田地质条件复杂，油藏类型多样，油气藏开发技术和实践非常丰富。以大庆、胜利油田为代表的陆相沉积砂岩油气藏储量、产量及开发理论、技术、实践在我国石油行业中占有重要地位。孤岛油田是我国陆相普通稠油油藏的典型代表，也是我国投入勘探开发最早的高效开发油田之一。孤岛油田为继承性发育在古生界潜山之上的大型披覆背斜构造油藏，主要含油层系为新近系中新统馆陶组，属整装疏松砂岩稠油油藏，主力层发育，储量集中，具有高孔高渗、强非均质、高原油黏度、高饱和压力、疏松易出砂等特点，开发方式丰富多样，水驱、化学驱、稠油热采三种开发方式并存。

孤岛油田作为我国第一个投入注水开发的疏松砂岩稠油油藏，在50多年的开发过程中，始终坚持"资源有限，创新无限，解放思想，挑战极限"的战略指导思想，从实际出发，针对油藏地质特点、不同开发阶段的主要矛盾以及油田开发工作的需求，持续试验、不断创新、多措并举，实现了长期的持续高产、稳产。运用注水开发技术，实现快速建产能，1992年在特高含水期年产油量达到历史最高水平，达 $474.1×10^4t$，发展应用化学驱和低效水驱稠油注蒸汽热采开发技术，有效减缓了油田产量递减，原油连续12年稳产超过 $400×10^4t$、连续39年稳产超过 $300×10^4t$，创同类型油藏开发的高水平，系统总结孤岛油田开发试验经验，以期为同类油田开发提供借鉴。

在孤岛油田50多年的开发历程中，始终坚信"矿场试验是实现油田有效高效开发的必由之路"，在水驱、化学驱和稠油热采三个开发领域共开展了30多项矿场开发试验，在油田高效开发中发挥了重要作用。20世纪60年代末，孤岛油田发现之初，在缺乏开发实践经验和认识程度低的情况下，开展了3项注水开发试验，优化基础井网和开发层系，总结油水运动规律，确定了开发技术政策；进入中高含水期，油田开发突出矛盾是层间干扰严重、采液速度低、综合含水率上升快、稳产难度大，先后开展了细分层系、大泵提液、井网加密强化注采系统等先导试验，掌握了稠油疏松油层在高含水期的开采规律、开采界限及提高采液强度的钻采工艺技术，进而实施了以细分层系为主、适当加密井网的调整工作，提高储量动用程度；进入特含水期，针对自然递减加剧、开发难度加大的问题，在精细油藏描述及剩余油研究基础上，继续开展强注强采、不稳定注水，薄层出砂严重的馆1+2注水开发、厚油层顶部和薄差油层水平井调整试验，形成了独具孤岛特色的MRC水平井提高采收率技术，为孤岛油田提高开发水平提供新的思路，掀开了特高含水期层内剩余油挖潜的新篇章，为整装油藏特高含水后期精细挖潜提供了有效手段，拓宽了老油田提高采收率的空间。为保持油田开发的高水平，"八五"初期，积极开展聚合物驱和热采吞吐先导试验，并在孤岛油田大面积推广，为孤岛油田提供65.3%的原油产量。

实践证明，通过开展油田开发矿场试验，可及时发现和解决油田开发中出现的主要问题，寻找油田高效开发技术，指明油田开发技术的主要研究方向，实现科技攻关成果向大规模生产转化。矿场试验经验的总结和提炼是一个再学习的过程，也是一个提高和升华的过程，可避免重复试验、低效试验，达到经验共享、技术共享、成果共享，便于技术推广，使开发试验成果的整体效益最大化、规模化、实效化。

孤岛油田的试验和高效开发，为开发同类油藏积累了宝贵的经验。本书在分析总结孤岛油田开发历程基础上，忠实地记录并系统总结了水驱、热采和化学驱三种开发方式不同开发阶段的开发试验、技术体系及认识，反映了科技人员对孤岛油田不断认识、探索、创新的过程，体现了孤岛油田的开发难度之大，凝聚了广大科技人员的艰辛劳动，是开发经验的总结与升华。希望这些成果能为我国油气开发系统广大科技工作者提供借鉴，为我国石油工业更加辉煌做出新的贡献。

本书共5篇16章，涵盖了水驱、化学驱、稠油热采开发等内容，是对上述开发试验形成的专项技术的综合与集成，突出了孤岛石油开展战略性接替技术攻关所取得的新理念、新认识、新技术、新方法，对我国石油开发主营业务的稳健发展具有支柱性和前瞻性作用。感谢胜利油田勘探开发研究院、石油工程技术研究院、孤岛采油厂等相关技术人员提供的资料。

由于编者水平有限，错误和不当之处在所难免，敬请读者批评指正。

作者

2024年1月

# 目录
## CONTENTS

## 第一篇 概论

**第一章 孤岛油田基本情况** ·············· 3

第一节 油田概况 ·············· 3

第二节 开发历程 ·············· 5

**第二章 开发试验基本情况** ·············· 8

第一节 开发试验总体设计 ·············· 8

第二节 开发成效 ·············· 12

## 第二篇 水驱开发

**第三章 水驱油机理与发展历程** ·············· 17

第一节 水驱油机理 ·············· 17

第二节 水驱开发历程 ·············· 23

**第四章 低含水期水驱开发试验** ·············· 25

第一节 开辟开发试验区 ·············· 25

第二节 中二区南部早期注水开发试验 ·············· 29

**第五章 中含水期水驱开发试验** ·············· 36

**第六章 高含水期水驱开发试验** ·············· 40

第一节 孤岛油田馆1+2注水开发试验 ·············· 40

第二节 孤岛油田中二区中部馆3-4强注强采开发试验 ·············· 44

第三节 中二区中部馆3-4单元不稳定注水开发试验 ·············· 51

第四节 厚油层顶部水平井调整开发试验 ·············· 55

第五节 薄差油层水平井开发试验 ·············· 73

## 第三篇 化学驱开发

第七章 化学驱开发机理与发展历程 ·············· 79

第一节 化学驱油机理 ·············· 79

第二节 化学驱发展历程 ·············· 84

第八章 聚合物驱开发试验 ·············· 87

第一节 中一区馆 3 聚合物驱先导试验 ·············· 87

第二节 中一区馆 3 注聚合物扩大开发试验 ·············· 94

第三节 中二区中部馆 3-4 聚合物驱先导试验 ·············· 102

第九章 聚合物—交联驱油开发试验 ·············· 107

第一节 西区西 4-172 井组交联聚合物驱先导试验 ·············· 107

第二节 南区渤 19 断块注交联聚合物驱开发试验 ·············· 112

第十章 碱 – 表面活性剂 – 聚合物三元复合驱开发试验 ·············· 117

第十一章 聚合物驱后提高采收率开发试验 ·············· 125

第一节 中一区馆 3 交联聚合物溶液深部调剖开发试验 ·············· 125

第二节 中一区馆 4 注聚后石油磺酸盐驱开发试验 ·············· 130

第三节 中 28-8 井组强化泡沫驱单井试注开发试验 ·············· 135

第四节 中一区馆 3 聚合物驱后二元复合驱先导开发试验 ·············· 139

第五节 中一区馆 3 聚合物驱后微生物驱油先导开发试验 ·············· 144

第六节 中二区南部中 22-610 井组活性高分子驱油先导开发试验 ·············· 152

第七节 中一区馆 3 非均相复合驱油先导开发试验 ·············· 159

第八节 西区北馆 3-4 井网互换变流线非均相复合驱开发试验 ·············· 171

## 第四篇 稠油热采开发

第十二章 热采机理与发展历程 ·············· 191

第一节 热力采油机理 ·············· 191

第二节 热采发展历程 ·············· 195

**第十三章　蒸汽吞吐先导开发试验** ·················································· 197

**第十四章　蒸汽驱先导开发试验** ·················································· 205

第一节　孤气 9 块转间歇蒸汽驱先导开发试验 ··························· 205

第二节　中二区北部馆 5 转热化学驱蒸汽驱先导开发试验 ············· 215

第三节　中二中馆 5 水驱稠油转蒸汽驱先导开发试验 ···················· 229

**第十五章　稠油热采转化学驱开发试验** ·········································· 241

第一节　中二区北部馆 5 热采稠油堵调降黏复合驱先导开发试验 ······ 241

第二节　东区馆 3-4 热采稠油转化学驱先导开发试验 ··················· 257

## 第五篇　结论与认识

**第十六章　认识与成果总结** ·························································· 269


**参考文献** ······························································································ 284

# 第一篇

# 概　论

# 第一章　孤岛油田基本情况

## 第一节　油田概况

### 一、主要地质特点

孤岛油田区域构造位于沾化凹陷东部，为继承性发育在古生界潜山之上的大型披覆背斜构造，近北东走向，南北两侧分别受孤南、孤北断裂控制，为沾化凹陷内典型的"凹中隆"，长 15km，宽 6km，闭合高度 140m，圈闭面积 $100km^2$。由于临近渤南、孤南和孤北洼陷三个优质生油洼陷，具备了形成大型油气田的有利烃源条件，主要储层为馆陶组河流相疏松砂岩，油气储集空间巨大，上覆的明化镇组及以上地层均发育巨厚的泥岩，盖层条件优越，油田主要地质特点如下。

（1）构造简单，主体部分完整且平缓。顶部为一平台，两翼西陡东缓，顶部地层倾角 $30'\sim1°30'$，翼部倾角 $2°\sim3°$。构造上有 23 条正断层，南北两条 II 级断层控制沉积和油气聚集。北翼为孤北断层，倾向北西，落差自东向西由小变大；南翼为孤南断层，倾向南东，落差自东向西由大变小。

（2）含油层系油气富集，储量较集中。纵向上依次发育明化镇组、馆陶组、东营组、沙河街组四套含油气层系，截至 2021 年，油田探明含油面积 $96.9km^2$、探明石油地质储量 $40086\times10^4t$。主要含油层系为馆陶组，油藏埋深 $1120\sim1350m$，储量占油田探明总储量的 96.4%。

（3）储层物性好，以中高渗透为主。主力层系馆 3–6 砂层组平均孔隙度 32.1%~35.1%，空气渗透率（$1264\sim3370$）$\times10^{-3}\mu m^2$，储层主要胶结类型为接触式、孔隙–接触式和接触–孔隙式胶结，胶结物以泥质为主，泥质含量 8.0%~10.3%，碳酸盐岩含量 1.46%。储层非均质性强。馆陶组上段地层属河流相正韵律沉积，河流走向为东西向，馆 3–4 砂层组属曲流河流沉积，馆 5–6 砂层组属辫状河流沉积。平面上从河床亚相到边缘亚相，粒度由粗到细，泥质含量增多，渗透率变低，渗透率突进系数 1.27~4.43，级差 2.0~34.3。

（4）原油性质具有高密度、高黏度、低凝固点等特点。主力层系馆3-6砂层组地面原油密度0.9350~1.0067g/cm³，黏度250~35000mPa·s，凝固点为-32~-10℃。馆上段原油黏度的分布规律是顶稀边稠，各小层原油密度受油藏埋深控制，随埋深增加而增大。

（5）孤岛油田为高饱和油藏，中一、中二区构造顶部高部位油层具有分散的小气顶存在，互不完全重叠，受油层顶部微构造影响，原始地层压力12.3MPa，饱和压力7.2~11.5MPa，地饱压差小，一般为1.5~2.0MPa，油层压力属于正常压力系统，压力系数1.0左右。地温梯度正异常，深度每增加100m温度增加4.5℃，油层温度约70℃。边、底水不活跃，天然能量弱，馆3-4砂层组油水界面为-1280~-1270m，馆5-6砂层组油水界面为1295~1315m。南区因断层切割，油水界面变化较大，馆3-4砂层组油水界面为-1310~-1220m。

根据馆上段原油黏度的分布规律，地下原油黏度为30~130mPa·s时，采用注水或注聚合物开发；地下原油黏度大于130mPa·s时，采用热采开发。

孤岛油田稠油环位于孤岛背斜构造侧翼，纵向上处于稀油与边底水之间的油水过渡带，平面上围绕孤岛油田呈环状分布，分为馆3-4、馆5、馆6和馆5-6四个稠油环，馆5、馆6稠油环分布较为连续，位于孤岛油田主体边部，馆3-4稠油环较为零散，均位于孤岛油田边角部位。整体而言，孤岛稠油埋深为-1320~-1200m，原油黏度及密度随构造深度的增加而增大，50℃地面脱气原油黏度为5000~35000mPa·s，密度为0.98~1.00g/cm³，油水界面相对较统一，为-1314~-1308m。

## 二、水驱主要特点

截至2021年12月，孤岛油田稠油动用含油面积26.5km²，地质储量7068×10⁴t，其中馆5稠油环储量最大，为3201×10⁴t，占总储量的45.3%；其次是馆3-4稠油环，储量为2940×10⁴t，占总储量的41.6%；馆6稠油环储量最小，为927×10⁴t，占总储量的13.1%。总体上孤岛油田低效水驱稠油具有以下三个特点。

1. 原油黏度高

50℃地面脱气原油黏度为5000~35000mPa·s，原油密度为0.98~1.00g/cm³，具有黏温敏感性强的特点，温度每升高10℃，原油黏度下降一半以上。如生产馆5³层位的中25-420井，50℃地面脱气原油黏度为10722mPa·s，温度升至125℃时原油黏度降至87mPa·s，温度升至200℃时原油黏度降至11mPa·s。

2. 受注入水和边底水双重水侵影响

孤岛稠油环纵向上处于稀油与边底水之间的油水过渡带，一方面受构造高部位同层系稀油注水区注入水影响，另一方面受构造低部位边底水影响，由于稠油区靠近底水区，边底水能量活跃，以馆5稠油环为例，馆5³⁻⁶四个小层叠合水体体积是油体体积的4倍，其中可动水体积是油体体积的3倍。

3. 不同稠油环储层性质差异较大

馆5稠油环分布面积广、储层厚度大（主力层有效厚度8~12m），展布较为稳定，构造低部位边底水较发育。馆6稠油环油层厚度薄（主力层有效厚度3~7m），油水层间互，夹层发育不稳定。西南区馆5-6稠油环单层厚度薄（单层厚度3~4m）、叠加厚度大（可达4~10m），一直与上层系馆3-4稀油合注合采，受层间物性及流体非均质性影响，储量动用状况较差；馆3-4稠油环储层泥质含量高（15%以上），敏感性强。

# 第二节 开发历程

孤岛油田的发展，在很大程度上依靠技术进步和突破。孤岛油田发展史就是一部技术发展史，从1968年5月17日孤岛油田发现，到70年代的转注水，80年代的细分注水，再到90年代依靠注聚合物和蒸汽吞吐热采两大技术提高采收率，支撑孤岛采油厂连续12年原油产量超过$400 \times 10^4$t，连续39年稳产超过$300 \times 10^4$t。历史实践证明，没有先导试验进行技术的突破，就没有孤岛油田高质高效高速的开发，可以说孤岛油田的开发就是超前先导有序技术接替战略发展过程，回顾其开发历史，主要经历了四次大的开发调整。

## 一、1971年至1973年，分区投产建产能

开发初期为优化基础井网，合理开发层系，在油层分布、连通情况及稠稀油干扰情况还未掌握的情况下，1970年8月在构造顶部约$7km^2$区域开辟生产试验区，采用400m三角形井网，部署26口生产试验井。试验井完钻后认识到：层系内层间差异，渗透率级差控制在3以内。层系内主力油层不超过3个。300m井距主力油层控制好；200m井距，主次层控制好。稠油渗流具有启动压力梯度，注水开发极限泄油半径为130~200m。根据油层发育、原油性质差异，将孤岛油田人为划分六个开发区部署井网实施开发。1972年产油量突破$100 \times 10^4$t大关，1973年产油量提高到$245 \times 10^4$t。

## 二、1974年至1980年，分区注水、综合治理

孤岛油田油层饱和压力高，地饱压差仅1.5~2MPa，必须早期注水开发。为及时有效补充地层能量，并了解孤岛油田非均质性强的多层稠油疏松砂岩油藏对早期注水开发的适应性，于1973年4月在中二南开展了注水开发试验。通过注水，及时补充了地层能量，产量开始回升，单井日产油量由注水初期的15.8t提高到一年后的32.6t。认识到像孤岛油田这样疏松砂岩稠油油藏，采用注水补充能量的开发方式，是简易、经济、可行的。初步掌握了在油水黏度比大、层间矛盾大、层内非均质程度强的条件下的注水开发规律。发展了"四分、五清"注水开发技术，进行了以完善注采系统为主的整体周期注采调配。发展了

油井治砂与排砂采油相结合的技术，突破了"怕砂、怕稠、怕水"的思想禁区，使采收率达到19.4%，年产油量由1973年的 $245.0 \times 10^4 t$ 上升至1980年的 $352.2 \times 10^4 t$。

### 三、1981年至1992年，细分层系、加密井网、强化注采系统

该阶段油田开发存在的主要问题是层间干扰严重、水井负担重、采液速度低，开展了细分层系、井网加密强化注采系统、大泵提液等先导试验，每套开发层系小层由9~19个减少至4~9个，主力层由4个减少至2个，注采井距由300~400m缩小至225~270m，油井间、水井间局部为75~150m错层分采合注，采液速度由1981年的3.44%提高到1992年的12.32%，单井日产液量达到110~150t。突破了"三小"（小泵径、小冲程、小冲数）、不敢提液的思想禁区。在此期间还开展了孤岛油田馆1+2注水开发试验，配套低品位储量开发工艺，成功进行了薄层出砂严重的馆1+2储层的注水开发，油田采收率提高到29.6%。1984年孤岛油田进入了第二次产量增长阶段，年产油量冲上 $440 \times 10^4 t$ 的大台阶，1992年创年产油量 $474.3 \times 10^4 t$ 的历史最高纪录。

### 四、1993年至今，水驱精细开发、发展聚合物驱、稠油热采开发技术

油田进入特高含水阶段，战略部署转移到老油田基础配套管理，利用"控水稳油"系统工程，加强老油田综合治理，开展了注水产液结构调整、不稳定注水、攻欠增注等精细水驱开发工作，控制综合含水率上升。该阶段油藏结构的复杂性和开发的非均质性更加严重，传统的储层非均质研究主要集中在层内、层间、平面及微观等方面，对于砂体内部侧向非均质规模的研究较少，且砂体内部结构控制的剩余油挖掘逐渐成为油田开发的主要目标。2003年开始，开展了河流相储层构型分析、三维建模及剩余油分布规律等技术研究，形成了MRC水平井挖潜进一步提高采收率技术，掀开了特高含水期层内剩余油挖潜的新篇章。水平井应用的突破，极大地改善了特高含水期油田的开发效果，采收率再提高4%，达到33.6%。

孤岛油田要继续提高采收率，必须寻求新的开发技术，改善流度比，扩大波及体积。开展的中一区馆3先导与扩大聚合物驱现场试验，证明高黏度、高渗透、非均质河流相沉积油藏，采用常规注采井网、产出水配注条件下聚合物驱提高采收率方法是可行的。1997年聚合物驱推广到中一区馆4、西区北馆3-4、中一区馆5-6等单元，一类油藏覆盖地质储量 $9103 \times 10^4 t$。开展的中二中馆3-4二类油藏聚合物驱先导试验，证明聚合物驱油技术对油藏适应性逐渐提高，地下原油黏度、油层温度、地层水矿化度界限都有所提高，聚合物驱应用规模不断扩大，投入二类注聚项目9个，覆盖石油地质储量 $1.30 \times 10^8 t$，孤岛油田注聚项目合计覆盖石油地质储量 $2.218 \times 10^8 t$，突破了"抗盐、抗剪切、抗高温、增黏保黏工艺"，累计增油量 $1730 \times 10^4 t$，采收率提高7.7%，效果显著。聚合物驱后综合含水率迅速回返，产量递减加大，已成为油田稳定发展的紧迫任务，按照胜利油田分公司部

署，积极开展了LPS、石油磺酸盐、泡沫驱、微生物驱、活性高分子及二元复合驱等多项开发试验，提高采收率效果均不理想。表明聚合物驱后油藏条件更加复杂，油藏非均质性更加突出。为此，确定了"改变流线、强调强洗"大幅度提高采收率技术思路。开展了非均相复合驱先导试验，2019年开展的西区北馆3-4井网互换变流线非均相复合驱先导试验取得了一定效果，可推广到中二区、南区等。

孤岛油田整个稠油属于边际稠油油藏，投资经济风险高、技术难度大，1992年在中二北馆5开展注蒸汽吞吐热采试验表明，只要防好砂，孤岛油田稠油注蒸汽吞吐热采是可行的，注蒸汽吞吐热采技术推广到馆3-4、馆5和馆6稠油环。随着热采配套技术的完善，转热采厚度界限和含水界限都得到突破，蒸汽吞吐技术进一步推广到馆5-6稠油环，水驱转热采技术大规模推广，覆盖地质储量$8465 \times 10^4$t，累计产油量$2490 \times 10^4$t。但随着开发的深入，含水井、高轮次井逐年增多，新的问题是无稠油热化学驱理论指导、无有效接替储量、无有效接替技术。虽开展了蒸汽驱及热化学蒸汽驱试验，取得一定成果，但稠油整体处于高含水阶段，蒸汽驱扩大实施规模受限。稠油转型开发迫在眉睫，东区北馆3-4普通稠油油藏蒸汽吞吐后转化学驱、中二北馆5稠油降黏复合驱两个探索转型先导试验见成效，证明普通稠油高轮次吞吐后转化学驱是持续发展之路，进而确立了化学驱作为孤岛稠油高轮次吞吐后进一步提高采收率的主要技术方向。

截至2021年12月，孤岛油田动用地质储量$4.13 \times 10^8$t，可采储量$1.87 \times 10^8$t，采收率45.3%。开油井2700口，日产油量5811t，综合含水率92.5%，年产油量$223 \times 10^4$t，地质储量采出程度42.1%，可采储量采出程度93.0%。其中化学驱覆盖石油地质储量$22184.7 \times 10^4$t，年产油量$107.5 \times 10^4$t，占油田年产量的48.2%，采收率达到51.4%；稠油热采动用地质储量为$8668 \times 10^4$t，年产油量$89.5 \times 10^4$t，占油田年产量的40.2%，采收率34.4%。

# 第二章 开发试验基本情况

## 第一节 开发试验总体设计

孤岛油田是 20 世纪 60 年代末发现的亿吨级大油田，对国家能源战略至关重要。孤岛油田也是我国第一个常规注水开发稠油油田，该类油田缺乏开发实践和经验，对油田认识程度低。为了实现油田高速高效开发，制定了"整体规划，分步实施，实践一步，前进一步"的原则，坚持"超前试验，配套开发技术，从技术中找发展"的开发理念，不断探索、试验、创新，实现了长期持续高产稳产。

孤岛油田在 50 多年的开发过程中，矿场试验发挥了重要作用，通过开展油田开发矿场试验，及时发现和解决油田开发中出现的主要问题，寻找油田高效开发技术。在水驱、化学驱和稠油热采三个开发领域共开展了 29 项矿场开发试验，其中水驱开发 9 项，化学驱开发 14 项，稠油开发 6 项（表 2-1）。试验项目大部分已经结束，目前正在进行的还有 3 项（中二区北部馆 5 热采稠油转化学堵调降黏复合驱开发试验、东区馆 3-4 热采稠油转化学驱开发试验、西区北馆 3-4 井网互换变流线非均相复合驱开发试验）。

表 2-1 开发试验项目情况汇总表

| 类型 | 序号 | 项目名称 | 试验区 | 实施开始时间 |
|---|---|---|---|---|
| 水驱 | 1 | 开发初期开辟开发试验区 | 开发初期开辟开发试验区 | 1971.05 |
| | 2 | 早期注水试验 | 中二南 | 1973.04 |
| | 3 | "单层开采、逐层上返"开发试验 | 中二南 | 1980.02 |
| | 4 | 提液试验 | 中二南 | 1983.07 |
| | 5 | 馆 1+2 注水开发试验 | 南 28-4 井区、中 30-8 井区 | 1986.01 |
| | 6 | 强注强采试验 | 中二中馆 3-4 | 1993.03 |
| | 7 | 不稳定注水试验 | 中二中馆 3-4 | 1994.05 |
| | 8 | 厚油层顶部水平井调整试验 | 中一区馆 5 | 2002.10 |
| | 9 | 薄差油层水平井调整试验 | 中一区馆 5-6 | 2002.05 |

续表

| 类型 | 序号 | 项目名称 | 试验区 | 实施开始时间 |
|---|---|---|---|---|
| 化学驱 | 1 | 聚合物驱先导试验 | 中一区馆3 | 1992.10 |
| | 2 | 聚合物驱扩大试验 | 中一区馆3 | 1994.12 |
| | 3 | 七点井网聚合物驱先导试验 | 中二中馆3-4 | 1998.01 |
| | 4 | 注交联聚合物试验 | 西区X4-172井组 | 1995.06 |
| | 5 | 交联聚合物驱试验 | 南区渤19断块 | 1999.08 |
| | 6 | 三元复合驱试验 | 西区 | 1997.05 |
| | 7 | 交联聚合物溶液深部调剖试验 | 中一区馆3 | 1999.11 |
| | 8 | 注聚后石油磺酸盐驱试验 | 中一区馆4 | 2001.04 |
| | 9 | 强化泡沫驱单井试注试验 | 中28-8井区 | 2003.04 |
| | 10 | 聚合物驱后二元复合驱试验 | 中一区馆3 | 2006.12 |
| | 11 | 聚合物驱后微生物驱试验 | 中一区馆3西部 | 2008.11 |
| | 12 | 聚合物驱后活性高分子聚合物驱试验 | 中二南馆4 | 2008.12 |
| | 13 | 非均相复合驱油先导试验 | 中一区馆3 | 2010.10 |
| | 14 | 井网互换变流线非均相复合驱先导试验 | 西区北馆3-4 | 2019.12 |
| 稠油 | 1 | 稠油动用蒸汽吞吐先导试验 | 中二区北部馆5 | 1992.09 |
| | 2 | 蒸汽吞吐后期转间歇蒸汽驱先导试验 | 孤气9 | 2008.05 |
| | 3 | 蒸汽吞吐后期热化学蒸汽驱先导试验 | 中二区北部馆5 | 2010.10 |
| | 4 | 水驱后转蒸汽驱先导试验 | 中二区中部馆5 | 2011.09 |
| | 5 | 热采稠油转化学堵调降黏复合驱先导试验 | 中二区北部馆5 | 2019.08 |
| | 6 | 热采稠油转化学驱先导试验 | 东区馆3-4 | 2020.01 |

## 一、水驱开发试验

水驱开发试验共9项，摸索了油水运动规律，研究确定开发技术政策，形成水驱开发技术系列，水驱采收率达到30%。

开发初期，在对油层分布、连通情况及稠稀油干扰情况尚未掌握的情况下，1970年8月开展了400m井距的三角形井网开发试验，优化基础井网和开发层系，取全资料，深化认识，为"孤岛油田总体开发设想规划方案"的编制奠定基础，实现1971年当年产油量 $38 \times 10^4 t$。针对油田初期天然能量开发不足、产量递减快的问题，1973年4月在中二区南部开展了注水开发试验，初步掌握了在油水黏度比大、层间矛盾大、层内非均质程度强的条件下的注水开发规律，有效指导油田全面注水开发。

进入中高含水期，油田开发突出矛盾是层间干扰严重、采液速度低、综合含水率上升快，稳产难度大，先后开展了细分层系、井网加密强化注采系统、大泵提液等先导试验，通过中二南"先期防砂、7in（英寸，1in=2.54cm）套管、单层开采、逐层上返"和"大泵提液"现场试验，掌握了稠油疏松油层在高含水期单层开采规律、开采界限及单层开采提高采液强度的钻采工艺技术，进而实施了以细分层系为主、适当加密井网的调整工作，提高储量动用程度。

进入特高含水期，针对自然递减加剧、开发难度加大的问题，在精细油藏描述及剩余油研究的基础上，继续开展试验。中二区中部馆3~4强注强采试验，全区推广应用效果显著，采液速度提高到12%；不稳定注水试验，进一步提高注入水水驱面积、提高注水利用率，达到少注水、少产水而保持稳产；薄层出砂严重的馆1+2注水开发试验，配套低品位储量开发工艺，成功实现了非主力层挖掘；中一区馆 $5^3$ 层厚油层顶部水平井调整试验和中一区馆5~6单元中部井区薄差油层水平井调整试验，突破了特高含水期韵律层顶部剩余油和3~4m薄差层动用的禁区，形成了独具孤岛特色的MRC水平井调整提高采收率技术，为孤岛油田提高开发水平提供新的思路，掀开了特高含水期层内剩余油开发调整挖潜的新篇章。

## 二、化学驱开发试验

孤岛油田进入特高含水期后，为寻求提高最终采收率途径，先后开展了聚合物驱及聚驱后开发试验14项，形成了孤岛一类油藏聚合物驱油十大配套技术，二类油藏聚合物驱八大配套技术，以及聚合物驱后"流场重整+PPG+聚合物+表面活性剂"的加合增效理论与技术，进一步提高采收率15%。

（1）在孤岛油田中一区馆3进行了聚合物驱先导试验和工业性扩大试验，证明高黏度高渗透非均质河流相沉积油藏，采用常规注采井网、产出水配注条件下聚合物驱提高采收率方法是可行的，为孤岛油田进行工业性聚合物驱在技术上和经济上提供依据，并发展形成了孤岛一类油藏聚合物驱油十大配套技术，一类油藏聚合物驱得到迅速推广应用，覆盖地质储量 $5830 \times 10^4 t$ ，采收率提高7.5%。

（2）针对孤岛油田地层原油黏度高达70~130mPa·s、储量占72.5%的二类油藏，开展了新的技术攻关与现场试验。1995年和1999年分别在西区X4-172井组和南区渤19断块开展交联聚合物驱矿场试验，现场试验结果表明，试验区条件下交联聚合物驱是可行的，但对于采出程度高、原油黏度高的单元，提高采收率幅度小，而且易交联沉淀堵塞油管和储层，无有效解堵措施，无法大面积推广。1996年西区北馆3~4常规井距三元复合驱试验提高采收率13.8%，比同时注聚合物驱的西区北馆3~4高7%~8%。但由于三元复合驱药剂中含有碱，结垢严重、矿场可操作性差、经济效益差，限制了其大规模工业化推广应用。之后开展了无碱体系的二元复合驱油技术研究，1998年在中二中馆3~4单元进行二类油藏聚合物驱先导试验。通过注重油藏与化学、油藏与物探、油藏与地面、油藏与工艺的四个"结合"，进一步形成了二类油藏聚合物驱配套技术，突破了"抗盐、抗剪切、抗高温、增黏保黏工艺"，聚合物对油藏适应性逐渐提高，地下原油黏度由50mPa·s提高到100mPa·s，油层温度界限由65℃提高到80℃，地层水矿化度界限由5000mg/L提高到10000mg/L，聚合物驱应用规模不断扩大，覆盖石油地质储量13622×10⁴t，采收率大幅度提高6%~12%，聚驱后达到50%~55%，实现了常规井网、清水配、产出水稀释注聚开发高水平。

（3）针对孤岛油田聚合物驱后综合含水迅速回返，产量递减加大的严峻形势，积极开展了LPS、石油磺酸盐、泡沫驱、活性高分子驱油、微生物驱及非均相复合驱等聚合物驱后提高采收率8项先导试验。

开展了"中一区馆4注聚后石油磺酸盐驱"和"西区北西5-18井区聚合物再利用"两项单一驱替表活剂先导试验，表明单一驱替表活剂高孔、高渗窜提高采收率较难；无碱复合驱油泡沫体系开展了三项先导试验，中28-8井区强化泡沫驱试验、中一区馆3注聚后LPS试验、中一区馆3二元复合驱试验，还开展了中一区馆3西部注聚后微生物驱试验和中二南馆4注聚后活性高分子聚合物驱试验，表明聚合物驱后油藏条件更加复杂，油藏非均质性更加突出，上述几项化学驱技术均难以满足进一步大幅度提高采收率的要求。

为进一步寻求提高采收率途径，近几年又选择中一区馆3聚合物扩大区东南部开展非均相复合驱油先导试验。试验确定了"改变流线、强调强洗"大幅度提高采收率技术思路，利用流场重整+PPG+聚合物+表面活性剂的加合效应改变液流方向，对油层进行强调、强洗，进一步扩大驱油波及体积，提高驱油效率。试验证明聚合物驱后非均相复合驱先导试验提高采收率方法是可行的。2019年又开展了西区北馆3-4井网互换变流线非均相复合驱开发试验，取得了一定效果。

## 三、稠油热采开发试验

为了提高孤岛稠油储量动用程度和最终采收率，先后开展了蒸汽吞吐、蒸汽驱和热化学驱试验6项，目前正在进行2项，探索形成了独具孤岛特色的稠油热采高速高效开采模式，稠油出砂油藏取得较高采收率。

20世纪90年代初，在中二北馆5单元开展了蒸汽吞吐先导试验，获得较好热采效果，表明孤岛油田稠油注蒸汽热采是可行的，从而揭开了孤岛油田稠油热采的序幕，1994年开始稠油储量陆续投入工业性热采开发。

孤岛稠油开发经过高轮次吞吐，周期产油规律性递减，开发效益持续下降。为此，开展了蒸汽吞吐后间歇蒸汽驱和热化学蒸汽驱以及水驱后蒸汽驱3项试验，取得一定成果，但稠油整体处于高含水阶段，蒸汽驱扩大实施规模受限。为此开展了中二区北部馆5热采稠油转化学堵调降黏复合驱先导试验、东区馆3-4热采稠油转化学驱注聚补能驱替开发试验，证明普通稠油高轮次吞吐后转化学驱是持续发展之途径。

# 第二节　开发成效

　　截至2021年年底，孤岛油田累计产油$17.4 \times 10^8 t$，占全国原油生产总量的1/30，占胜利油田原油生产总量的1/7，原油年产油连续12年稳定在$400 \times 10^4 t$以上、连续39年保持在$300 \times 10^4 t$以上，30年保持胜利油田首位，为胜利油田$100 \times 10^8 t$作出了重要贡献。孤岛油田的开发，是对常规稠油疏松砂岩油藏注水的大胆探索，为同类型油田开发积累了大量的成功经验，创同类油田开发的全国领先水平，成为全国为数不多的稠油整装高效开发油田，连续六次被评为中国石油天然气总公司、中国石化集团公司"高效开发油田"，通过多年的持续攻关试验，开发试验已取得显著成效。

## 一、战略性探索工程，明确开发技术方向

　　多年来，孤岛油田通过矿场试验与技术攻关，探索油田高效开发途径，及时发现突出问题，指明油田开发技术主要研究方向，明确了油田开发核心技术和开发方向，开发试验是新区大规模产能建设的试验田，是老油田大幅度提高采收率的排头兵，是油田开发战略性探索工程。孤岛油田早期的开发试验，优化确定了基础井网、开发层系及注水保压的开发技术。中高含水期开展的细分、加密、提液等先导试验，确定技术界限，进而推广实施，提高储量动用程度。进入特高含水期，厚油层顶部和薄差油层水平井挖潜试验为孤岛油田提高开发水平提供了新思路，掀开了特高含水期层内剩余油挖潜的新篇章；注聚、复合驱、蒸汽吞吐等试验，明确了不同油藏条件不同阶段化学驱及稠油提高采收率主导技术，实现大幅度提高采收率。

## 二、攻关形成配套技术，工业化推广应用成效突出

　　通过开发试验攻关，形成了水驱、化学驱、稠油热力开发三个领域开发配套技术，指导油田陆续工业化推广，实现科技攻关成果向大规模生产力转化。水驱开发动用储量$32.315 \times 10^8 t$，累计产油量$13.186 \times 10^8 t$；化学驱覆盖储量$22.745 \times 10^8 t$，累计增油量$1730 \times 10^4 t$；稠油热力开发动用储量$9570 \times 10^4 t$，累计产油量$2489 \times 10^4 t$。

## 三、资料录取齐全准确，助力深化油藏认识

　　自油田投产以来，开展了多项开发试验，每个试验均制定了详细的资料录取计划，实施中严格执行计划，准确且详尽录取了各种资料，如密闭取芯、地层压力、产吸剖面和示踪剂测试等。大量的资料录取工作加深了开发工作人员对油藏的认识，为油藏的精细开发调控

与长效高效开发提供科学依据，有力保障了各项重大开发试验技术的矿场开发效果。

## 四、实现油田高速高效开发

孤岛油田在50多年的开发过程中，始终坚持"资源有限，创新无限，解放思想，挑战极限"的战略指导思想，不断探索、试验、创新，形成了水驱、化学驱和稠油热采三大开发领域技术系列，实现了油田长期持续高速高效开发。初期单井日产油量30t，1971年当年生产原油$15 \times 10^4$t，1975年达到$339.3 \times 10^4$t，5年建成年产油量$300 \times 10^4$t以上的大油田，1984年上升到$440.9 \times 10^4$t，到1992年特高含水期达到历史最高水平，达$474.1 \times 10^4$t；推广应用化学驱、稠油热采开发，有效弥补油田产量递减，使原油产量在$300 \times 10^4$t以上连续稳产了39年，比预测长8~10年。水驱采收率达到40%，稠油出砂油藏也取得20%较高采收率，化学驱提高采收率20%，油田总体采收率已高达40%，为胜利油田乃至中石化的可持续发展奠定了坚实基础。

## 五、经济效益和社会效益显著

石油在中国经济发展中有着重要的地位和作用。52年来，孤岛油田把以国为重、以苦为荣、多产原油、多做贡献作为矢志不渝的追求，累计为国家生产原油$1.74 \times 10^8$t，不仅为国家经济建设作出了突出贡献，也在山东省和东营市的经济发展中发挥了巨大作用。

孤岛油田为我国石油工业的改革与发展作出了重大贡献。1998年石油石化重组改制前，特别是20世纪80年代中后期到90年代中前期，孤岛油田作为胜利油区原油上产的主力军，年产油量一直保持在胜利油田年产量的13%以上，其中有7年超过了20%（图2-1），为实施"稳定东部、发展西部"总体战略做出重大贡献。重组改制后，作为中石化集团公司上游"龙头"企业，始终把顾全大局、为祖国石油石化发展排忧解难作为义不容辞的职责，连续多年一直是中石化集团公司的上缴利润大户，为中国石油化工股份有限公司成功上市和建设发展做出重大贡献。

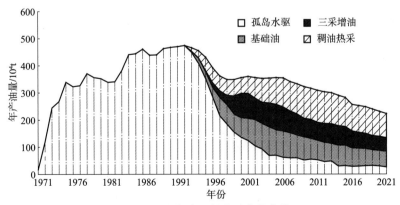

图2-1　孤岛油田年产量变化曲线

# 第二篇

# 水驱开发

在油田开发各项技术中，水驱开发技术是一项历史悠久、实践丰富、应用面广、风险性低和经济性好的技术，是一项长期性和战略性工程，是改善油田开发效果的主体技术之一。开发之初就制定了"整体规划，分步实施，大搞科学试验，开辟生产试验区，实践一步，认识一步，前进一步"的开发原则，宏观指导油田科学开发。在进行每一步时都抽出一定力量为下一步开发工作做好充分准备。做到"认识一块，开发一块，准备一块"。目前注水开发储量占孤岛油田动用储量的54％，所以开展重大开发试验，改善水驱开发效果，是上游业务转变发展方式实现稳健发展的必由之路。

本篇分为"水驱油机理与发展历程""低含水期水驱开发试验""中含水期水驱开发试验""高含水期水驱开发试验"。

# 第三章 水驱油机理与发展历程

## 第一节 水驱油机理

在孔隙性砂岩储油的常规稠油油藏中，从分析水驱油效率的影响因素入手研究水驱油机理。在此重点研究几个主要的地质物理因素对水驱油效率的影响，如原油地下黏度、岩石润湿性、岩石孔隙结构、油水界面张力等。研究方法以数值模拟为主，室内水驱油实验为辅。

### 一、三维地质模型

采用三维数值模拟软件计算。地质模型采用均质剖面模型，油层厚度4m，一注一采，井距300m。在模拟方案设计时，原油地下黏度、岩石润湿性、岩石孔隙结构、油水界面张力等四个因素各取三个水平。原油地下黏度分别取65mPa·s、35mPa·s和5mPa·s。

孔隙结构由压汞曲线及相应的渗透率决定。将孤岛油田不同层位的48条压汞曲线整理到压力-汞饱和度曲线中，再从上、中、下不同位置选出三条压汞曲线代表三种孔隙结构（图3-1）。图3-1中的曲线1、曲线2、曲线3的平均孔隙半径和渗透率依次增加（表3-1）。

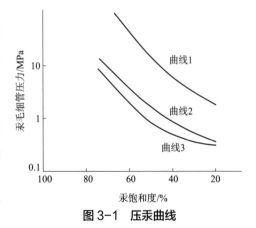

图3-1 压汞曲线

表3-1 压汞曲线样品参数表

| 井号 | 层位 | 样品号 | 渗透率 /μm² | 孔隙度 /% | 平均孔隙半径 /μm |
|---|---|---|---|---|---|
| 渤116 | 馆 4² | 13 | 0.063 | 28.5 | 2.27 |
| 渤108 | 馆 5³ | 21 | 1.016 | 31.1 | 7.51 |
| 渤108 | 馆 5 | 14 | 3.154 | 33.6 | 13.75 |

在压汞曲线换算成油水毛细管压力曲线时，采用30°、60°、120°三个润湿接触角和

10mN/m、20mN/m、30mN/m三个油水界面张力代表不同润湿性和不同界面张力。压汞曲线换算成油水毛细管压力曲线的公式如下：

$$p_{cow} = \frac{\sigma_{ow}\cos\theta_{ow}}{\sigma_{Hg}\cos\theta_{Hg}} \cdot p_{cHg}$$ （3-1）

式中，$p_{cow}$ 为压力，MPa；$\sigma_{Hg}$ 为汞的界面张力，$\sigma_{Hg}=480$mN/m；$\theta_{Hg}$ 为汞的润湿角度，$\theta_{Hg}=140°$；$\theta_{ow}$ 为润湿角度；$\sigma_{ow}$ 为油水界面张力，mN/m。

选择四因素三水平正交，共设计9个模拟方案，计算结果如表3-2所示。

表 3-2 模拟方案及计算结果

| 方案号 | 原油地下黏度 /mPa·s | 润湿接触角 /(°) | 油水界面张力 / ( mN/m ) | 压汞曲线 | 最终驱油效率 /% $R'=R-30$ |
|---|---|---|---|---|---|
| 1 | 65 | 30 | 10 | 1 | −7.0 |
| 2 | 65 | 60 | 20 | 2 | −5.9 |
| 3 | 65 | 120 | 30 | 3 | −9.5 |
| 4 | 5 | 30 | 20 | 3 | 16.7 |
| 5 | 5 | 60 | 30 | 1 | 15.0 |
| 6 | 5 | 120 | 10 | 2 | 10.0 |
| 7 | 35 | 30 | 30 | 2 | 1.8 |
| 8 | 35 | 60 | 10 | 3 | 1.8 |
| 9 | 35 | 120 | 20 | 1 | −4.0 |

根据模拟结果绘制了水驱采收率与影响因素的关系曲线（图3-2），由图3-2可以看出，原油地下黏度对水驱采收率影响较大。原油地下黏度越低，驱油效率越高。亲水油藏，驱油效率高；亲油油藏，驱油效率较低。随平均孔隙半径和油水界面张力增大，驱油效率增大，但增加幅度小。

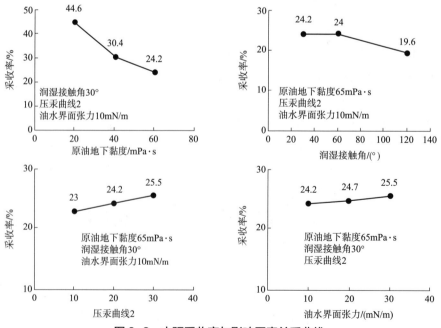

图3-2 水驱采收率与影响因素关系曲线

## 二、水驱油机理的认识

### （一）原油地下黏度是影响孤岛油田水驱油效率的主要因素

从图3-2的关系曲线可以看出，在孤岛油田特定的地质条件下，随着原油地下黏度增加，最终驱油效率大幅度下降。室内水驱油实验（表3-3和图3-3）结果也说明，在相同润湿性（亲水）、相近渗透率（2μm²）、相同界面张力（12.7mN/m）条件下，随着原油黏度增大，相同注入孔隙倍数所对应的驱油效率降低。

表3-3  原油黏度对驱油效率及注入孔隙倍数的影响

| 井号 | 渤 108-7 | | 渤 107-2 | | 中 5-62 | |
|---|---|---|---|---|---|---|
| 黏度 /mPa·s | 50.06 | | 32.78 | | 25.98 | |
| 序号 | 驱油效率 /% | 注入孔隙倍数 / PV | 驱油效率 /% | 注入孔隙倍数 / PV | 驱油效率 /% | 注入孔隙倍数 / PV |
| 1 | 10.46 | 0.07 | 20.83 | 0.14 | 18.52 | 0.11 |
| 2 | 13.73 | 0.10 | 24.17 | 0.19 | 22.22 | 0.14 |
| 3 | 15.69 | 0.12 | 26.67 | 0.21 | 28.40 | 0.20 |
| 4 | 18.30 | 0.17 | 28.33 | 0.25 | 33.33 | 0.26 |
| 5 | 20.26 | 0.20 | 30.83 | 0.30 | 37.24 | 0.32 |
| 6 | 22.22 | 0.25 | 33.33 | 0.39 | 40.74 | 0.41 |
| 7 | 24.84 | 0.33 | 36.67 | 0.48 | 43.21 | 0.49 |
| 8 | 26.80 | 0.41 | 39.17 | 0.66 | 45.68 | 0.60 |
| 9 | 28.76 | 0.53 | 41.67 | 0.89 | 47.53 | 0.72 |
| 10 | 32.03 | 0.72 | 44.17 | 1.10 | 50.00 | 0.87 |
| 11 | 34.64 | 0.90 | 46.67 | 1.46 | 52.47 | 1.18 |
| 12 | 39.22 | 1.44 | 49.17 | 2.12 | 54.91 | 1.31 |
| 13 | 42.48 | 2.26 | 51.67 | 2.94 | 58.64 | 2.00 |
| 14 | 44.44 | 3.64 | 55.83 | 4.28 | 59.88 | 2.25 |
| 15 | 45.75 | 5.64 | 59.17 | 5.94 | 61.73 | 2.90 |
| 16 | 49.02 | 7.86 | 60.08 | 7.34 | 64.20 | 5.60 |
| 17 | 50.33 | 9.38 | 62.50 | 9.08 | 64.80 | 7.00 |
| 18 | 51.63 | 11.18 | 64.17 | 10.70 | | |
| 19 | | | 65.00 | 12.20 | | |
| 20 | | | 67.50 | 14.37 | | |

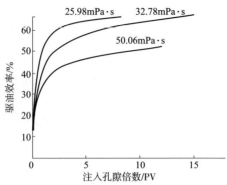

**图 3-3 不同黏度条件下驱油效率与注入孔隙倍数关系曲线**

（亲水样品，渗透率约 $2\mu m^2$）

孤岛油田属于常规稠油油藏，地下原油黏度 20~130mPa·s。水驱稠油时，由于原油黏度高，不仅增加了驱动能量的消耗，而且在油水两相流动过程中，注入水由于黏度较小而超越原油流向生产井底，即水驱前缘不稳定，注入水产生黏性指进，在注入水扫过的地方，驱油效率低，孔隙中留有很多剩余油，需长期冲刷才能较多地采出来。因此，在油田开发过程中，表现出无水采收率低、中低含水期综合含水率上升快，大部分可采储量要在高含水期采出。由于稠油与稀油的水驱油过程和综合含水率上升规律（图 3-4）不同，两者对注水倍数的要求也不同。

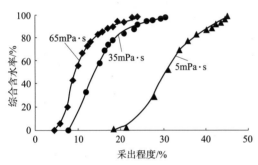

**图3-4 含水率与采出程度关系曲线（数值模拟）**

为此，补充模拟了三个方案，原油黏度仍取 65mPa·s、35mPa·s 和 5mPa·s 三个数值，油水界面张力 10mN/m，润湿接触角 30°，渗透率 $1.016\mu m^2$。模拟结果如图 3-5 及表 3-4 所示。

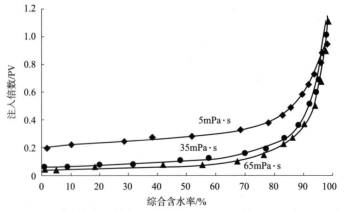

**图 3-5 不同黏度条件下综合含水率与注入倍数的关系曲线（数值模拟）**

表 3-4　不同原油黏度在不同含水期产出对比结果

| 黏度 /<br>mPa·s | 综合含水率 <60% | | | 综合含水率 60%~98% | | | 综合含水率 >98% | | |
|---|---|---|---|---|---|---|---|---|---|
| | 阶段可采<br>程度 /% | 耗水量 /<br>（m³/t） | 注入倍数 /<br>PV | 阶段可采<br>程度 /% | 耗水量 /<br>（m³/t） | 注入倍数 /<br>PV | 阶段可采<br>程度 /% | 耗水量 /<br>（m³/t） | 注入倍数 /<br>PV |
| 5 | 71 | 0.11 | 0.3 | 29 | 7.13 | 0.65 | — | 2.24 | 0.95 |
| 35 | 49 | 0.24 | 0.12 | 51 | 8.83 | 0.92 | — | 4.59 | 1.04 |
| 65 | 43 | 0.25 | 0.08 | 57 | 10.18 | 1.06 | — | 6.01 | 1.14 |

结果表明：中低含水期，稀油可以采出大部分可采储量，耗水量（阶段水油比）较低、注水倍数较高，而稠油只能采出小部分可采储量，耗水量较高、注水倍数低；高含水期，稀油只采出小部分可采储量，耗水量和注水倍数增加幅度较小，而稠油可以采出大部分可采储量，耗水量和注水倍数增加幅度较大。稠油总耗水量和注水倍数高于稀油的。总之，高含水期仍然是稠油油藏的主要采油阶段，需要在该阶段大幅度提高注水倍数，才能提高驱油效率和最终采收率。

（二）亲水润湿性有利于提高水驱油效率

润湿性为影响孤岛油田驱油效率的第二显著影响因素。从图 3-2 可以看出，随着润湿接触角增大，驱油效率降低。润湿接触角从 30°增大到 60°，驱油效率变化较小；润湿接触角从小于 90°变化到大于 90°，驱油效率大幅度降低。可见，由于润湿性不同，毛细管力所起的作用也不同，使得亲水油层驱油效率高，亲油油层驱油效率低。从岩石颗粒来看，在注水开发过程中，亲水油层中的水质点向岩石表面润湿，呈水膜状态，附着在砂岩颗粒表面，并有占据小孔隙的趋势，从而把原油推向大孔隙和孔隙中央，毛细管力起吸水排油作用，是驱油动力，有利于注入水驱替原油；亲油油层中的水相沿着孔道中心推进，而油相有吸附在砂岩颗粒表面和占据小孔隙的趋势，毛细管力是驱油阻力，不利于提高驱油效率。

亲水油层和亲油油层毛细管力的作用方向会因油层韵律性不同而不同，导致纵向水淹规律也不一样。亲水正韵律油层毛细管力对水相的吸附力向上，减少了纵向上的水淹差异；亲油正韵律油层毛细管力对水相的吸附力向下，增加了纵向上的水淹差异；亲水反韵律油层毛细管力对水相的吸附力向下，纵向上的水淹差异小；亲油反韵律油层毛细管力对水相的吸附力向上，纵向上的水淹差异大。

孤岛油田为河流相正韵律沉积的亲水油层。从润湿性看，对提高孤岛油田的驱油效率和水驱采收率是有利的，但其影响程度不如原油地下黏度大，润湿性对驱油效率和水驱采收率的有利影响只能部分抵消原油地下黏度的不利影响。从润湿性与韵律性两方面来看，孤岛油田毛细管力对水相的吸附力向上，比正韵律亲油的胜坨油田纵向上的水淹差异小。

（三）岩石孔隙结构和油水界面张力对水驱油效率的影响较小

孔隙结构的压汞曲线对驱油效率有一定影响，油水界面张力对驱油效率影响最小。随平均孔隙半径和油水界面张力的增大，驱油效率增大，但增大的幅度较小。室内水驱油实验资料（表3-5及图3-6）也说明孔隙结构影响驱油效率的情况。在相同润湿性（中性）、相同原油黏度（51.2mPa·s）和相同界面张力（15.8mN/m）条件下，随着渗透率增大，相同注入孔隙倍数所对应的驱油效率增高，但增加值相差幅度不大。

表3-5 渗透率对驱油效率及注入孔隙倍数的影响（中25更5）

| 渗透率 /μm² | 6.232 | | 5.242 | | 3.221 | | 1.396 | |
|---|---|---|---|---|---|---|---|---|
| 序号 / 项目 | 驱油效率 /% | 注入孔隙倍数 /PV | 驱油效率 /% | 注入孔隙倍数 /PV | 驱油效率 /% | 注入孔隙倍数 /PV | 驱油效率 /% | 注入孔隙倍数 /PV |
| 1 | 21.36 | 0.16 | 8.79 | 0.06 | 16.35 | 0.11 | 8.68 | 0.06 |
| 2 | 24.09 | 0.19 | 12.09 | 0.12 | 20.12 | 0.15 | 12.90 | 0.09 |
| 3 | 26.81 | 0.22 | 15.39 | 0.16 | 23.90 | 0.21 | 17.20 | 0.13 |
| 4 | 29.55 | 0.28 | 18.68 | 0.23 | 26.42 | 0.26 | 20.43 | 0.17 |
| 5 | 32.27 | 0.36 | 21.98 | 0.31 | 28.93 | 0.35 | 24.19 | 0.22 |
| 6 | 35.46 | 0.49 | 26.37 | 0.39 | 31.45 | 0.49 | 27.96 | 0.32 |
| 7 | 38.48 | 0.65 | 29.67 | 0.50 | 33.96 | 0.69 | 32.26 | 0.54 |
| 8 | 40.91 | 0.82 | 32.97 | 0.65 | 37.74 | 1.17 | 35.48 | 0.84 |
| 9 | 44.55 | 1.18 | 36.26 | 0.83 | 41.51 | 1.75 | 38.71 | 1.53 |
| 10 | 47.73 | 1.52 | 39.56 | 1.15 | 44.03 | 2.55 | 43.01 | 2.89 |
| 11 | 50.91 | 2.07 | 42.86 | 1.65 | 46.54 | 3.70 | 47.31 | 3.95 |
| 12 | 53.64 | 2.81 | 47.25 | 2.52 | 49.69 | 5.11 | 49.46 | 5.23 |
| 13 | 56.36 | 4.08 | 51.10 | 3.78 | 53.46 | 7.60 | 51.61 | 6.77 |
| 14 | 59.55 | 5.71 | 54.40 | 5.87 | 57.86 | 13.73 | 54.84 | 10.04 |
| 15 | 63.18 | 10.09 | 60.44 | 9.91 | 59.12 | 16.96 | 56.99 | 13.73 |
| 16 | 66.36 | 14.18 | 64.29 | 14.42 | 60.04 | 20.82 | 59.14 | 18.95 |
| 17 | 69.09 | 18.98 | 69.23 | 25.02 | 62.89 | 30.61 | 62.37 | 26.24 |
| 18 | 71.82 | 29.13 | 71.43 | 36.19 | 64.78 | 40.87 | 63.44 | 30.00 |
| 19 | 73.64 | 39.03 | 72.53 | 41.26 | 65.41 | 45.19 | 65.05 | 37.25 |

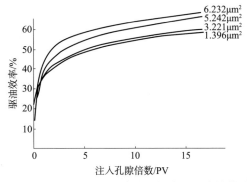

图 3-6 不同渗透率条件下驱油效率与注入孔隙倍数关系曲线

（四）结论

在孤岛油田特定的地质条件下，原油地下黏度是影响水驱油效率的最主要因素，其次是润湿性，孤岛油田的亲水润湿性对水驱油效率产生有利影响。岩石孔隙结构和油水界面张力对孤岛油田驱油效率的影响较小。

稠油油藏大部分可采储量将在高含水期采出，高含水期耗水量大，总耗水量也比稀油的高。只有提高注水倍数，长期冲刷油层，才能提高稠油油藏的水驱油效率和采收率。

亲水正韵律油层较亲油正韵律油层纵向上的水淹差异小；亲油反韵律油层较亲水反韵律油层纵向上的水淹差异大。

# 第二节 水驱开发历程

水驱开发技术历经近百年的发展。国外，早在19世纪30年代美国就开始向油层内注水驱替石油，19世纪60年代末苏联注水开发产油量已占70%。国内，20世纪50年代后期至60年代初期，老君庙油田最先进行注水开发，揭开了中国注水开发的序幕，随后克拉玛依油田、大庆油田也相继注水开发，推动了中国油田的注水开发理论和实践的发展，此后开发的新油田，除少数特殊情况外，基本上都采取了注水保持压力的方式。

孤岛油田作为我国第一个投入注水开发的疏松砂岩稠油油藏，在缺乏稠油油田开发实践和经验的情况下，有步骤合理安排各种试验探索，形成配套技术，实现了产量接替和采收率的不断提高。

开发初期，制定了"整体规划，分步实施，实践一步，前进一步"的原则，将孤岛油田开发做到认识一块，开发一块，准备一块。1970年8月，在顶部稀油区开辟了一个南北向面积7km²、400m井距的三角形井网生产试验区，完钻重点解剖井26口，取得试油试采、高压物性、压力恢复等资料，对孤岛油田构造、油层发育情况和油层物性、原油性质及产能等均有了进一步了解。在此基础上，编制了"孤岛油田总体开发设想规划方案"，根据油层发育及原油性质差异，将孤岛油田分成中一区、中二区、西区、东区、南区和渤21断块六个开发区，分别部署井网编制开发方案。

在充分利用气顶驱和弹性能量多采无水原油期间，在中二区南部开展了注水开发试验，了解孤岛油田非均质性强的多层稠油疏松砂岩油藏对早期注水开发的适应性，初步掌握了在油水黏度比大、层间矛盾大、层内非均质程度强的条件下的注水开发规律，1976年油田全面投入注水开发。针对孤岛油田油稠和出砂等特点，认真抓好防砂工艺技术配套及管理，形成了掺水降黏开采技术和地下合成防砂技术。

开发初期井网较稀，开发过程中开展储层精细地质研究，对井网密度的认识不断提高，发展到针对储层的非均质性开展层系调整与井网加密，能够维持产量。孤岛油田1980年在中二区南部开展加密调整试验，掌握了稠油疏松砂岩油层在高含水期单层开采规律、开采界限及单层开采提高采液强度的钻采工艺技术，开展了三轮次加密调整。第一轮次是"六五"期间（中含水期）以减缓主力开发区层间矛盾为主的井网层系调整；第二轮次是"七五"期间（高含水期）以增加注水井点、改变液流方向为主要内容的强化完善注采系统的井网调整；第三轮次是"八五"以后（特高含水期）以提高层间动用程度和注采对应率为主要内容的局部井网细分层系调整。每次调整，都实现了孤岛油田的产量增长，第一次调整，年产量冲上 $440 \times 10^4$t 的大台阶；第二次调整，年产量突破 $460 \times 10^4$t 的门槛；第三次调整，一举创下年产量 $474.3 \times 10^4$t 的历史最高纪录。

这期间开发过程控制对油田高产稳产起到了很好的保驾护航作用。孤岛油田在开发过程中，根据油田开发动、静态变化情况，以动态监测为手段，合理调整注采结构，采取层间产能接替挖潜、大泵提液试验、强注强采试验、不稳定注水试验等措施，提高了注入水的波及体积和驱油效率，实现储层层间、平面均衡开采，改善油田开发效果。

随着水驱程度的不断深入，油田的综合含水率越来越高，剩余油分布越来越分散，挖潜难度越来越大，水驱开发面临极大挑战。因此，该阶段狠抓特高含水期精细油藏描述工作，以砂体内部结构控制的剩余油挖掘为主要目标，重点开展了以"砂体内部夹层空间预测"为核心的河流相储层构型分析、三维建模及剩余油分布规律等技术研究，形成了独具孤岛特色的水平井调整提高采收率技术，厚油层顶部水平井调整试验、薄差层水平井调整试验的成功，拓宽了老油田提高采收率的空间。进入特高含水后期的聚合物转水驱单元，通过强化极端耗水层带治理，井网转换及精细注采结构调整，实现产量稳中有升。西区北部馆3-4层系井网互换变流线转非均相复合驱开发试验初见效果。

# 第四章 低含水期水驱开发试验

## 第一节 开辟开发试验区

### 一、试验区基本情况

#### （一）开发试验区的背景

孤岛油田发现后，在编制开发初步设想方案中推荐的两组方案均有其特点，都能满足对采油速度的要求，但对油层分布和连通情况均不清楚，稠、稀油干扰情况也不掌握的情况下，选用哪一组方案也没把握。因此，在方案实施中，先开辟开发试验区，待搞清楚情况后，再定方案。

#### （二）开发试验区的选择依据

试验区位于孤岛油田中区顶部，渤102–渤2井之间的地区布三排井，选区理由如下。

（1）该区构造简单，认识程度较高。从地震资料来看，馆陶组地层没有任何断层显示，所钻的5口井中也未钻遇断层，中间井排位于主力油层中等厚度区。顶部7km²范围内，已钻井5口，试油3口9层，试采2口，对本区情况基本清楚，老井利用率高。

（2）原油较稀，工艺较简单，产能较高。本区三、四、五砂层组原油较稀，油井均能自喷生产。建成后，预测产量较高，为1971年生产$40 \times 10^4$t原油奠定基础。

（3）位于中区构造简单地区的边部，适合渤102井西侧断层可能摆动的情况，如本区开发过程中出现复杂情况，不至于影响中区的全局。

考虑到三排井的中间井排可能作第一组方案的注水井井排，因此确定这三排井井位应考虑下列三种情况：①中间井排位于主力油层中等厚度区；②适应于渤102井西侧断层可能摆动的情况；③老井利用率高。

经过分析对比，确定中间井排部署在渤39井以东约200m处，有三个优点：①中间井排位于主力油层中等厚度区，对主力油层适应性较好（例如馆4³层，占本区储量25%左右）；②根据当时掌握的资料来看，这三排井不会被断层穿插；③老井利用率高，渤2井以西有老井5口，第一套（稠油井）井网能利用4口，渤2井以东稀油区有老井2口，第一套井网能利用3口（图4-1）。

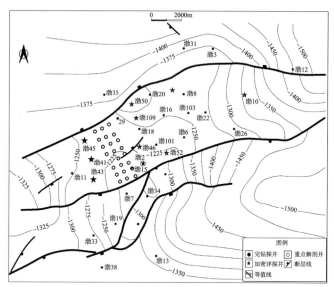

图4-1　开发初期重点解剖井部署图

## 二、试验方案简介及解决的问题

### （一）试验方案简介

在构造顶部约7km²区域先钻三排开发重点解剖井（5排、7排、9排共30口井），400m均匀井距错开钻井，暂不定井别，同时，加密10口详探井（渤30、渤39、渤40、渤41、渤43、渤44、渤45、渤46、渤50、渤52井），并要求对关键井完钻后，尽快进行试油、试采，落实产能、层间干扰的情况，待30口井全部完钻后，详细解剖油层分布和连通状况，根据地质认识再从计划的两组方案中优选一组方案。

### （二）解决的问题

在新井取得资料后，主要解决下述问题。

1.含油面积不清楚，储量不落实

（1）渤8-26井连线以北大片面积没有井控制，含油情况不清楚。（2）渤21井上馆陶组地层比渤37井的低超过50m，但渤21井为油层，渤37井相应层位是油干，因此南区西部含油面积不清。（3）断层均为地震资料解释的，未经钻井落实，断层位置可能有摆动。（4）仅有4口取芯井，储量计算参数、有效厚度的划分标准借用胜利油田数据，和本油田的情况可能有较大的出入，当时所探明的储量仅是2+3级的储量。

2. 气层分布不清楚

从钻井取芯和试油、试采中均已证实，不但在明化镇组地层有浅层气，而且在上馆陶组地层中也有夹层气。从渤102井取出的岩芯看，第四砂层组上半段颜色很浅、下半段颜色很深。渤101的取芯也有同样的现象，并在试油中产气。试采中，渤2井套压高达11.4MPa，渤18井套压也很高，当上升到8.7MPa后，油套管气体串通，造成扰动，大量出砂，使油井停喷，在试油试采中发现类似现象较多，但当时电测上还没有一套办法确定为气层。同时对这些夹层气在开采过程中的作用，尚不清楚。

3. 稠油层产能不清楚

当时的试油工艺不能适应稠油，在已试的42层油中，只取得17个稀油层的产能资料，而对黏度大于900mPa·s的稠油井没有完整的产能资料，因此对占储量50%左右的稠油，要用多大的井网密度进行开发，仍没有依据。

4. 稠、稀油合采干扰的情况不清楚

到1970年8月只有一口井进行了既合采又分试，而且这口井位于构造的顶部，各层之间的原油性质相差较小。因此对稠油、稀油的干扰情况不清楚，孤岛油田开发是否划分稠油、稀油两套层采，仍没有依据。

5. 油层在小范围内的分布和连通状况不清楚

由于试采井井距大，对油层在小范围内的分布和连通状况不清楚，对主力油层应采用何种注采方式和井网密度尚无可靠资料。

## 三、主要特点

方案实施过程中集中力量，主要钻开发井，抽相应力量钻详探井，一体化配套，完成试验区的钻井、井下作业、油建工程任务，到1971年7月1日，油井全面开井投产，注水井排液投注。

### （一）开发试验区储层的特点

通过三排井重点解剖，在400m井距控制下，油层有效厚度的连通百分数约75%，主力层在三排井上都存在尖灭区，厚7~8m的油层在400m左右的距离内完全尖灭（如中5-17与中7-15间，中7-11与9-11井间），渤101井第五砂层组砂层完全尖灭。全区虽划分35个小层，但单井油层层数一般只有10层左右，由于油层平面变化大，油层部位控制小层对比的标准尚少，因此井距大于1200m的三排井以外地区，油层分布的认识程度较差。且层内非均质性明显。取芯资料表明，含油粉细砂岩与泥质粉砂或砂质泥岩薄层频繁交互，同一油层内含油性级别可由油斑至饱和，随着岩性变化而交叉出现，馆陶组油层在微电极测井曲线上普遍呈齿状。

## （二）油井生产特点

### 1. 各区油井生产状况不同

高饱和区原油黏度一般小于250mPa·s，渤2井、渤102井五个产能资料显示，每米采油指数一般为2.74~4.31t/（MPa·d·m），井口压力一般大于3.0MPa，气油比大于60m³/t。油井生产能力较强，井口压力较高，自喷能力较强，但在投入试采不久在没有能量补充的条件下有明显的溶气驱生产特点。

稠、稀油过渡区总体上产能较低、自喷能力弱，层间差异较大，在生产方式上抽稠及自喷相间。原油黏度小于900mPa·s尚能自喷生产，每米采油指数一般为1.28~1.98t/（MPa·d·m），井口压力为1.0~1.5MPa，气油比低，一般为25~30m³/t。

稠油区原油黏度一般大于1500mPa·s，无法自喷生产，早期尚无确切试采资料。

### 2. 出砂严重

孤岛油田共试油24口74层，试采6口13层，都有程度不同的出砂现象，其中形成砂桥、砂堵、砂卡、掩埋油层的有10口17层，占试油试采总层数的20%。在层位上以第1、2砂层组最为严重，试油试采的8口井层层出砂而且比较严重。

# 四、主要认识

## （一）对油田地质及试采方面的认识

开发孤岛油田存在以下几个突出的问题：①原油稠、产能低，与高产、稳产相矛盾；②油层疏松出砂，影响油井正常生产；③油田天然能量小，无边水供应，顶部存在气顶及高饱和区。

从长远看，稠油与高产、稳产的矛盾是贯穿于孤岛油田开发全过程的主要矛盾。孤岛油田是我国大油田中最稠的油田，由于原油具有高密度、高黏度的特点，加以稠、稀油干扰，油井自喷能力弱，影响油井高产，特别是稠油注水开发后，因油水黏度比过大（50~320倍），易形成水窜。油井见水快，驱油效率低，胜利油田稠油注水实践说明，每采出1%地质储量综合含水率上升5%以上，孤岛油田地下油水黏度比远大于胜利其他油田的，如不采用增黏剂降低油水黏度比，估计水窜问题将比胜利其他油田的更加严重，因此，为了达到较好的开发效果，创出20世纪70年代稠油油田开发新水平，油田开发必须一上手就狠狠抓住这一矛盾不放，千方百计地解决好。

另外，油井出砂是油田正常投入开发的最大障碍，油井出砂不仅影响生产井、注水井正常运行，还使"六分、四清"工艺无法进行，特别在生产井含水生产后，出砂可能更加严重，如果处理不好，油层出砂可能转化为早期开发的主要矛盾。

（二）试验区对油田开发的指导

试验区取得的新资料进一步暴露了油田先天能量不足的弱点。根据这种情况，对油田开发程序和部署做了适当的调整：①馆1+2油气水关系复杂，而且出砂更为严重，暂不投入开发；②全面投入开发后，采油速度按1.5%考虑，平时生产按1.2%安排，力争稳产10年；③对层系的划分，构造的顶部稀油自喷区为两套层系开发，高饱和稀油区（中一区）分馆3+4和馆5+6两套层系，稀稠过渡区（中二区）分馆3和馆4+5两套层系，均用四点法400m面积注水。

修改后的开发方案同时强调：①层系划分应为油井分层配产、配注、抽稠、防砂工艺施工创造有利条件，减少井下施工复杂性，以提高油井利用率及开发效果；②油田早期均衡分层注水，油田投产的同时必须注水，保持地层能量，油田投产一上手在自喷开采区，力争实现"六分、四清"；③根据油层变化大的特点，尽量采用面积注水方式，在具备行列注水方式地区也可适当采用。

在试验区取得认识的基础上，1971年5月编制开发方案总体设想及中区开发方案，中一区、中二区开发方案先按400m均匀井网实施，采用面积注水，顶部边部层系及井距区别对待。高饱和稀油区分馆3+4及馆5+6砂层组两套层系，稠、稀油过渡区分馆3和馆4+5砂层组两套层系，均用400m面积注水方式开采；其他地区馆3+4砂层组按一套层系，采用350m面积注水方式开采。试验区的实践为孤岛油田的全面开放打下坚实的基础。

# 第二节　中二区南部早期注水开发试验

## 一、试验区基本情况

（一）试验目的

孤岛油田面积大、无边水补给、油层饱和压力高、天然能量小。通过注水试验区的注水实践，提前暴露孤岛油田稠油、高渗透疏松砂岩油层注水开发的问题，为孤岛油田选择开发方式提供依据。

（二）试验区选择

孤岛油田中区虽然投入较早，但由于位于构造主体顶部，气顶发育，初期开发主要依靠气顶的作用，但对气的认识还不全面，主要有"三怕"，即注水后怕气层见水快、怕见水后油井出砂严重、怕产量下降，因此未考虑中一区作为注水试验区。而中二区南部从储层条件、流体性质等方面在孤岛油田均具有代表性，注水条件较有利，主要体现在以下几方面。

（1）试验区位于孤岛油田中二区南部处于中一区构造高部位的东延部分，地层平缓、倾角小、无断层，具有与孤岛油田中区构造相同的特点。

（2）试验区油层发育，主力层明确，与孤岛油田一样统一划分6个砂层组（馆 $3^3$、$3^5$、$4^2$、$4^4$、$5^3$、$5^4$），其沉积相带基本能够代表孤岛油田河流相正韵律沉积特征，包括河床高速带亚相、河床低速带亚相、河床边缘亚相、漫滩泛滥平原亚相等。储量比较集中，主力层地质储量占试验区总储量的80%，油层大片连通，平均有效厚度24m。

（3）试验区油层物性和原油性质差异较大，具有中一区稀油区，中二区稠、稀油过渡区之间的特点。馆 $3^5$ 厚度大，在西南部中22-4井一带与馆 $4^2$ 连通成一厚层，且为高渗透层，空气渗透率为（4000~7000）$\times 10^{-3}\mu m^2$，原油性质较好，地面原油黏度为200~250mPa·s；第四砂层组为中渗透层，空气渗透率为（1500~3000）$\times 10^{-3}\mu m^2$，原油性质较差，地面原油黏度为400~600mPa·s；第五砂层组为中低渗透层，空气渗透率为（500~2000）$\times 10^{-3}\mu m^2$，原油性质较好，地面原油黏度为113~200mPa·s，是区内较稀的油层之一。

（4）油气水关系较简单，基本没有边水补充。4个砂层组中馆3、4砂层组没有水层，含水层相对较多的是馆6砂层组的 $6^3$、$6^4$、$6^5$ 小层，且多为油水同层或水层。气量较少，且分布局限，仅局部靠近孤岛油田的构造顶部在个别小层内有一些小气顶。在20个小层中以馆 $3^2$、$3^3$ 小层含气较多，其他各小层最多3~5个井点，含气相对较多的两个小层（馆 $3^2$、$3^3$ 层）所占比例也仅有10%~15%，分布范围也仅限于单元西部和东部的一些井点，主要是零星分布，以油气同层为主。

（5）试验区为225m密井网，进行注水试验可提前暴露矛盾，对中二区今后的注水和中一区的加密将会有直接的指导意义。

## 二、试验方案简介

### （一）试验内容

#### 1. 通过注水试验，摸索出一套适合油田地质特征的注水工艺

①观察对比大小炮弹射孔、先期防砂效果及注水后油层出砂情况；②观察不同排液程度对注水井压力下降的影响，以及注水后吸水能力的影响如何；③对油层进行试注，了解各自的吸水能力及水线推进情况，并摸索气层注水的工艺措施和控制注水量的方法；④观察目前注水井采用的套管工艺，对油田地质的适应性。如隔层小于3m，大于1.5m，封隔能否下得准，坐得牢；每天的配水量小于 $10m^3$ 能否配得准。

2.在层间差异大，层内非均质程度较高的地质条件下，观察采用早期均衡注水的效果

①观察注水后采油井见水特征、见效时间，油井产量，压力变化及观察方法；②采用不同注采比进行注水保持地层压力，了解油井稳定合理的注采比；③摸索一套平衡开采措施，调整层间矛盾，取得控制高渗透层含水上升的注水强度，提高中低渗透层合理注水强度及调整平面来水方向和合理注采强度的界限；④注水过程中，了解水线推进情况与注水强度的关系；⑤综合分析油田注水开发效果，油田综合含水率上升速度和采出程度关系，可能达到的采收率，总结注水开发效果，实现稳产和提高采收率的方法。

（二）试验区配产配注原则

试验区注水开发后采油速度必须保持2%以上；以主要油层为目标，合理划分注水开发层段，在工艺条件允许下尽可能细分，以区别对待不同性质油层，减小层间差异；采用均衡注水，温和注水，初期试注全区注采比为0.8~0.9，层段注水强度不大于5m³/（d·m），以保持油田地层压力，使油井有较高的自喷生产能力；积极开展稠油、疏松油层注水开发的工艺攻关，在目前注水井分层配注，生产井合采条件下，尽量采用空心活动配水器、井下流量计等油水井测试先进工艺，攻克后期防砂、抽喷多管分层等工艺，为孤岛油田早日实现"六分、四清"创造条件；取全取准各项资料，加强注水试验及动态研究，及时配产配注调整，保证试验取得成效。

（三）注水矿场试验

中二区南部试验区内已钻42口井，225m三角形均匀井网。设计11口注水井影响面积为1.47km²，地质储量666.2×10⁴t。其中一线水驱储量589.2×10⁴t，占全区总储量88.4%；二线水驱储量39.29×10⁴t，占全区总储量5.9%。试验区11口注水井所影响的总井数为31口，其中生产井30口，观察井1口。全区配产量524t/d，年产油量15.54×10⁴t，采油速度2.33%。全区配注量540m³/d，综合注采比0.91，注水强度1.3m³/（d·m）。

## 三、试验进展及注采特征

（一）试验进展

1973年4月20日11口注水井陆续开始试注作业，到8月10日转注10口，未转注一口（中24-8），其中正常注水9口（中22-10、中20-12注热水），因封隔器失灵关井停注一口（中20-8），8月25日试注完毕，转正常注水，9月16日第一口油井（中20-10）见效。此时，初步暴露矛盾，由于驱动类型的转换（油井由气压驱动转为水压驱动），能量接替不上，使油井产量下降，油井见水早，停喷井增多。

（二）注采特征

1. 注水特征

1）注水井吸水能力强，主要层段吸水指数高

根据 7 口井测试资料，启动压力最大是 3.0MPa，一般小于 1.0MPa。单井吸水指数较高，一般为 $62.7\sim111.7\text{m}^3/\text{MPa}$。试验区馆 $3^3$、$3^5$、$4^2$、$5^3$、$5^4$ 为区内的主力吸水层，与其油层分布特点基本一致。通过单卡测试分析，薄油层和干层有一定的吸水能力。

2）层段吸水能力差异大

如中 22–10 井的馆 $3^3$ 层吸水量为馆 $4^{2-4}$ 层的 42 倍。中 20–8 井的馆 $3^3$ 层吸水为馆 $4^2$ 层的 29.5 倍，这主要是由层内渗透性差异造成的。水井吸水能力大的层位对应油井过早见水。为了克服进水量太大的矛盾，采用了下配水管柱带水嘴试配的方法，效果较好，如中 22–2 井一次配成，作业过程中总进水量 $459.8\text{m}^3$，历时 8d，相当于正常注水量，这样就减少了单层突进因素。为了测得必须测的层段吸水能力，采用了各层段均装 3mm 水嘴测试，相对求取各层段吸水能力的办法，也取得了较好的效果。

2. 油井见效的基本特征

1）油井见效快，一般在试注期间就见效

水井试注作业一般 $10\sim15$d，而油井一般在试注后 10d 左右见效，最快约为 7d，最慢为 17d。试注期间见效表现为"两升两稳"即油压上升、产量上升，套压稳定、气油比稳定。

2）注水井转入正常注水后，原受气影响的油井油压下降，产量下降

由于试验区内各砂层组都存在着大小不同的气顶，注水见效前在正常开井生产的 27 口井中，有近一半不同程度地受到气顶气的作用，气驱气举作用明显，油井的油压产量都较高。当这些生产井周围的水井转注之后，注水使原来的压力场产生变化，气扩散和油流方向都要重新平衡，凡受气驱、气举作用明显的井层，气的作用均受到了不同程度抑制，进而使油井在生产过程中产气量明显下降，井筒中流压梯度增加，回压增大，流压上升，生产压差减小，从而使油井产量下降。例如，中 21–7 井，生产馆 $3^3$–$5^4$，周围水井转注后，流压由 10.99MPa 上升到 11.18MPa，生产压差由 0.6MPa 下降到 $0.3\sim0.4$MPa，产量明显下降。6mm 油嘴生产，日产气量由 $3000\text{m}^3$ 下降到 $800\text{m}^3$，日产油量由 41t 下降到 18t。

## 四、试验效果及主要认识

（一）试验效果

到 1975 年 6 月试验区注水开发已两年，累计采油量 $62.43\times10^4$t，采出地质储量 $803.53\times10^4$t 的 7.77%。在油水黏度比 $50\sim100$ 的条件下，无水采收率达到 1.72%，综合含

水率为20.5%，每采出1%的地质储量地层压力下降0.22MPa，综合含水率上升2.2%，试验取得了以下效果。

1. 稳住了地层压力

从1973年6月到1975年6月，地层压力下降了0.5MPa（从11.31MPa下降到10.81MPa），平均月压降为0.02MPa，而在注水开发之前平均月压降为0.12MPa。

2. 提高了采油速度，增加了原油产量

注水开发后平均采油速度达2.51%，根据1973年8月到1975年9月，26个月的统计，平均单井月产油量为774t，比注水前1972年7月至1973年7月，13个月平均单井月产油量（668t）增加了106t。

（二）对疏松砂岩稠油油藏注水开发的主要认识

中二区南部注水试验区两年来的注水实践证明，像孤岛油田这样的疏松砂岩稠油油藏，采用注水补充能量的开发方式，是简易、经济、可行的，解放"怕稠"不敢注水的思想。注水开发试验取得以下认识。

1. 先期防砂是疏松稠油油藏注水开发夺高产的基础

（1）水井注水前均进行了先期防砂排液，生产过程中出砂轻微。中二区南部注水试验区的11口井，在投产排液时均进行了先期分段树脂合成防砂。从水井防砂后的效果对比，注水井排液、试注转注、正常注水和水井调配的砂面资料来看，注水井出砂并没有预计的那么严重。至1975年7月底，中二区南部注水试验区在投注的两年时间内，除中26-6井因作业过程中出砂曾砂埋过油层外，其余10口井出砂都较少，一般砂柱高5~10m，出砂量0.1~0.6m³，先期防砂效果明显。

（2）大部分油井投产前未进行先期防砂，生产过程中出砂严重，后期防砂有一定的效果。到1975年7月底，32口油井中有23口井砂埋过油层，尚未埋油层的只有9口井。已埋油层的23口井，平均生产469d，平均每口井产油量115~869t，出砂量1.82m³；未埋油层9口井，平均生产513d，平均每口井产油量16800t，出砂量0.81m³。进行过先期防砂的（两口油井中21-3、中27-5），在生产过程中中21-3井防砂失效，1975年4月16日硬探砂面1235.32m，砂柱高139.3m，砂埋油层63.48m，进行了二次防砂。中27-5井生产正常，1974年1月9日探砂面1303.06m，砂柱高12.7m。

油层结构疏松是油井出砂严重的内因，外因也会加剧油井出砂，甚至在一定程度上占主导作用。试验区注水实践表明，油井出砂的外因主要包括：油井开井油嘴过大；油井作业过程中放套压过猛、放喷求产油嘴过大、压井起下管柱次数过多造成油井扰动等；油井水浸泡油层时间过长；油井综合含水率上升速度过快；油井产气量过大；油井发生稠稀干扰，稠油出来带砂；对出砂严重的井进行后期防砂后，一般都能正常生产，但不如先期防砂效果好。

**2. 早期均衡稳定注水是疏松砂岩稠油油藏注水夺高产的关键**

（1）早期注水需选择合理的注水时机和界限，中二区南部是在高于饱和压力的条件下注水的。1973年4月20日开始转注时，全区平均地层压力为11.38MPa，总压降1.28MPa，高于饱和压力0.87MPa。到1973年6月转注基本完毕时，全区平均地层压力为11.31MPa，总压降1.35MPa，高于饱和压力0.8MPa。

由于中二区南部采取了高于饱和压力早期注水，因此在注水后油层压力较高，采出1%的地质储量压降小，气、油产量均较低。

（2）均衡注水是指在合理划分层段条件下，处理好层间矛盾，提高中低渗透层的注水强度。在注水方案实施过程中发现排液井在转注作业时试注注水强度的大小是影响油井见水早晚的关键，油水井单向连通性和主要生产层位压降大小是影响油水井见水早晚、综合含水率上升快慢的主要因素，均衡注水能够提高配水合格率，是防止含水爆发性上升的主要措施。

（3）稳定注水是指在合理注采比的条件下，使地层压力稳定在注水开发初期的水平，或稳步回升，不能超注也不能欠注，否则都会给注水开发带来损失。中二区南部注水试验区注水后所经历的三个阶段，直到1975年6~7月份调整达到新的平衡，压力、产量稳定的经验教训充分地说明了这一点。

综合分析中二区南部注水试验区月注采比和月压降的关系，发现：当月注采比为0.91时，地层压力不降；当月注采比为1.0时，每月地层压力可以回升0.02MPa。当全区综合含水率大于15%以后，随注采比上升，综合含水率也呈上升趋势。考虑到压力不降或少降，综合含水率不能上升过快，当时确定中二区南部合理的注采比应为0.75~0.91，平均为0.83。

**3. 合理利用气量，是疏松砂岩稠油油田注水开发夺高产的重要手段**

试验区内存在气顶，注水前由于气驱气举的作用，油井保持了一段时间高产，但注水后除边界井中20-14、中19-3、中26-8外，试验区内部注水前高产油井受气影响，大部分受到抑制，产量大幅度下降。这就需考虑：整个油田全面转注后，气顶的能量能否利用，特别是像孤岛这样的稠油油田，气顶气的作用对维持油田自喷稳产起到了重要的作用，如果转注后气的作用均受抑制，那么产量会大幅度下降，一部分井会停喷，对于油田的高产稳产不利。因此对试验区的气顶采用了下面两个方法试验，观察其能量能否在油田注水初期起到一定作用。

（1）对于气顶作用明显受到抑制的井，采用在注水井停注的方法以观察气能否再起作用。试验结果说明，只要在水井上把气窜层停注，在油井上还是能见到明显的效果。如中21-7井生产层位馆$3^3$-$5^4$，有效厚度33.6m，在转注前受气作用明显。周围水井转注后，流压上升，生产压差减小，产量明显下降。6mm油嘴，日产油量由41t下降到18t，日产气量由3000m³下降到800m³，分析原因是馆$3^3$气顶在中21-7井的方向受到抑制，而导致油压严重下降。为了试验馆3³气顶在中21-7井内是否起作用，采取在中20-8注水井上馆3³层暂时停注的措施，从1973年7月20日开始停注馆3³层，到11月20日左右，中21-7井的油压、产量又逐步上升。6mm油嘴，油压由1.0MPa上升到1.94MPa，日产油量由20t上升到45t，日产气量由800m³上升到3000m³，恢复到注水井转注前的水平。说明馆3³气顶又重新起作用，对于提高无水采收率起到了积极的作用。

（2）对于气窜的油井且有进行气层试验注水任务的井，采用井下油嘴控制气层严重干扰，使气起到带油举油的作用。试验结果说明，只要找准气层，在气层的井段卡封下气嘴，能取得较好效果。如中21-3井生产层位馆3³-6³，有效厚度36.2m，馆3³是油气同层，只射开油层部分最底下的2m，该井也是为中20-4井射开同层位油气，部分作气层注水试验以观察水线推进速度的油井之一。该井于1972年7月25日投产，生产4个月之后气窜，以气为主，5mm油嘴，油压高达10.1MPa，日产气量高达20000m³，日产油量不足10t。1973年11月21日在中21-3井的馆3³层段卡封下了一个3.8mm的气嘴，控制了馆3³层的出气，日产油量由10t上升到65t，日产气量明显下降到2000m³，使油井获得了高产。

4.正确处理层间矛盾，及时调整层间关系，是疏松稠油油层注水开发夺高产的保证

试验区内，油井收到注水效果后，一方面由于部分稠油油层，原油黏度普遍升高，层间工作状况在改善，稠、稀油干扰相应加剧；另一方面也导致了油井关井测压后难以开井的现象逐渐增多。通过注水井各层段注入量调整，改善层间关系，降低油井综合含水率，提高油井产量。

# 第五章　中含水期水驱开发试验

本章以中二区南部"单层开采、逐层上返"开发试验为例进行介绍。

## 一、试验区基本情况

### （一）试验目的

油田开发进入中高含水期后，层间干扰普遍较严重。孤岛油田开发初期层系划分较粗，中一区划分两套层系，其他区均为一套层系，主力油层多、油层厚度大，虽然中、低含水期通过注采调配，控制了综合含水率上升，改善了储量动用状况，但随着开发阶段的向前推移，到20世纪70年代末期，大多数开发单元已处于中含水末期或高含水初期，层间干扰日趋严重，仅靠注采调配只能使主力层轮流出力，难以调整层间矛盾，极大影响了储量动用和油层生产能力的发挥，亟待以减缓主力开发区层间矛盾为主的细分层系调整。开展"单层开采、逐层上返"的开发试验，其目的包括以下几个方面：①试验砂岩疏松稠油油层单层开采提高采液强度的钻采工艺技术；②试验砂岩疏松稠油油层在高含水期进行单层开采的规律；③单层开采的上返界限；④摸索提高采收率，改善开发效果的途径。

### （二）试验区选择

中二区南部最早投入注水开发，逐渐摸索出油井治砂扶井、水井及时合理调配等中低含水期高产稳产的开发途径，但是进入高含水期后如何实现稳产，中二区南部于1979年6月最早进入高含水期，当时影响稳产的两个主要因素：一是大部分井多层见水、层间矛盾突出，缺少配套工艺；二是出砂严重、井况恶化、储量动用较差。为此，1980年2月提出在中二区南部开展"先期防砂、7in套管、单层开采、逐层上返"试验的设想。

## 二、试验方案简介

通过对主力小层见水状况及对沉积相带符合情况的对比，部署260m井距五点法井网，老井网合采馆$3^5$–$4^2$层，新井网馆$4^3$–6层进行单层开采逐层上返试验，实现中二区南部以2%的采油速度获得较长时间稳产（图5-1）。

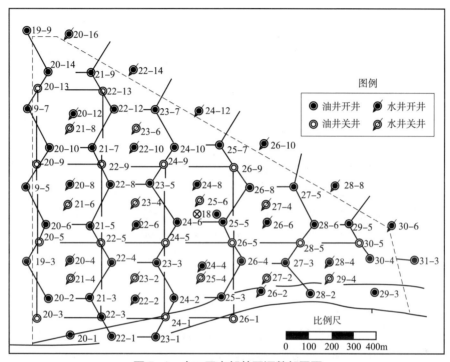

图5-1　中二区南部井网调整部署图

设计钻新井31口，新井网27口（油井16口、水井11口），老井网更新井3口，大直径取芯井1口。新井均先期防砂。老井网设计油井32口，水井11口，平均单井日产油量14.5t，年产油量13×10⁴t；新井网平均单井日产油量7.9t，年产油量3.1×10⁴t。

方案以馆$4^4$、馆$5^3$、馆$5^4$主力油层为基础建立较完善的注采系统，进行高含水期单层开采试验，对于同井最下面的次要油层暂不考虑动用。从全区来看，新层系相当于加密调整。

试验分两个阶段。第一阶段提高注采强度试验，该阶段进行逐步提高注采强度试验，单井日产液量从40t逐步提高到100~122t，相应采液强度从10.1t/（d·m）逐步提高到30.5t/（d·m）左右，采液强度由小到大每一级生产时间为3~8个月，大采液强度比小采液强度生产时间长，总试验生产时间应超过三年。该阶段还要实施各种控制综合含水率上升和防砂等措施。第二阶段提高采收率试验：一是改变注入剂效果试验；二是改变油水井壁相渗透率试验；三是改变驱油方向（旋转注采井网）试验；四是进行间注间采试验；五是开发后期局部加密注采井点开发效果试验。

试验指标：一是以采油速度2%左右稳产到综合含水率85%；二是采液强度在综合含水率85%前达到205t/（d·m）以上，并保证今后还将最大限度地提高；三是综合含水率达到85%前，综合含水率上升控制在4%以下；四是最终采收率预计达到30%~35%。

## 三、试验进展

钻井方案于当年开始实施，新钻井资料反映出加密前对油层水淹的认识基本符合地下实际。开发试验射孔方案：整体上自下而上先射开单层进行开采试验，以馆$5^3$、馆$5^4$为主，分片建立统一的注采系统，以了解采液强度所能达到的最大界限和单层开采上返界限以及各种开采规律。原则上馆$4^4$主力层暂不射开，但为了满足各主力层的代表性，在局部缺失馆$5^3$、馆$5^4$的地方可以射开馆$4^4$并建立统一的注采系统进行试验。1981年5月新层系排液井和油井射孔投产，同年11月，排液井开始转注。1982年2月，新井全部完钻并投产，3月15日，制定了新老层系完善归位整体调整方案，6月，基本完成了新老层系的归位工作。中二区南部经过层系井网调整后，形成了馆$3^1$–$4^2$砂层组250m四点法面积注水井网、馆$4^3$–6砂层组260m五点法面积注水井网两套开发层系。老层系存在的主要问题是综合含水率上升快、产能下降、注水不足、注水利用率低、压力下降、产液量下降。新层系存在的主要问题是压力低，但综合含水率下降、产量上升。1982年12月，及时进行以控制综合含水率上升为目的的注采调整。馆$3^1$–$4^2$层系实施均衡注水，注采比略有提高，从0.78小幅提高到0.93左右；馆$4^3$–6层系加强注水，注采比稳定在1.3左右。实施后，馆$3^1$–$4^2$层系日产油量278t，注水利用率由0.08提高到0.2，综合含水率控制在65%；馆$4^3$–6层系日产油量264t，注水利用率由0.2提高到0.4，综合含水率控制在60%。

油田要稳产必然要提高油井产液量，要提高油层采液强度，针对在多大采液强度内油井能正常生产，在超过多大采液强度时油层遭破坏的问题，该试验中还进行了"孤岛油田中二南油层破坏性开采单井试验"，1982年6月统计15口井，132个月度阶段资料（平均每井8.8个月度）得出初步试验结论：由于油层出砂，因砂埋油层而停产的采液强度在10t/（d·m）以上，集中在10~16t/（d·m），少数井为5~8t/（d·m），5t/（d·m）以下的采液强度一般处于正常生产状态。其中未防砂井采液强度大于10t/（d·m）后停产井占82%，而采液强度为5~8t/（d·m）的停产井仅占8%。总体说未防砂井平均采液强度7.06t/（d·m），而防砂井平均采液强度达到11.74~12.06t/（d·m）。

## 四、试验效果及主要认识

### （一）试验效果

油井全部投产归位后，单元至年底全区开井32口，年产油量13.1×$10^4$t，综合含水率61.9%，采油速度达到1.36%，在综合含水率达到85%前，年采油速度基本维持在1.25%

左右；综合含水率达到85％前，综合含水率上升控制在3.8％左右；采收率达到25％。

（二）主要认识

通过中二区南部细分层系调整，主要取得了如下认识。

层系井网调整工作完成以后，及时搞好油水井的归位工作，提高注采对应率，在此基础上，配合提水提液，搞好层间和平面的注水调整，控制综合含水率上升。由于注采调配方案是根据当时地下动态特点而编制的，只有及时彻底实施，才能体现方案的优越性。如果方案实施时间较长，或实施不彻底，方案中所提出的各项措施与变化了的地下动态情况不符，不能取得较好的效果。因此，在层系归位及提高注采对应率的基础上，不失时机地进行多种形式注采调整。

# 第六章 高含水期水驱开发试验

## 第一节 孤岛油田馆1+2注水开发试验

### 一、试验区基本情况

#### （一）试验目的和意义

孤岛油田馆1+2砂层组含油面积37.2km$^2$，地质储量2730×10$^4$t，分布于整个孤岛油田馆上段顶部，砂体分布零散，多呈透镜状或窄条带状分布，基本未动用。油田整体已进入特高含水开发阶段，稳产难度越来越大，提高馆1+2差油层储量动用程度越来越紧迫。开展馆1+2注水开发试验，探索注采井网形式及防砂等工艺配套技术，动用低品位零散砂体，对孤岛油田高产稳产具有重大意义。

#### （二）试验区选择

试验区筛选满足以下两点：一是油藏及储层在全区具有代表性；二是本着"先易后难"的原则，试验区油层发育较好、黏度较低、储层物性较好，便于试验开展，选择中30-8井区作为开发试验区（图6-1）。

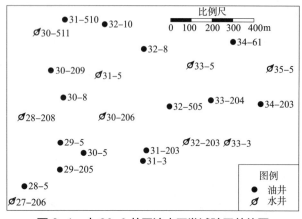

图6-1 中30-8井区注水开发试验区井位图

#### （三）油藏概况

孤岛油田馆1+2砂层组由于岩性更细、胶结更疏松，出砂更严重，加上油层较薄、分布零散、连通性差，1991年前一直没有进行整体部署开发。中30-8井试验井区位于中二区中南部二号大断层附近，是人为划分的区域，含油面积 $0.66km^2$，平均有效厚度 $6.4m$，地质储量 $68 \times 10^4t$，该井区主力油层馆（1+2）[9、12] 大片连续分布（图6-2）。

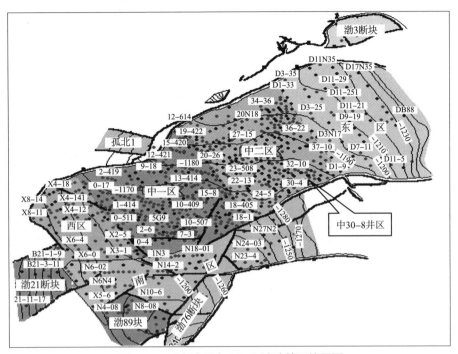

图6-2　孤岛油田中30-8试验井区位置图

## 二、试验方案简介

### （一）试验方案原则

为解剖馆1+2油藏地质特点，掌握馆1+2注水后油水运动规律，了解当时采油、注水及防砂工艺的适应性，1986年1月曾选择孤岛南区东部的油层发育厚度大的南28-4井区，利用老井上返进行注采试验。1986年3月开始实施，1987年水井转注。油井投产后产能低，平均单井日产液量5.3t，日产油量5.1t，综合含水率3.3％，效果不理想。

注采试验暴露的主要问题如下：①水井转注时间晚于油井投产时间，地层能量得不到及时补充，亏空严重；②水井未防砂，出砂严重，导致注入压力高，注水困难，基本上一年后不吸水关井，导致油井供液能力差，无法正常生产；③单纯的先期绕丝管防砂工艺不能满足馆1+2油井生产需要，平均生产周期只有279d。从试验结果看，当时的技术条件还不能满足馆1+2注水开发需要。

针对南28-4井区注水试验暴露出来的问题，中30-8井区注水开发试验时主要采用以下技术。

（1）根据油砂体分布零散的特点，采用不规则点状面积注水井网，生产井部署在油层厚度较大的位置，以确保单井达到较高的产能，注水井布置在与油井对应好的位置，同时充分利用下层系半报废井，加快试验进度，减少钻井工作量，提高经济效益。早期采用1∶1油水井数比的方式注水恢复地层能量，减少钻井时泥浆对油层的污染。

（2）为便于观察和分析注水后的动态变化，试验区尽量生产主力层馆（1+2）$^{9、12}$小层，个别井多层合采，以便更好地观察合采情况下的注水效果。

（3）油井采用0.2mm缝隙的绕丝管先期防砂、砾石充填、PA–F1黏土稳定剂，注水井采用覆膜砂防砂、PA–F2黏土稳定剂。

（4）采用小泵深抽，以满足绕丝管防砂和薄层生产供液能力差的需要。

（二）实施工作量

设计油水井16口，其中油井8口，水井8口。新钻井5口（油井2口，注水井3口），转注4口，扶停产井4口。预测年产油量$1.8 \times 10^4$t，采油速度2.65%，单井日产油量9.1t，单元日注水量63m³，单井日注水量9m³，注采比1.0。

为了加快试验速度，新钻井只钻遇馆1+2层系。

（三）取资料要求

（1）所有油井均换成偏心井口，正常生产后每季度测静压一次，每月测流压一次，动液面每旬测一次。中30–8井和中33–204井每半年测一次产液剖面，每年测一次碳氧比。

（2）试验区油井除认真按资料录取规定外，每季度录取一次原油物性半分析，每年录取一次全分析，水分析每季度录取一次。

（3）注水井投注时需测得静压、吸水剖面资料，投注后每季度录取一次吸水剖面，中32–203井和中33–5井每季度测流压一次。

## 三、试验进展、效果及主要认识

（一）试验进展

试验方案于1991年12月开始实施，1992年7月完成，试验区日产油量由12t上升到114t，综合含水率由89.7%最低下降到59.5%，采油速度由试验前的1.99%提高到3.91%，提高了1.92个百分点，油井动液面由426m上升到232m。增加可采储量$8.4 \times 10^4$t，单井增加可采储量$1.7 \times 10^4$t（图6-3）。

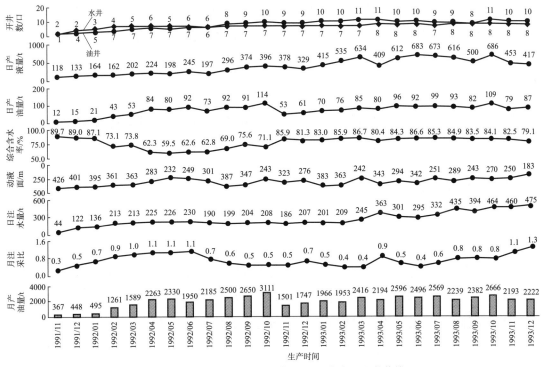

图 6-3 孤岛油田馆 1+2 中 30-8 试验区开发曲线

（二）试验效果及主要认识

试验取得成功，同时取得以下几点认识。

（1）单井可获得较高产能。试验区单井日产能力初期可达 8~30t，平均为 12~15t。

（2）油层吸水性能良好。平均视吸水指数可达 2.155m³/（d·MPa），单井最大吸水量可达 80~100m³/d，油层的启动压力较低，一般为 5~77MPa，能充分满足注采平衡要求。

（3）注水后地层压力恢复较快，油井见效明显。试验区注水后，总压降由 2.07MPa 恢复到 0.87MPa。油井利用率由 41.7% 提高到 88.9%，单井日产液量由 7.0t 提高到 22.9t。

（4）注入水推进速度快，油井见水后综合含水率上升快。造成综合含水率上升快的原因主要有三点：一是转注前地层亏空大，转注后注采强度大；二是单向受效井层多，试验区三、四向注采对应率只有 23.8%；三是单井控制地质储量小，采油速度高。

（5）防砂等配套技术基本满足馆 1+2 出砂薄油层生产要求。

（6）为了加快试验速度，新钻井只钻遇了馆 1+2 层系，虽然节约了投资，但馆 3-6 层发生事故后，无法同新钻井对换，进行综合利用，不利于整体效益。

在总结中 30-8 试验区经验的基础上，按照"总体部署、分步实施、先肥后瘦、先易后难、高速高效"的开发原则，1993—1995 年先后对馆 1+2 砂层组八个连片井区实施注水开发。通过注采配套技术开发，馆1+2油井总数从注水开发前的88口增加到210口，原油产量大幅上升，由调整前的年产油量$8.56 \times 10^4$t上升到$22.43 \times 10^4$t，采油速度从0.31%上升到0.82%。

# 第二节　孤岛油田中二区中部馆3-4强注强采开发试验

## 一、试验区情况

（一）试验目的

孤岛油田为高渗透稠油疏松砂岩油藏，高含水后期，随着综合含水率上升，产液指数大幅度上升，油层供液能力不断增强，"七五"末及"八五"前三年，主要在强化完善注采系统的基础上大幅度提液，保持了孤岛油田高含水后期的持续高产稳产，平均单井日产液量已达110t，主力单元达到140t。"八五"末及"九五"期间，由于层系井网密度大，已经接近经济合理极限，井网层系调整基本结束，油田能否继续稳产或延缓递减，主要在于能否持续提液。因此，开展强注强采试验的主要目的是：①明确油田特高含水期提液的合理界限；②通过强注强采，改善油田开发效果；③采油工艺和防砂技术适应高采液强度下开采；④强注强采获得较好的经济效益。

（二）试验区选择

中二区中部馆3-4单元1972年投产，1975年采用225m四点法注采井网投注，1988年进行井网调整，改为七点法封闭式注采井网，并在中心老油井附近钻一口新油井分采馆3、馆4，形成了强注强采井网。为便于试验开展，根据中二区中部馆3-4层系油层发育、油水井况及注采井网完善状况等，选择位于中二区中部的中26-16、中26-20及中28-18三个七点注采井组为强注强采开发试验区（图6-4）。

（三）试验区油藏概况

试验区含油面积0.421km²，平均有效厚度19.7m，地质储量$139.6 \times 10^4$t。

1. 主要地质特点

（1）构造简单且平缓。试验区位于孤岛披覆背斜构造顶部北缘，区内无断层，构造简单且平缓，基本为一南高北低的单斜构造，高差约8m，倾角小于1°。

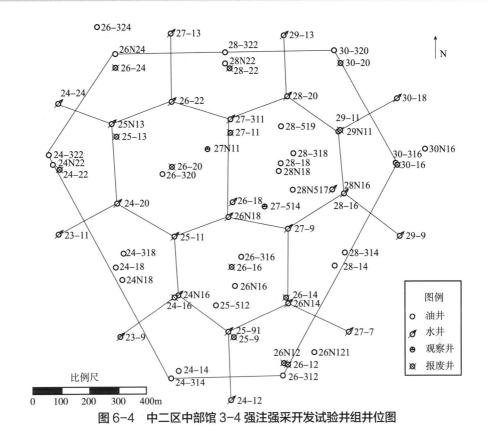

图 6-4 中二区中部馆 3-4 强注强采开发试验井组井位图

（2）储层河流相沉积，物性好、非均质性强、胶结疏松、出砂严重。试验区目的层馆 3-4 砂层组为河流相正韵律沉积，岩性以细砂岩、粉细砂岩为主，胶结类型以孔隙-接触式、接触-孔隙式为主，胶结物以泥质为主，泥质含量 10.1%~10.3%，碳酸盐含量 1.31%~2.35%，油层胶结疏松，生产中出砂严重。

试验目的层物性好，空气渗透率（998~5416）×$10^{-3}\mu m^2$，孔隙度 30%~33%，原始含油饱和度 60%~65%；由渤 108 井粒度分析可知，平均粒度中值 0.10~0.14mm，最大粒度中值 0.8~0.23mm，分选系数 1.50~1.81。纵向上包括 10 个沉积时间单元，平面上馆 3 砂体厚度大、分布广、渗透性好，馆 4 砂体厚度小、渗透性较差。油层非均质性严重，渗透率级差大。渤 106 井的馆 3 和馆 4 渗透率系数分别为 2.69 和 3.10。

（3）主力层发育，储量集中，油层强亲水。试验区馆 3-4 砂层组有 7 个含油小层，其中 $3^4$、$3^5$、$4^4$ 层发育好、厚度大、分布广，其储量为 108.15×$10^4$t，占试验区储量的 77.5%，是本次试验的主要目的层。油层强亲水，由渤 108 井、渤 116 井湿润性试验结果可知，平均吸水率 23.2%~73.2%，平均吸油率 1.2%~2.9%；油水相对渗透率曲线等渗点含水饱和度 0.65~0.73。

（4）油稠、地下油水黏度比大，饱和压力高，地饱压差小。试验区地面原油黏度 459~1636mPa·s，密度 0.9558~0.983g/cm³，地下原油黏度为 52~88mPa·s，平均

66.7mPa·s，地下油水黏度比104~176。原始地层压力12.28MPa，油层埋深1183~1256m，压力系数1.0左右，原油饱和压力9.88MPa，原始地饱压差2.4MPa，原始油层温度66℃，地温梯度4.5℃/100m，呈正异常。

试验前试验区油井8口，其中中心井6口，观察井2口，日产液量1206.4t，日产油量77.4t，综合含水率93.6%，已进入特高含水开发期，平均单井日产液量150.8t，单井日产油量9.7t，采油速度2.02%，采出程度38.97%。注水井14口，日注水量2933m³，单井日注水量210m³，中心井组日注水量1335m³，月注采比1.10，地层总压降1.22MPa，油井动液面126.3m。

2.试验前试验区主要开采特点

（1）油层水淹严重，水驱状况较好，采收率高。试验区试验前综合含水率已高达93.6%，单层生产井综合含水率93%~97%，油层水淹严重。平均采收率40.4%。

（2）水井吸水好，但层内吸水差异大，地层能量高，油井供液能力强，采液强度大。试验区14口注水井除28-16和28N16井分注馆3、馆4外，其他井全部合注馆3-4，平均注水厚度29.1m，泵压8.9MPa，油压6.0MPa，注水强度7.2m³/（d·m），视吸水指数1.2m³/（d·MPa·m），吸水剖面反映大部分层层内吸水不均匀，一般底部吸水比上部好。

由于油层注水好，保持了较高的地层能量，油层导流能力较好，因而油井供液能力强，中心井组8口油井平均生产厚度12.7m，单井日产液量151t，采液强度11.9t/（d·m），采液指数达19.7t/（d·MPa）。

（3）油层出砂严重，事故井多。由于油层胶结疏松，加上长期注水开发，油层出砂严重，结果造成井筒周围油层掏空，导致油水井套变。

## 二、试验方案简介

在液量增长速度小于20%，注采比1.0，地层总压降1.5MPa，最大单井日产液量250~260t，不采用调剖堵水等工艺措施的原则下，方案设计分三个阶段不断提高单井日产液量，第一阶段达到180t，第二阶段达到220t，最后达到260t，相应的注水井单井日注水量提高到300m³。最终使试验区日产液量由1993年4月的1060t增加到1660t，日注水量由2540m³增加到4193m³，注采比1.07~1.09。

方案设计主要工作量：①下泵径83mm大泵井2口，下泵径95mm大泵井6口，防砂7井次；②钻更新井1口（中28N18），大修1口（27N11）；③装沉砂器2口（中26-316、中28-318），偏心井口2套；④换10型抽油机6台；⑤油水井监测工作量277井次，其中抽油机诊断每季度一次，共30井次，油井动、静液面每月一次共90井次，静压51井次，压力恢复5井次，碳氧比测井11井次，声幅、微井径测井6井次，吸水剖面42井次，指示曲线42井次。

## 三、试验进展

现场试验方案自1993年5月开始实施，到1995年2月下完最后2口Φ95mm大泵，基本完成了全部试验工作量（表6-1）。

表6-1　中二中馆3-4强注强采试验完成工作量表

| 油井 | | 注水井 | |
|---|---|---|---|
| 项目 | 工作量 | 项目 | 工作量 |
| 下Φ83mm泵 | 3口 | 偏心井口 | 5口 |
| 下Φ95mm泵 | 6口 | 作业调水 | 4口 |
| COR测井 | 7井次 | 井口提水 | 2口 |
| 装沉砂器 | 2口 | 吸水剖面 | 32井次 |
| 砂样筛选 | 13井次 | 水井测压 | 14井次 |
| 测压力恢复 | 7井次 | 水井试压 | 25井次 |
| 油井测压 | 19井次 | | |
| 防砂 | 7井次 | | |
| 换10型机 | 3口 | | |
| 小计 | 67井次 | 小计 | 82井次 |

（一）注采能力分析

试验区储层渗透性好，加上胶结疏松，生产中出砂严重，经20多年的注水开发，储层内不同程度地形成了大孔道，大大增加了其对流体的导流能力，中27-514井6次压力恢复测试均反映油层平均有效渗透率高达$50\mu m^2$，采液指数高达500t/（d·MPa）。试验区1993~1995年测压资料统计平均生产压差0.5MPa左右，平均单井日产液量150~200t，平均采液指数也高达300~400t/（d·MPa）；同时注水井也具有很好的吸水能力，平均注水压力6.6MPa，视吸水指数$39m^3$/（d·MPa）。可见油层具备很强的供液能力和吸水能力。

但从6口下Φ95mm大泵情况来看，一方面大泵本身有质量问题，另一方面由于高液量下出砂更严重，泵有效期短。6口中心井由Φ83mm泵升至Φ95mm泵后，2口井液量未增加，液量增加的4口井中，有2口井泵有效期只有1个月和3个月，整个孤岛油田Φ95mm泵比Φ83mm泵有效期短得多。因此尽管地层有很强的供液能力，但依靠Φ95mm大泵难以满足整体大幅度提高单井产液量的要求。

（二）油层出砂状况及防砂效果

试验区油层胶结疏松，加上长期注水开发以及高含水后期大排量采液，出砂较严重，而且大排量下的出砂主要是中、粗粒的骨架砂。6口中心井作业时砂柱高由85m升至159m，有4口井砂埋油层。中26N20及中26-316井多次砂样筛析结果显示，粒度中值均大于0.17mm，最大到0.23mm，粒度分布上0.2~0.15mm的中粒砂占30%~50%。从防砂效果来看，试验区采用滤砂管或覆膜砂加滤砂管防砂，虽然没有因出砂引起停井，但在防砂情况下，出砂粒度如此之大，说明防砂效果是差的。分析可能是滤砂管局部损坏，导致出粗粒砂。相比之下，先行覆膜砂，再下滤砂管防砂，效果较好。2口出砂井，中26-316井采用的是覆膜砂加滤砂管防砂，中26N20则是滤砂管防砂，中26-316井出砂粒度明显比中26N20的小得多，且粗粒砂很少，而中26N20井不但粒度中值大，0.2mm以上，而且0.2~0.3mm的粗粒砂占比大，占25%~30%。1995年2月27日取砂样24小时，沉砂量达40dm³（粉砂未沉），日产液量200.4t，折算每万吨液含砂量大于2m³，可见覆膜砂对油层有一定的保护作用。

### （三）合理提液时机及界限

通过对试验区油藏数值模拟研究证实，最佳的提液时机应是在综合含水率80%左右，合理的提液界限是采液速度25%~30%，平均单井日产液量180~220t，注采比1.0时单井日注水量210~250m³。从现场实际情况来看，试验区采液速度基本维持在30%，6口中心井通过下$\Phi$95mm大泵后，平均单井日产液量也只能达到200~210t，可见试验区最大单井日产液量180~220t是可行的。

## 四、试验效果及主要认识

### （一）试验效果

本次试验不但对疏松出砂油层的注采能力以及单井极限液量、最佳提液时机有了一定认识，而且取得了较好的开发效果及经济效益。

#### 1. 油层动用状况有所改善

通过提液及合理提水等措施，使油层水驱动用状况得到一定程度的改善。从两次下大泵前后对应注水井同井吸水剖面资料统计结果可见，下大泵提液后，对应注水井强化注水，单井日注水量由242m³增加到299m³，油层吸水状况变好，馆3-4总的吸水厚度增加3%~7%，尤其是非主力层由于提液增水后加大了注采压差，其吸水状况明显变好。第一次下大泵前后6口对应注水井同井吸水剖面资料统计，非主力层吸水厚度增加16.5%，吸水好的厚度百分数由2.9%增加到10.7%，增加7.8个百分点，吸水较好的厚度百分数由12.2%增加到50%，增加37.8个百分点；第二次下大泵前后7口对应注水井同井吸水剖面资料统计，非主力层吸水厚度增加9%，吸水好的厚度百分数由2.6%增加到11.8%，增加9.2个百分点。

试验区驱替特征曲线也反映出油层水驱状况的改善。1993年下半年至1995年水驱曲线直线段斜率明显变小，预测水驱采收率由46.2%增加到51.9%，增加5.7个百分点。

### 2. 保持稳产，增油效果较好

试验区主要通过提高产液量措施保持了产油量稳定，平均单井日产液量由123t提高到160~170t，单井日产油量稳定在7.0t左右，综合含水率稳定在95.0%左右（图6-5）。

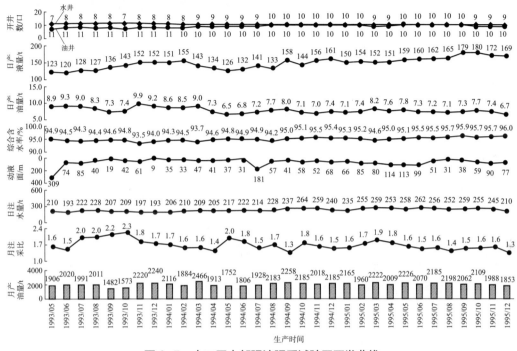

**图6-5 中二区中部强注强采试验区开发曲线**

中心井下大泵9井次，有效6井次，有效率66.7%，平均有效期183.5d，下大泵前后对比，发现单井日产液量由127.4t增加到201.5t，增加74.1t，单井日产油量由5.8t增加到8.0t，增加2.2t，综合含水率由95.4%上升到96.0%，综合含水率上升0.6个百分点。其中下$\Phi$83mm大泵3口，有效2口，单井日产液量增加72.6t，单井日产油量增加2.4t，综合含水率上升2.0个百分点，平均有效期212.3d；下$\Phi$95mm大泵6口，有效4口，平均单井日产液量增加74.8t，单井日产油量增加2.0t，综合含水率上升0.4个百分点，平均有效期169.2d（表6-2）。

**表6-2 中二区中部馆3-4强注强采下大泵增油效果统计表**

| 分类 | 井号 | 措施时间 | 生产层位 | 生产厚度/m | 下大泵前 | | | | 下大泵后 | | | | 有效期/d | 累计增油量/t | 备注 |
|---|---|---|---|---|---|---|---|---|---|---|---|---|---|---|---|
| | | | | | 日产液量/t | 日产油量/t | 综合含水率/% | 动液面/m | 日产液量/t | 日产油量/t | 综合含水率/% | 动液面/m | | | |
| 下$\Phi$83mm泵 | 中26-320 | 1993.5 | Ng4$^4$ | 14.7 | 20.8 | 1.2 | 94.2 | 661.5 | 139 | 4.3 | 96.9 | 634.2 | 302 | 662.3 | — |
| | 中28N517 | 1994.9 | Ng3$^4$ | 7.9 | 118 | 8.7 | 92.6 | 37.8 | 145 | 10.5 | 92.8 | 77.7 | 123 | 308.4 | 有效 |
| | 中26-316 | 1993.7 | Ng4$^2$-4$^4$ | 8.4 | 149.9 | 6.6 | 95.6 | 157.5 | 207.6 | 3.9 | 98.1 | 285.6 | | | 无效 |
| | 2口有效井平均 | | | | 69.4 | 5.0 | 92.8 | 349.7 | 142 | 7.4 | 94.8 | 356 | 21.3 | 970.7 | — |

续表

| 分类 | 井号 | 措施时间 | 生产层位 | 生产厚度/m | 下大泵前 | | | | 下大泵后 | | | | 有效期/d | 累计增油量/t | 备注 |
|---|---|---|---|---|---|---|---|---|---|---|---|---|---|---|---|
| | | | | | 日产液量/t | 日产油量/t | 综合含水率/% | 动液面/m | 日产液量/t | 日产油量/t | 综合含水率/% | 动液面/m | | | |
| 下Φ95mm泵 | 中26–320 | 1994.9 | Ng4$^4$ | 14.7 | 144.4 | 2.3 | 98.4 | 0 | 176.4 | 3.3 | 98.1 | 0 | 201 | 271.9 | 有效 |
| | 中28N517 | 1995.2 | Ng3$^4$ | 7.9 | 177.3 | 12.8 | 92.8 | 94.5 | 216.3 | 15.9 | 92.6 | 178.5 | 87 | 353.8 | 有效 |
| | 中26N16 | 1994.8 | Ng3$^4$–3$^5$ | 9.7 | 166.3 | 8.4 | 94.9 | 86.1 | 211.9 | 9.6 | 95.5 | 187.5 | 242 | 1335.6 | 有效 |
| | 中26–316 | 1994.8 | Ng4$^2$–4$^4$ | 8.4 | 137.8 | 1.5 | 98.9 | 0 | 320.4 | 4.4 | 98.6 | 16.8 | 148 | 2791 | — |
| | 中26N20 | 1994.8 | Ng3$^5$ | 10.4 | 163.3 | 5 | 96.9 | 0 | 150.3 | 4.1 | 97.3 | 0 | | | 无效 |
| | 中28–318 | 1995.2 | Ng3$^2$–3$^3$ | 11.8 | 199.1 | 11.9 | 94.0 | 75.6 | 178.8 | 11.7 | 93.5 | 123.9 | | | 无效 |
| 4口有效井平均 | | | | | 156.5 | 6.3 | 96.0 | 45.2 | 231.3 | 8.3 | 96.4 | 95.7 | 169.2 | 2240.4 | |
| 6口有效井合计 | | | | | 127.4 | 5.8 | 95.4 | 146.7 | 201.5 | 8.0 | 96.0 | 182.5 | 184 | 3211.1 | |

从年产油量看，在综合含水率94%~95%的情况下保持了稳产，1993—1995年年产油量分别为2.40×10$^4$t、2.35×10$^4$t、2.09×10$^4$t。根据中二区中部馆3–4单元62口同工同层井生产情况，其产量自然递减率为19.8%（表6-3）。

表6-3 中二区中部馆3–4强注强采试验区产油增油统计表

| 项目 | 1992年 | 1993年 | 1994年 | 1995年 | 合计 |
|---|---|---|---|---|---|
| 实际年产油量/10$^4$t | 2.3382 | 2.4038 | 2.3488 | 2.0886 | 6.8412 |
| 年产油量/10$^4$t（按年递减率19.8%计算） | | 1.8752 | 1.5039 | 1.3158 | 4.6949 |
| 增油量/10$^4$t | | 0.5286 | 0.8449 | 0.7728 | 2.1463 |

3. 试验经济效益好

试验区按增油量1.63×10$^4$t计算，获经济效益1044.58万元。

试验区中28N11、中26N22两口更新井钻井投产、投注费用2×86万元=172万元；中25–512、中28–519、中28N517转馆3–4层系生产费用3×12万元=36万元；试验费用161.093万元；原油价格1160元/t，吨油成本（除作业、测井费外）293.3元；经济效益=1.6311×（1160-293.3）-161.093-172-36=1044.5814（万元）。按内部油价684元/t计算，经济效益=1.6311×（684-293.3）-161.093=476.1778（万元）。

（二）主要认识

通过中二中馆3–4强注强采试验，基本解决了预期的认识问题，并对强注强采的经济效益，尤其是合理提液时机及界限、油藏开发效果、防砂采油工艺对高采液量开采的适应性等关键技术问题，取得了一定认识：①最佳提液时机为综合含水率80%左右；②合理提液界限为单井日产液量180~220t，采液速度25%~30%；③强注强采对油层水驱动用状况有一定程度的改善；④大排液量生产下，油层出砂严重，且出骨架砂，当时防砂技术满足不了强注强采要求；⑤对于孤岛这种疏松出砂油层，泵径95mm大泵，泵效低，有效期短，满足不了大幅度提高单井液量的要求，6口中心井下$\Phi$95mm大泵后，液量上升的只有4口，且1~3月后泵效开始下降。

但是，现场试验结果表明，在现有开发井网、防砂工艺技术、采油工艺技术条件下，通过实施换大泵、调参等提液措施，单井日产液量远远没有达到方案设计指标，所以，单纯依靠强注强采的手段达到改善油田特高含水期水驱开发效果是不可行的。分析原因主要是：该试验区目前处于特高含水开发阶段，单井日产液量已达到了较高水平，实施提液措施后，单井日产液量的增长幅度较小，欲使阶段液量增长速度达到20%，单井日产液量达到260t，采液强度达到20.8t/（d·m），显然是不可能的。

# 第三节　中二区中部馆 3-4 单元不稳定注水开发试验

不稳定注水是按一定的频率和幅度改变注水压力（或注水量）与改变注水井工作制度以改变液流方向相结合的一种非稳态注水方式。这是从20世纪50年代末发展起来的一种改善注水方式。主要目的是改善非均质性油藏注水效果，提高其采收率。不稳定注水的实质在于，当周期性地改变注入压力（或注水量）时，由于非均质地层中不同渗流特性介质的压力传导速度不同，在储层中高渗透层和低渗透层之间产生不稳定的压力梯度场。在此压力梯度场的作用下，高、低渗透层之间产生油、水交渗流动。高渗透层中的一部分水进入低渗透层，低渗透层中的一部分油进入高渗透层，流向油井被采出。所以不稳定注水是人为在储层中造成一个不稳定的压力场，提高注入水的波及效率，达到提高采收率的目的。多年来，国内外进行了大量的现场试验和室内理论研究，对不稳定注水机理有一定的认识，并对不稳定注水效果和经济效益有一致的看法。但对不稳定注水的生产规律及影响因素仍不十分明晰，在设计不稳定注水方案，确定注水施工参数时，存在一定的盲目性。为进一步认识不稳定注水的生产特征及影响因素，寻求注水参数合理选择的方法，取得不稳定注水的最佳效果，开展不稳定注水试验。

## 一、试验区情况

通过实施不稳定注水，进一步提高注入水水驱面积、提高注水利用率，达到少注水、少产水而保持稳产。

（一）试验区选择

中二区中部馆3-4单元实施强注强采试验后，发现各井组采出程度不一致，砂体发育好的，注水波及效率高，驱油效果好，每米采油量高。从注水井注水状况看，由于早期排液好，各井吸水状况较好。但同时存在着油层水淹严重和层内吸水差异大的矛盾，因而在特高含水期措施效果变差。为控制该区含水上升速度和减缓产量自然递减，选择该单元进行不稳定注水试验。

（二）油藏概况

中二区中部馆3-4单元位于孤岛油田的主体部位，中二区的中部，单元含油面积5.8km²，平均有效厚度22.3m，地质储量2182×10⁴t，可采储量1010×10⁴t，采收率46.0%，原始地层压力12.36MPa，饱和压力10.18MPa，地面原油密度0.962~0.985g/cm³，地面原油黏度488~2419mPa·s，油水黏度比200，空气渗透率（998~5416）×10⁻³μm²，孔隙度30%~33%。单元于1972年投产，1975年注水开发，1988年层系井网调整，采用七点法井网开发。1995年12月油井总井108口，开井100口，单元日产液量15103t，日产油量700t，平均单井日产液量151t，日产油量7.0t，综合含水率95.4%，采出程度45.7%，已采出可采储量的89.7%，水井总井95口，开井81口，单元日注水量16937m³，单井日注水量209m³，月注采比1.11，平均动液面95m。

从中二区中部馆3-4累计开采状况看，油层水淹严重。统计1995年12月油井，综合含水率在95%以上的油井72口，综合含水率大于98%的油井7口。统计主力油层单采井，单采馆4⁴油井关16口，开井15口，综合含水率达96.3%；单采馆3⁵油井关12口，开井21口，综合含水率达95.1%；水淹最严重的是馆4⁴层，特别是30排以东的区域，地层发育较差，采出程度高，由于早期注水不合理，造成大面积水淹，并有向内部延伸的趋势。馆3⁵水淹状况相对馆4⁴较轻，在中部和北部水淹较严重，综合新井资料，主力油层含油饱和度仍高于非主力层，只是受微构造沉积相及砂体发育的影响较大，现有开发井网水井分流线存在较高的剩余油，特别是油水井之间厚油层上部和底部含油饱和度相差较大。1993年4月新井中26-216井投产馆3⁵层上部4m，综合含水率60.7%，获日产液量56.8t、日产油量22.3t的高产，说明即使油层水淹严重，在厚层顶部仍存在剩余油富集区。

水井吸水好，地层能量高，油井供液能力强，但层内吸水差异大。单元水井开井81口，双排双号水井47口，平均泵压10.0MPa，油压6.6MPa，平均注水厚度为27.8m，注水强度7.13m³/（d·m），每米视吸水指数1.08m³/（d·MPa·m）；单排单号水井34口，平均注水厚度为24.1m，泵压10.1MPa，油压6.0MPa，注水强度9.25m³/（d·m），每米视吸水指数1.54m$^3$/（d·MPa·m）。无论从注水强度还是视吸水指数看，单排单号注水井较双排双号注水井好，从吸水剖面反映大部分层内吸水不均匀，一般底部吸水比上部的好，单排单号吸水较双排双号的好。整体看，油层注水较好，保持了较高的地层能量，油层导流能力好，油井供液能力强。

1994年实施的中33-11井区不稳定注水效果好。中33-11井区含油面积0.5km$^2$，地质储量168×10$^4$t，包括四个七点法面积注水井组，有油井8口，水井16口。井组日产液量935.9t，日产油量50.4t，综合含水率94.6%。井组月注水量81528m$^3$，平均动液面79.0m。采用间注方式在每个周期内每个井组注3口井，停注3口井，注3口井的注水量在原有注水量的基础上提高50%，间注周期根据实际动态及时调整。地层总压降不得低于1.5MPa，油井平均动液面不得低于250m。现场试验于1994年5月开始实施，至8月全部实施完毕。第一阶段从1994年8月至1995年3月，停单排单号注水井，开双排双号注水井；第二阶段从1995年4月开始，停双排双号注水井，开单排单号注水井。至1996年1月，试验区有中心油井8口，第一阶段见效6口，第二阶段见效7口，整个试验阶段净增油量4900.5t，累计少注水量27.63×10$^4$m$^3$。从见效井情况看，原先注采对应差，特别是位于砂体边部、单向对应的油井见效好，单采井见效明显。在中33-11井区试验成功的基础上，决定在中二区中部馆3-4进行不稳定注水扩大试验。

## 二、试验方案简介

### （一）原则

①将每个井组的3口单排单号注水井停注，双排双号注水井继续注水，注水量在现有的基础上提高30%~50%；②不稳定注水的间注周期暂定4个月，根据实际动态及时调整周期时间；③保持地层总压降不低于1.5MPa，平均动液面保持在200m以内，实现注采比为0.9~1.0。

### （二）油水井工作量

①关停注水井38口，日注水量减少7800m$^3$。②开注水井55口，日注水量由11550m$^3$增加到15000m$^3$，增加3450m$^3$，试验区日注水量总体下降4350m$^3$。③主要工作量：为确保中二区中部馆3-4不稳定注水方案的正常进行和及时转周，加强试验方案油藏动态的管理和研究，为同类型油田的控水稳油提供第一手准确资料，特制定方案监测计划。试验开始后，两个阶段为一周期，第一阶段测吸水剖面10口，要求在周期初、末期各测一次；水井定点测压4口，每周期测压2次；油井定点测压6口，每周期测2次；压力恢复定点井1口，每周期测2次。

（三）指标预测

中二区中部馆3-4不稳定注水方案实施后，预计可保持含水不升，单元日产液量14500t，日产油量670t，稳产一年，日注水量13860m³，注采比0.95。

## 三、试验进展及效果

第一周期从1996年2月开始，1996年8月转入第二周期，1997年4月进入第三周期，1998年1月转聚合物驱结束。共设计水井工作量251井次，完成207井次，完成率82.5%，其中大剂量调剖14口，并对油藏动态进行监测，共测吸水剖面32井次，测压20井次。从不稳定注水开发曲线看，第一周期单元平均日产液量14220t，日产油量632t，综合含水率由95.3%上升至95.6%，上升0.3个百分点，自然递减率由15.8%下降到7.9%。日注水量15575m³，注采比1.11，平均动液面130m。通过三个周期的不稳定注水，累计少产水量22×10⁴t，累计少注水量242.65×10⁴m³（图6-6），整个实施阶段没达到稳产要求。

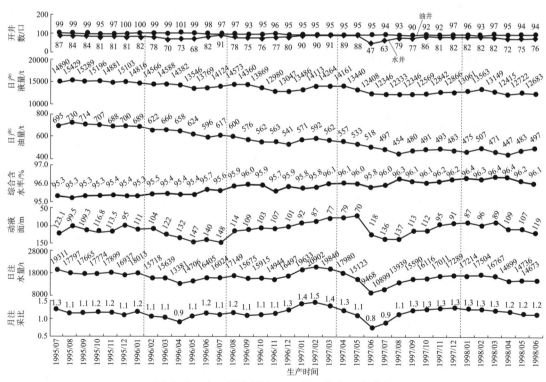

图6-6 中二区中部馆3-4单元综合开发曲线

## 四、主要认识

（1）在不稳定注水注采调整方案的编制过程中，强调油藏地质前期研究工作，注重推广应用油田特高含水期精细油藏描述和剩余油分布规律研究成果，同时，加强油、水井调剖、油井堵水新工艺、新技术的引进，从而使注采调整工作走向精细化、科学化、规范化的轨道，大大提高了油、水井措施方案的针对性和有效性，进一步提高注入水的波及体积和驱油效率，改善油田特高含水期的开发效果。中二区中部单元进入特高含水期后，剩余油高度分散，层间、层内、平面的潜力越来越小，各种挖潜措施的效益逐渐变差。"九五"期间，进一步加强了沉积微相与储层非均质性研究，不断深化储层微构造、储层参数变化规律研究，发展了水淹层测井解释方法，对不稳定注水试验的开展起到了很好的指导作用。

（2）不稳定注水的机理在于，当人为周期性地改变注水压力（或注水量）时，由于高低渗透带的压力传导速率不同，在储层中形成不稳定的压力梯度场。在此压力梯度场的作用下，一方面高、低渗透带之间产生油水交渗流动；另一方面改变储层吸水剖面，这种交渗流动为毛管力和弹性力的综合作用结果，从而提高纵向非均质层、平面非均质层及微观非均质孔道的波及系数，提高采收率。

（3）不稳定注水与常规注水相比，具有不同的生产特征。在综合含水率急剧上升的阶段，不稳定注水综合含水率上升稍快、产油量稍低；在稳定生产阶段不稳定注水的综合含水率相比常规注水大幅度下降，产油量大幅度上升，是增产原油的主要时期；在高含水期不稳定注水综合含水率接近常规注水的综合含水率，产油量增产幅度明显减小。

（4）开始不稳定注水的时机对最终采收率提高幅度有很大的影响。物理模拟实验结果表明，在早期综合含水率60%前开始的不稳定注水采收率比常规注水提高的幅度大，为14.44%~11.52%；中期综合含水率80%开始的不稳定注水采收率提高幅度为6.56%；晚期高含水开始的不稳定注水采收率提高幅度在2.42%以下。

（5）由于不稳定注水采收率的提高，使单位采油量的耗水量减小。早期开始的不稳定注水平均单位采油量的耗水量比常规注水减少0.00644~0.00896PV/1%，相当于总注水量减少0.4921~0.7108PV；中期开始的不稳定注水单位采油量的耗水量可减少0.00352PV/1%，相当于总注水量减少0.2515PV；高含水期开始的不稳定注水单位采油量的耗水量减少量在0.00151PV/1%以下，相当于总注水减少量在0.1016PV以下。

# 第四节　厚油层顶部水平井调整开发试验

水平井开发技术适用于油田开发的全过程，是提高油田产量、采收率和开发效益的一项重要技术。胜利油田自1991年1月完钻第一口水平井以来，"八五"期间水平井主要应用在地层不整合油藏和稠油油藏，"九五"期间扩大到厚层底水断块、屋脊断块和低渗透油藏，"十五"期间延伸到薄层、正韵律厚油层顶部挖潜和海上油藏开发。孤岛油田就是在此期间，精细油藏描述技术日趋成熟，在此基础上建立水平井精细三维油藏地质模型，完善了水平井地质设计技术，在孤岛油田开展的正韵律厚油层顶部挖潜试验和薄层水平井挖潜试验均取得成功。

## 一、试验区基本情况

### （一）试验目的

受正韵律及层内夹层的影响，主力厚油层顶部剩余油富集，剩余储量占总剩余储量的63.2%。为挖掘厚油层顶部剩余油潜力，探索特高含水期进一步提高采收率的途径，开展了孤岛油田正韵律厚油层剩余油分布规律及水平井调整矿场试验。

### （二）试验区选择

中一区馆5单元位于孤岛油田披覆背斜顶部，馆5层包括6个小层，其中主力油层馆$5^3$大面积分布，属于正韵律沉积厚油层，储层厚度一般为8~12m，平均8.9m，层内夹层发育。根据分层采出状况分析，认为馆$5^3$层剩余储量占馆5单元总剩余储量的75.8%，因此选择该层系进行顶部水平井调整试验。

### （三）油藏概况

1.地质简况

1）构造特征

中一区馆$5^3$水平井调整区位于孤岛披覆构造的顶部，油层埋深1240~1295m，区内无断层，构造简单且平缓，南高北低，地层倾角1°左右。油层的顶、底面形成微小起伏的微型构造。

2）沉积特征

从油层岩性、沉积构造、砂体形态、粒度及古生物特征等方面分析可知，馆陶组地层为一套河流相沉积的砂泥岩互层。馆$5^3$层为辫状河道沉积，河流坡降小、水体能量弱、分选性较差，剖面上砂岩呈正粒序，每个韵律底部常发育底冲刷现象，垂向沉积层序中具有典型的河流相二元结构。沉积构造以近水平层理和板状交错层理为主，是沉积物垂向加积的产物，砂体横断面顶平底凸，而且对称分布，平面上砂体边缘线比较平滑，曲率半径大。

沉积相可分为河道亚相、河道边缘亚相、泛滥平原亚相。纵向上馆$5^3$划分为馆$5^{31}$、馆$5^{32}$两个沉积元，其中主力层$5^{32}$小层河道宽，最大宽度在300m以上，河道砂体发育率在60％以上，河道呈网状交织且全区分布，心滩主要分布于河道主流线；主力层馆$5^{31}$小层心滩发育，河道宽，最大宽度在700m以上，河道砂体发育率68％（图6-7）。

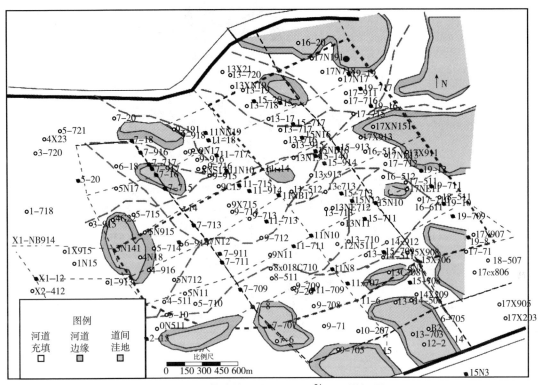

图6-7　孤岛油田中一区馆$5^{31}$沉积微相图

馆5单元以正韵律沉积为主，颗粒粒径从下到上由粗变细，孔隙度、渗透率由大变小。自然电位测井曲线上表现为箱形–钟形组合、箱形、齿化箱形的特征。

调整区馆$5^3$砂体大片连通，油层厚度大，为8~12m，平均为8.9m（图6-8）。层内夹层以泥质夹层为主，厚度为0.2~4.0m，平均为1.4m。调整区未钻遇夹层井31口，占12.9％，夹层厚度小于0.6m的井55口，占统计井点的22.9％，隔层厚度大于0.6m的井154口，占统计井点的64.2％。隔层分布范围广，除局部井区隔层发育差，隔层在调整区连片发育。

顶部韵律段馆$5^{31}$分布稳定，有效厚度2.5~6m，平均3.8m（图6-9）。馆$5^{31}$层有效厚度小于3m的井点40口，占统计井点的17.1％，3~5m的井点159口，占统计井点的67.9％，大于5m的35口，占统计井点的15.0％。东西向和南北向油藏剖面图也显示隔层发育和顶部韵律段馆$5^{31}$分布比较稳定，适合水平井挖潜（图6-10、图6-11）。底部韵律段馆$5^{32}$分布稳定，有效厚度3.6~7.2m，平均5.6m。

**陆相砂岩油藏开发试验实践与认识**——以孤岛油田高效开发为例

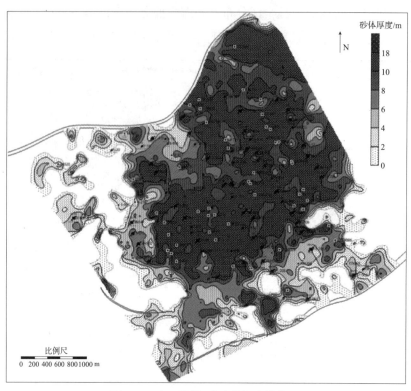

图 6-8　中一区馆 $5^3$ 砂体厚度等值图

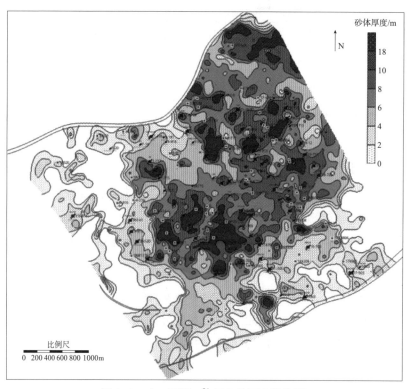

图 6-9　中一区馆 $5^{31}$ 层有效厚度等值图

58

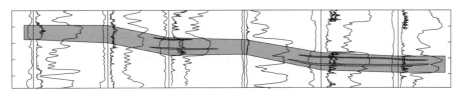

图 6-10 中一区馆 $5^{31}$ 南北向油藏剖面图

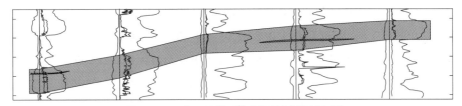

图 6-11 中一区馆 $5^{31}$ 东西向油藏剖面图

3）储层物性

根据取芯井资料和测井资料分析结果，中一区馆 5 层主要为细砂岩、粉细砂岩，其次为中细砂岩、粉砂岩。在碎屑成分中，石英占 40%~50%，长石占 30%~40%，岩屑占 10%~20%，为长石砂岩，其中长石主要为钾长石、斜长石，岩屑主要为长石岩屑。砂岩的填隙物主要为黏土杂基和碳酸岩胶结物。砂岩粒径为 0.01~0.3mm，分选中等－好，磨圆次棱角状。黏土矿物以蒙脱石为主，其次是高岭石、伊利石，以不同的形式充填于颗粒之间，是产生储层敏感性的主要因素。胶结类型以孔隙－接触式、接触－孔隙式及接触式为主。储层孔隙以原生孔隙为主，次生孔隙次之。储层存在潜在的速敏性和水敏性，在高渗透储层中高岭石发育，且颗粒为点接触，储层速敏性中等；而伊/蒙混层的含量较高，容易膨胀，造成水敏。

调整区馆 5 储层以复杂正韵律和均质韵律型为主，层内垂向上渗透率主要有以下三种类型。①正韵律层：底部渗透率大，向上逐渐变小，该模式约占 22.9%。②复杂正韵律层：总体上渗透性呈现由底部向上逐渐变低的趋势，但其内部又包含若干由高变低的韵律，该类型约占 45.8%，是多期河道迁移改道和相互叠置而成。还有一种层内非均质模式是在油层中存在夹层，夹层的存在对剩余油的分布具有控制作用。③均质韵律段：孔隙度、渗透率相对均质、稳定，颗粒粒径由下到上由大变小，该模式约占 31.3%（图6-12）。

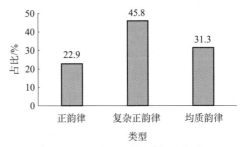

图 6-12 中一区馆 $5^3$ 层渗透率
非均质性模式占比图

受沉积相影响，中一区馆 $5^3$ 横向上砂体展布呈网状交织，顺河道延伸方向，砂体厚度变化小，垂直河道方向，砂体厚度变化大。储层渗透率非均质参数的分布与砂体发育程度和储层的孔渗性有关，心滩亚相泥质含量低，一般为10%，孔隙度32%~36%，渗透率大于$1000×10^{-3}\mu m^2$，变异系数大于0.8，突进系数大于2.0；河道充填亚相泥质含量15%~25%，孔隙度28%~34%，渗透率（200~1000）$×10^{-3}\mu m^2$，变异系数0.4~0.8，突进系数1.5~2.0，河道边缘亚相泥质含量30%，孔隙度小于28%，渗透率小于$200×10^{-3}\mu m^2$，变异系数小于0.4，突进系数小于1.5。

调整区馆$5^3$渗透率$1500×10^{-3}\mu m^2$，孔隙度32%，泥质含量10.8%；馆$5^{31}$渗透率$1340×10^{-3}\mu m^2$，孔隙度为30.1%，泥质含量为11.6%；馆$5^{31}$渗透率变异系数0.164~0.999，平均0.6，突进系数1.068~9.93，平均2.0。馆$5^{32}$渗透率$1659×10^{-3}\mu m^2$，孔隙度为35.4%，泥质含量8.7%。馆$5^{32}$渗透率变异系数0.135~0.999，平均0.65，突进系数1.132~9.96，平均2.2。调整区馆$5^{31}$层具有高孔、高渗透、胶结疏松易出砂的特点。由于层内渗透性差异的影响，加上油水重力分异的作用，层内水淹程度差异较大，底部水淹严重。层内夹层对油水运动有着一定控制作用，厚油层顶部剩余油富集。

4）流体性质

中一区馆$5^3$层原油性质在平面上存在明显非均质性，由南向北，随着油层埋深增加，原油黏度逐渐增加，在孤北断层附近，地面原油黏度达到3000mPa·s。调整区地面原油黏度为500~2000mPa·s，平均892.4mPa·s，地下原油黏度53mPa·s，原油密度$0.9554g/cm^3$，地下相对原油密度$0.883g/cm^3$。地层水为$NaHCO_3$型，总矿化度7336mg/L。

调整区无边底水、无气顶存在。原始地层温度70℃，目前地层温度65℃，地温梯度正异常，为4.5℃/100m。原始地层压力12.77MPa，目前地层压力11.6MPa，压力系数1.0，属于常压系统。

2. 开发简况

中一区馆5在30多年的开发过程中，经历了天然能量、注水驱、聚合物驱三个开发阶段。1971年10月，中一区馆5-6采用一套井网投入开发，1974年9月采用350m×400m反九点法注采井网进行注水开发，1981年10月进行细分层系调整，将馆5-6划分为馆$5^1$-$5^4$、馆$5^5$-$6^5$两套层系开发（馆$5^1$-$5^4$层系北面仍为350m×400m反九点法，南面为400m×700m五点法；馆$5^5$-$6^5$层系为350m×200m五点法），1987年4月将馆$5^1$-$5^4$层系调整为200m×350m南北行列注采井网，1992年10月将馆$5^5$-$6^5$局部细分调整为175m×200m南北行列注采井网。

2000年9月，中一区馆$5^1$-$5^4$单元投入聚合物驱开发，水平井调整时处于聚合物驱见效高峰期。2003年9月，调整区有油井66口，开井60口，单井日产液量85.4t，单井日产油量8.2t，综合含水率90.4%；注水井52口，开井49口，单井日注水量$134m^3$，采出程度44.4%，水驱采收率为47.6%，提高采收率8.2%。地层能量保持较好，平均地层压力11.6MPa，地层总压降1.17MPa。从馆5层系动液面看，注聚前动液面保持在200m左右，注聚后动液面有所下降，在400m左右，地层能量保持合理。单采馆$5^{31}$层油井动液面维持在150~350m，日产液量75~95t，地层总压力11.34MPa，反映馆5<sup>31</sup>的地层能量较充足，与整个馆5层系能量相差不大。

3. 储量动用状况及剩余油分布特点

1）储量动用状况

由于馆5<sup>3</sup>大面积分布，厚度大，是馆5层系的主力层，储量占馆5总储量的77.2%。统计中一区馆5砂层组4个小层，各层的采出状况差异较大（表6-4）。

表6-4　中一区馆5单元采出状况表

| 指标 | 馆5<sup>1</sup> | 馆5<sup>2</sup> | 馆5<sup>3</sup> | 馆5<sup>4</sup> | 合计 |
|---|---|---|---|---|---|
| 地质储量 /10⁴t | 24 | 61 | 836 | 162 | 1083 |
| 累计采油量 /10⁴t | 7.8 | 25.4 | 379.7 | 68.8 | 481.65 |
| 剩余储量 /10⁴t | 16.2 | 35.6 | 456.4 | 93.2 | 601.4 |
| 采出程度 /% | 32.5 | 41.6 | 45.4 | 42.5 | 44.5 |
| 综合含水率 /% | 90.4 | 91.2 | 91.2 | 90.8 | 90.4 |

从中一区馆5单元采出状况表可以看出，经过30多年的开发，仍有55%的剩余储量埋在地下，剩余储量主要分布在馆5<sup>3</sup>层内，占总剩余储量的75.9%，因此，馆5<sup>3</sup>仍然是下一步挖潜的主要对象。

馆5油井以生产馆5<sup>3</sup>为主，馆5<sup>3</sup>的地质储量全部动用。馆5<sup>31</sup>位于正韵律厚油层馆5<sup>3</sup>的油层顶部，馆5<sup>31</sup>的地质储量全部动用。目前馆5<sup>3</sup>采用行列式注采井网，水驱控制程度较高。2000年10月投入注聚开发，水平井调整区的全部储量属于注聚储量。

受沉积特征影响，顶部馆5<sup>31</sup>层采出程度低，采收率低。馆5<sup>3</sup>属于正韵律沉积，底部的渗透性要好于上部的渗透率，再加上油水重力分异的缘故，造成底部水淹严重，上部采出程度低，采出程度只有32.1%左右，比底部的低22.4%，上部采收率35%，仅有底部的一半。

当前井网难以提高馆5<sup>31</sup>动用程度和采收率。当前馆5采用200m×350m的行列式注采井网，虽然注采对应率、水驱控制程度高，注采系统比较完善，但对于目前厚油层顶部剩余油挖潜井网适应性较差，注入水沿馆5<sup>32</sup>底部大孔道水洗，馆5<sup>31</sup>顶部难以动用，加上油水井行距大，油水井排间储量动用程度低，采用目前井网注水倍数达到3.2时，最终采收率35%。而通过利用水平井挖掘厚油层顶部剩余油，最终采收率达49%，提高采收率14个百分点。

2）剩余油分布特点

（1）正韵律厚油层剩余油分布主要控制因素。

正韵律厚油层剩余油分布主要由非均匀驱油所决定，而决定非均匀驱油的两个因素是储层非均质性和开采非均质性。储层非均质性是其剩余油分布最根本的、内在的控制因素；开采非均质性及注采状况是剩余油分布的外部控制因素。储层非均质性（沉积微相）

对厚层内剩余油分布的控制作用主要包括平面沉积相变、纵向沉积韵律与夹层对剩余油分布的控制作用。

①平面沉积相变。

对于平面剩余油分布的控制，除了注采行为之外，首要的是油层平面沉积相变所导致的平面渗流能力的非均质性，致使注入水发生绕流而形成水驱油非均匀性。在横向连通的河道油层的注采开发过程中，注入水总是就近优先进入河道，并沿高压力梯度方向顺河道突进，直到河道方向压力梯度变小，才向河道两侧扩展，致使越岸沉积单元储层水驱状况差，剩余油饱和度较高。在与河道不连通废弃河道油层，由于注采井网很难较好地控制此类储量，其动用状况差，剩余油较富集。但因此类油层数量不多，剩余油总量上也较少。

②层内纵向沉积韵律。

厚油层内韵律性和沉积结构、沉积相变导致垂向上储层性质的变化、层内夹层的发育特征，是控制和影响层内垂向上波及体积和层内剩余油形成分布的重要因素。孤岛油田中一区馆5$^3$层内沉积层序主要表现为正韵律特征，中上部一般渗透性较差，渗流阻力大，加上驱替过程中的重力作用，驱油效率较低，剩余油饱和度较高。

③层内夹层。

层内夹层对剩余油的控制作用是研究的重点，也是下一步利用水平井挖潜的基础。研究表明，层内夹层对油水渗流具有不同程度的影响和控制作用，其影响程度取决于夹层厚度、延伸规模、垂向位置等。处于油层中上部的夹层对油水渗流的控制作用较大。根据目前注采的实际情况，建立了水井钻遇夹层、油井钻遇夹层、夹层在油水井之间3种类型6种注采模式（图6-13）。

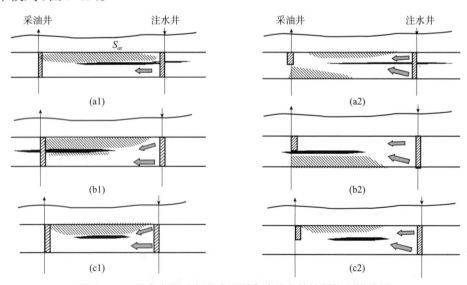

图6-13　层内夹层对水驱油及剩余油分布的控制作用模式图

④注水井钻遇夹层。

油井射开情况不同，剩余油所处的位置与数量也不同；其中a2驱油效果较好。

⑤采油井钻遇夹层。

水井全层射开，油井射开上部的情况下（b2），剩余油较少。

⑥夹层处于注采井之间。

由正韵律及重力作用，水驱油效果差别较小，油井射开夹层以上井段（c2），水驱油较佳，剩余油最少。

（2）正韵律厚油层内剩余油分布状况。

①调整区馆$5^3$层顶部剩余储量较大。

调整区馆$5^3$层顶部具有调整的物质基础。馆$5^3$层地质储量$836 \times 10^4$t，采出程度45.4%，剩余地质储量$457 \times 10^4$t，其中顶部地质储量$337 \times 10^4$t，采出程度32.1%，剩余地质储量$229 \times 10^4$t，占馆$5^3$层剩余地质储量的50.1%（表6-5）。馆$5^{31}$层井组剩余地质储量富集，井组剩余可采储量为$3 \times 10^4 \sim 5 \times 10^4$t，平均$3.9 \times 10^4$t。

表6-5　中一区馆$5^3$厚油层水平井调整区采出状况表

| 层位 | 含油面积/km² | 有效厚度/m | 地质储量/10⁴t | 累计采油量/10⁴t | 剩余地质储量/10⁴t | 采出程度/% |
|---|---|---|---|---|---|---|
| 馆5 | 5.4 | 11.5 | 1083 | 481.01 | 602 | 44.4 |
| 馆$5^3$ | 5.4 | 8.9 | 836 | 379.65 | 457 | 45.4 |
| 馆$5^{31}$ | 5.4 | 3.8 | 337 | 108.35 | 229 | 32.1 |

②正韵律厚油层油井附近、油水井间油层剩余油富集。

统计"九五"以来28口新钻井的新井多功能解释资料，馆$5^{31}$层平均含油饱和度48.9%，馆$5^{32}$层平均含油饱和度27.7%，顶部动用状况差，剩余油富集。

统计调整区1997—2002年28口新钻井资料表明，馆$5^{31}$与馆$5^{32}$原始含油饱和度相近，调整前含油饱和度馆$5^{31}$比馆$5^{32}$高21.2个百分点，驱油效率馆$5^{31}$比馆$5^{32}$低34.1个百分点（表6-6）。新老井测井资料对比反映，老井馆$5^{31}$、馆$5^{32}$感应值均为50~100ms/m，平均85ms/m，而新井馆$5^{31}$感应值为50~150ms/m，馆$5^{32}$感应值为150~300ms/m，显示馆$5^{31}$动用状况差，采出程度低，剩余油富集（图6-14）。

表6-6　中一区馆$5^3$水平井调整区厚油层分段动用状况统计表

| 层位 | 地质储量/10⁴t | 原始含油饱和度/% | 目前含油饱和度/% | 驱油效率/% |
|---|---|---|---|---|
| 馆$5^{31}$ | 337 | 63.7 | 48.9 | 23.2 |
| 馆$5^{32}$ | 499 | 64.9 | 27.7 | 57.3 |

例如，中一区中8-斜011井，2002年7月完井，钻遇馆$5^3$层，由于夹层的存在，顶部剩余油较高，感应值在50ms/m左右，底部水淹严重，感应值在250ms/m左右，避射底部投产后初期日产油量19.6t，综合含水率仅为57.2%（图6-15）。

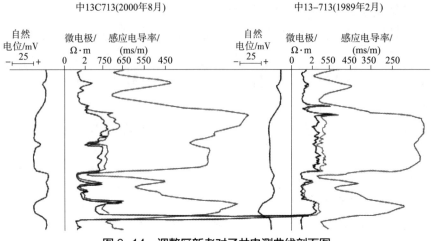

图 6-14　调整区新老对子井电测曲线剖面图

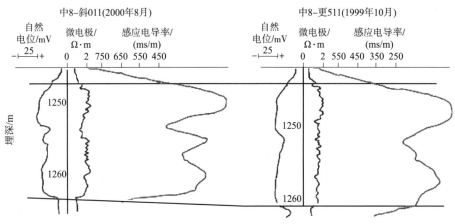

图 6-15　调整区新井电测曲线剖面图

1996—2002年的3口井C/O资料，反映层内剩余油饱和度受层内夹层及非均质影响大，正韵律厚油层顶部剩余油饱和度高（表6-7）。

表6-7　中一区馆5³厚油层调整区C/O资料统计表　　　　　　　　　　%

| 小层 | C/O 含油饱和度 | 束缚水饱和度 |
| --- | --- | --- |
| 馆5³¹ | 51.4 | 37.4 |
| 馆5³² | 27.6 | 33.1 |
| 差值 | 23.8 | 4.3 |

统计方案区历年吸水剖面17井次，顶部馆5³¹每米吸水量为1.7m³/m，比底部的低7.5m³/m，相对吸水量只有底部吸水量的9.6%，表明馆5³¹水驱动用程度低。

③厚油层内部无夹层的井，储层上、下部含油饱和度相差不大。

统计中一区1998—2002年新钻井馆5³无明显夹层的4口井资料可知，馆5³¹、馆5³²含油饱和度相差不大，馆5³¹比馆5³²高8.7个百分点，且含油饱和度的绝对值较低（表6-8）。

表 6-8   中一区馆 $5^3$ 厚油层内部无夹层的井资料统计表                    %

| 小层 | C/O 含油饱和度 |
|------|------|
| 馆 $5^{31}$ | 42.6 |
| 馆 $5^{32}$ | 33.9 |
| 差值 | 8.7 |

## 二、水平井调整技术及试验方案

河流相沉积储层层内夹层薄而不稳定，井间预测难度大。"十五"以来，重点开展了以"砂体内部夹层空间预测"为核心的河流相储层构型、三维建模及剩余油分布规律等研究，配套形成了独具孤岛特色的水平井挖潜技术。

### （一）水平井技术政策界限

水平井投资成本高、技术难度大，特别是特高含水开发期的油层水淹已经相当严重，剩余油呈高度分散状态，但从经济角度看，其真正的潜力在于能够节约开发投资和大幅增加产量，具有开发可行性和竞争力。为有效降低水平井开采风险，提高挖潜效果，有必要针对正韵律厚油层特点开展水平井技术研究。

#### 1. 夹层控制作用

厚油层水平井在开发过程中，由于垂向上的压力梯度大于水平方向上的压力梯度，易引起油层下部水的锥进，因此，如果在水平井以下部位存在夹层，能有效阻止水锥的上升，使水平井的开发效果变好。为此运用数值模拟技术研究了夹层对水平井生产动态的影响。采用均匀矩形网格：I 方向网格数 15，J 方向网格数 16，平均步长 25m。油层有效厚度 9.0m，地层渗透率（450~3000）× $10^{-3}\mu m^2$，孔隙度 24%~29%。用 6 个韵律段刻画韵律性的变化，在第 2 和 3 韵律段之间建立夹层（图 6-16）。

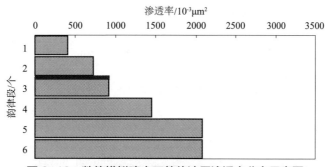

图 6-16   数值模拟建立正韵律油层渗透率分布示意图

研究表明，夹层无因次面积（=夹层面积/水平井控制面积）在 6 倍以上水平井中开采效果好，夹层的无因次半径 ［=（夹层直径/水平井段长度）/2］ 在 2.5 倍以上水平井中开采效果好（图 6-17）。

---

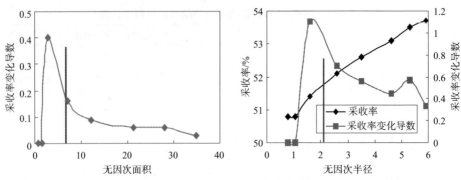

图 6-17 夹层无因次面积、无因次半径与采收率变化导数关系曲线图

2. 剩余油富集程度

在有夹层分布和无夹层分布的情况下分别模拟了剩余油富集厚度为1m、2m、3m、4m、5m、6m、7m等7种方案。结果表明：有夹层的情况下，剩余油富集厚度下限为3m，剩余油富集区域储量丰度下限为$46 \times 10^4 t/km^2$；没有夹层的情况下，剩余油富集厚度下限为5m，剩余油富集区域储量丰度的下限为$76 \times 10^4 t/km^2$。

3. 水平井实施时机

模拟了含水分别等于92%、94%、94.5%、95%、96%、97% 6种情况，当综合含水率低于95%时，水平井增产倍数呈缓慢下降趋势；综合含水率大于95%以后，水平井增产倍数大幅下降；因此水平井技术实施时机以综合含水率低于95%为宜（图6-18）。

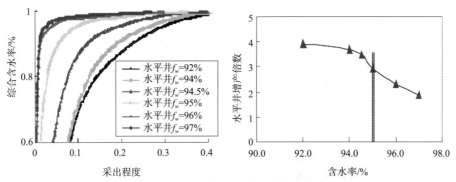

图 6-18 水平井实施时机优选曲线图

（二）水平井优化设计

1. 平面位置优化

选取距油井排为原井距的1/3、1/4、1/5、1/10和油井井间，即距油井排120m、90m、70m、35m、0m 5个位置进行优化，模拟表明水平井距离油井排近，井组开发效果好。但随着水平井平面位置距油井排距离的减少，水平井会干扰直井的生产（图6-19）。

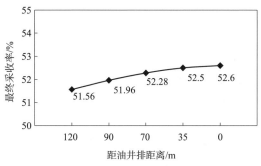

图6-19　平面位置优化效果对比图

2. 水平井距油层顶部位置优化

选择水平井段距油层顶部0.5m、1.0m、2.0m三个参数进行优化,从正交模拟的效果分析,水平井段距油层顶部越近,初期综合含水率越低,10年累计产油量越高,反映水平井距油层顶部越近越好。水平井段距油层顶部0.5m,初期综合含水率38.4%,10年累计产油量4.22 × $10^4$t。考虑到储层物性及工艺适应性影响,水平井距油层顶部1m左右较佳(表6-9)。

表6-9　孤岛油田正韵律厚油层水平井距顶部位置优化表

| 距顶部位置 /m | 水平井井段长度 /m | 日产液量 /t | 初期综合含水率 /% | 末期综合含水率 /% | 累计产油量 /$10^4$t |
| --- | --- | --- | --- | --- | --- |
| 0.5 | 150 | 40 | 38.4 | 96.7 | 4.22 |
| 1.0 | 150 | 40 | 42.2 | 97.7 | 3.97 |
| 2.0 | 150 | 40 | 46.5 | 97.9 | 3.75 |

3. 水平井长度优化

根据平面位置大小,选择水平井段120m、150m、180m、210m四种长度进行优化,从优化的结果(图6-20)看,随着长度增加,水平井单井累计产油量增加,井组采收率逐渐提高,主要由于馆5$^{31}$层动用状况较差,水淹很弱,水平井部署在层顶,随着长度增加水平井的泄油面积增大,累计产油量增大,但增加幅度很小。计算投资与收益可知,180m井距较优(图6-21)。水平井段长度可根据井网及剩余油情况进行调整。

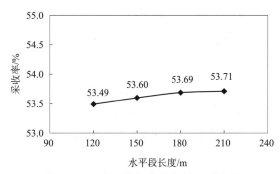

图6-20　水平井长度优化效果对比图

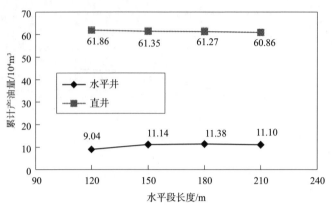

图 6-21　水平段长度优化方案产量对比图

4. 水平井液量保持水平优化

设计初期水平井的产量分别为 20t/d、40t/d、60t/d、80t/d 四个级别，对应的生产压差分别为 0.5MPa、1.0MPa、1.5MPa、2.0MPa，保持一定的地层压力，随着含水上升不断提液，保证单水平井产量在 18t/d 以上。从优化的结果（表 6-10、图 6-22）看，初期的液量越大，含水上升得越快，稳产时间越短，最终采收率越小，从这个角度上看，初期采用的液量越小，生产效果越好。但是初期液量低相应产量小，达不到利用水平井的目的，所以，水平井初期液量保持在 40t/d，初期生产压差保持在 0.5~1.0MPa，随着含水上升不断提液，通过生产实践和研究表明，水平井的合理提液时机确定在综合含水率 70%~80%，对最终采收率的影响不大。

表 6-10　不同液量保持水平最终采收率表

| 初期不同液量 /（t/d） | 20 | 40 | 60 | 80 |
|---|---|---|---|---|
| 对应生产压差 /MPa | 0.5 | 1.0 | 1.5 | 2.0 |
| 最终采收率 /% | 51.0 | 53.7 | 53.26 | 53.04 |

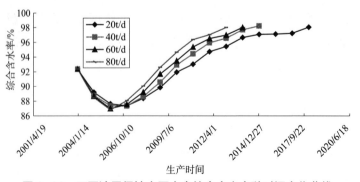

图 6-22　不同液量保持水平方案综合含水率随时间变化曲线

5. 注水井射孔部位优选

根据夹层渗透性大小，设计了全井注水、上部注水、下部注水 3 种情况，结果表明：

当夹层渗透率与油层渗透率比值在0~0.3时，即夹层渗透性比较小时，上部注水的效果比较好；当夹层渗透率与油层渗透率比值在0.5~1.0时，即夹层渗透性比较大时，注水部位影响不大。

### （三）水平井工艺配套技术

#### 1. 完井工艺

完井工艺是衔接钻井和采油工艺而相对独立的工艺，是从钻开油层开始，到下套管注水泥固井、射孔、下生产管柱、排液，直至投产的一系列工序。一方面，要尽可能减少对储层的损害，形成储层与井筒之间的良好连通，以保证发挥最大产能；另一方面，充分利用储层能量，优化压力系统，并根据油藏工程和特高含水期油田开发特点以及后期可能的增产措施等，选择完井方式、方法，为水平井合理应用提供必要依据。

#### 2. 射孔工艺

水平井由于其井身结构的特殊性，射孔要求及难度比一般直井的高得多，同时因其水平段长，如何最佳发挥泄油控制面积，适宜的射孔技术显得尤为重要。而地层出砂严重、储层非均质性强的稠油疏松砂岩油藏水平井，对射孔工艺、射孔器、射孔参数等要求更严格，在水平段射孔应尽可能使孔眼的几何尺寸和空间分布合理。对于高渗透油藏，一般采用大孔径、高孔密的定向射孔工艺。根据钻进水平段水淹情况及油层剩余油饱和度情况选择孔密和射孔相位角，一般对水平段较长、剩余油厚度大、隔夹层发育的水平井，采用分段下相位四排布孔，相位角60°；对水平射孔段较小、剩余油厚度小、隔夹层不发育的井，采用水平两排布孔，相位角180°；对非均质性严重和长井段水平井，要采取分段射孔，孔密一般选择为16孔/m、14孔/m或12孔/m。

#### 3. 防砂工艺

根据孤岛疏松砂岩油藏地层易出砂且泥质含量较高等特点，在采取黏土防膨等措施的同时，水平井防砂采用金属毡滤砂管防砂工艺。其原理是通过金属毡滤砂管对流入液体进行分级过滤，允许地层中粒径较小的污染颗粒和固体颗粒随液体排出到地面，将一定粒径范围内的地层骨架砂阻挡在滤砂管周围，形成稳定砂桥，达到防砂稳产的目的。由于金属毡是一种特殊的纺织品，具有三维网状多孔结构，具有耐磨、耐腐蚀、耐高温、过滤性能好、不易堵塞、挡砂精度高等优点，能够满足水平井较长射孔井段的特殊防砂要求。该防砂工艺应用于水平井，能够有效保障防砂施工成功率，确保油井正常生产。

水平井目的层水淹状况、水平井距油水井排的远近等对正韵律厚油层顶部水平井开发效果也有较大影响。一般河道沉积相变部位储层连通性与渗透性逐步变差，且离注水井排较远的区域，水平井开发效果较好。

（四）方案部署

1. 布井原则

根据优化的结果制定布井原则：①馆$5^{31}$与馆$5^{32}$隔（夹）层厚度大于0.6m；②馆$5^{31}$油层厚度2~5m，感应值小于$100\Omega \cdot m$，采出程度低于25%，单井控制剩余可采储量大于$3 \times 10^4$t。

2. 方案部署

2002年在孤岛油田中一区馆$5^3$，含油面积2.84km$^2$，地质储量$192 \times 10^4$t的区域先部署1口试验井，在其成功的基础上再设计水平井5口，平均单井控制地质储量$18.2 \times 10^4$t，平均单井控制可采储量$4.3 \times 10^4$t。采用注水开发，水平井水平段平行于馆5油井排，位置距水井排200~270m，距油井排80~100m；两口水平井距离大于200m。设计单井日产油量13t，新增年产油量$2.4 \times 10^4$t（图6-23）。

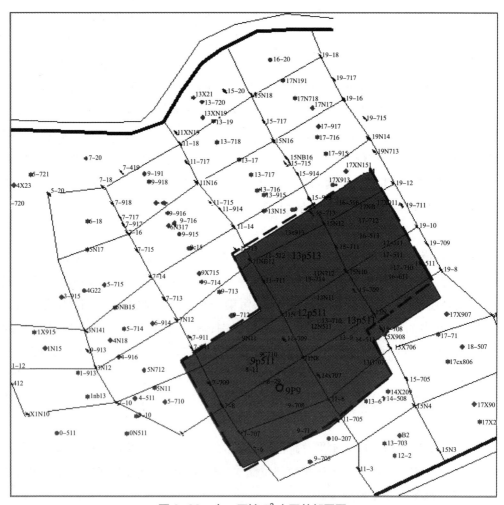

图6-23　中一区馆$5^3$水平井部署图

## 三、试验进展及效果

2002年10月在中一区馆5单元选择中10XN509井附近部署了先导试验井中9P9，该井控制含油面积0.24km²，馆5³¹平均有效厚度5.0m，石油地质储量$19.8 \times 10^4$t。延伸方向为北西－南东向，A靶点垂深1245.5m，B靶点垂深1245.5m，水平段距油层顶0.5m，水平段长度130.7m。采用三段式射孔：1346~1362m，102枪102弹，水平两排射孔，相位角180°，10孔/m；1380~1430m，102枪102弹，水平下相位四排射孔，相位角60°，14孔/m；1430~1467m，102枪102弹，水平下相位四排射孔，相位角60°，16孔/m；射孔长度103m，用金属毡防砂（图6-24）。

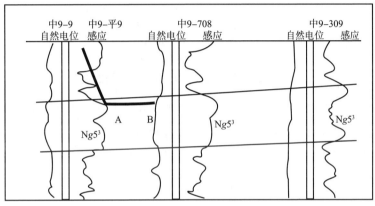

图6-24 中9-9—中9-309井油藏剖面图

2002年11月投产，初期日产油量达33.5t，综合含水率仅38.8%，峰值日产油量47t，综合含水率22.3%，日产油能力相当于中一区直井产量的3倍，在较低综合含水率（<60%）阶段连续生产了7个多月。为进一步巩固水平井开采效果，2003年6月开始协调注采关系，四向对应率提高了2.3%，不同程度地提高了与之对应水井注水量，在投产14个月后，日产油仍然稳定在20t以上（图6-25）。

在试验井中9P9取得较好的钻探及投产效果基础上，从油藏整体考虑，为尽可能地降低方案的风险性，确保水平井高效实施，对水平井进行了整体部署。试验区选择位于中一区馆5单元中部。试验目的层选择为顶部韵律段馆5³¹。设计新钻水平井5口，并对水平井的技术政策进行了优化研究，包括夹层对水平井动态的影响、水平井设计参数以及生产参数等，并于同年4月开始实施。到2003年底，设计水平井全部完钻，水平井靶点、水平轨迹上下摆动幅度、水平段长度等技术指标均达到设计要求，投产时均进行了射孔优化。实际投产4口，其中12-平511井由于距水井排较近，投产后出聚合物，质量浓度达2000mg/L，改层生产馆3⁵层，其他3口水平井中13-平511、13-平513、17-平512投产初期平均日产液量53.7t，日产油量29t，初期综合含水率45.9%。

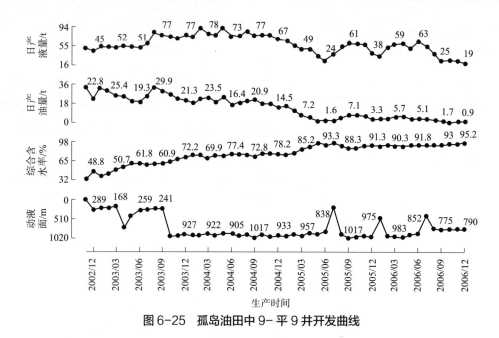

图 6-25  孤岛油田中 9- 平 9 井开发曲线

通过扩大试验，对厚油层水平井挖潜有了进一步的认识，结合水平井实际生产情况，确定了今后水平井部署的原则：①位于河道相向边缘相过渡区；②水平段位置、长度视剩余油位置、富集程度而定；③夹层相对发育且具有一定连续性；④部署在距水井排大于200m 处；⑤水平段距顶位置应保证有一定的渗透率。

## 四、主要认识

（1）正韵律厚油层整装油藏，在长期注水开发冲刷过程中，受厚油层层内韵律性、沉积结构、隔夹层发育、水动力条件等影响，开发程度差异大，厚油层底部水淹程度高，水驱油效率高，油层顶部水淹程度较低，剩余油相对富集，剩余潜力大。

（2）矿场实践表明，正韵律厚油层层内夹层的发育特征，是控制和影响层内垂向上波及体积和层内剩余油形成分布的重要因素。因此开展韵律段级别油藏描述，搞清储层内部结构和平面、纵向非均质性，准确描述和预测夹层的类型、位置、厚度和平面分布，对定量描述剩余油分布及寻找剩余油富集区具有重要意义，也是准确设计水平井的关键。

（3）利用水平井技术调整正韵律厚油层顶部剩余油富集区为油田特高含水期开发提供了经济有效的挖潜途径和手段，也是特高含水期正韵律厚油层的一项重要的提高采收率技术。但同时也暴露出生产一段时间后供液能力不足的问题，这主要是顶部泥质含量高、防砂难度大、水井吸水状况差造成的，因此如何解决水平井的能量补充是下步迫切需要解决的问题。

# 第五节　薄差油层水平井开发试验

## 一、试验区基本情况

### （一）试验目的

孤岛油田开发对象以主力油层为主，进入特高含水期后，主力油层潜力越来越小。非主力层地质储量$8960 \times 10^4$t，动用地质储量$5586 \times 10^4$t，动用油层有效厚度基本大于5.0m，多与主力油层合注合采，因其层薄、连通性差、渗透性差，油层动用状况差，剩余油饱和度较高。数据显示：非主力油层的采出程度仅为6.5%，远远低于主力层的。统计150口井吸水剖面资料可知，非主力层吸水差的占43.6%，不吸水的占47.9%。经筛选符合条件即厚度大于2.0m，渗透率大于$500 \times 10^{-3} \mu m^2$，黏度小于3000mPa·s，井区控制储量大于$15.0 \times 10^4$t，采出程度小于10%且至少能建立1注1采注采系统的油砂体30个，有利区域37个，含油面积20km$^2$，平均有效厚度3.12m，地质储量$988 \times 10^4$t。

提高薄油层储量动用程度和采收率，增加可采储量，同时探索薄油层开发技术和开采规律，开展薄差油层水平井开发试验。

### （二）试验区选择

根据试验目的，确定薄油层开发试验的选区原则如下：①油层连通性较好，砂体展布相对稳定；②从物性和电性上具有薄油层共同的特征；③油层厚度大于3.0m，地面原油黏度小于3000mPa·s；④试验区能够代表薄油层的共同特征。

根据以上原则，选择位于中一区馆5—6单元中部井区进行薄油层先导试验，试验目的层为馆5$^6$，平均砂厚3.78m。若薄油层试验区投产后效果好，可陆续对37个有利区域进行开采，为孤岛油田提高开发水平提供新的思路。

### （三）油藏概况

1.试验区薄油层油藏地质特征

1）构造特点

中一区馆5$^6$小层处于孤岛背斜构造顶部，构造平缓，地层倾角约1°，中部为平台，是孤岛背斜的最高部位（图1）。

2）储层砂体发育特点

试验区的薄油层馆5$^6$层基本大片发育，连通性较好，无边水。油层平均分选系数1.51，平均粒度中值0.15，平均砂厚3.78m，平均有效厚度3.0m。含油面积0.63km$^2$，地

质储量 $35.0 \times 10^4 t$。

3）储层物性特征

试验区馆 $5^6$ 为辫状河道砂沉积，主要是细砂岩、粉细砂岩，胶结疏松，胶结物以泥质为主，泥质含量 $10\% \sim 12\%$，钙质含量 $0.55\% \sim 1.255\%$，生产中易出砂。孔隙度 $34.6\%$，渗透率 $609 \times 10^{-3} \sim 1677 \times 10^{-3} \mu m^2$，平均含油饱和度为 $56.1\%$，岩石强亲水，储层非均质严重，渗透率变异系数 $0.4 \sim 0.8$，突进系数 $1.5 \sim 2.0$。

4）隔层发育情况

馆 $5^6$ 层具有良好的隔层条件，隔层厚度较大，上部隔层厚度平均为 $8m$，与下伏地层的隔层平均为 $10m$。

5）流体性质及油层温度、压力

馆陶组原油为高密度、高黏度、高饱和压力、低含蜡、低凝固点的沥青基石油。中一区馆 $5^6$ 薄油层地面原油密度 $0.935 \sim 0.976 g/cm^3$，地下原油密度 $0.871 \sim 0.894 g/m^3$，地下原油黏度 $20 \sim 50 mPa \cdot s$，地面原油黏度 $1184 \sim 1396 mPa \cdot s$。

6）地层水性质

馆 $5^6$ 地层水主要是 $NaHCO_3$ 型，氯离子质量浓度 $2250 mg/L$，总矿化度 $8222 mg/L$。

2. 薄油层开发试验依据分析

1）油层动用程度低，剩余地质储量大

试验区含油面积 $0.63 km^2$，地质储量 $35 \times 10^4 t$，累计采油量 $1.1 \times 10^4 t$，剩余地质储量 $33.9 \times 10^4 t$，采出程度 $3.14\%$。投入开发以来，馆 $5^6$ 与主力油层合注，层间干扰较大，层间吸水差异大，由吸水剖面资料统计，可知薄油层馆 $5^6$ 层相对吸水量只有 $5.7\%$，吸水强度为 $1.3\%$，明显小于主力油层，吸水较差。试验区馆 $5^6$ 层累计注水量 $16 \times 10^4 m^3$、累计产水量 $7 \times 10^4 m^3$、累计存水率 $0.56$。

2）试验区含油饱和度高

新钻井资料表明，馆 $5^6$ 层基本未水淹。如中 13-712 井与中 13XN712 井是 2 口对子井，两井相距 $50m$，中 13-712 井 1988 年 6 月投产，中 13XN712 井是 2001 年 2 月投产，从测井曲线对比看主力油层馆 $5^3$ 层水淹严重，馆 $5^3$ 层含油饱和度由 $67.0\%$ 下降到 $39\%$。馆 $5^6$ 层含油饱和度由 $52.0\%$ 下降到 $50.3\%$，薄油层馆 $5^6$ 基本没水淹。

3）单采井效果好，具有一定产能

从历年单采薄油层的井统计看，油层厚度为 $3.0 \sim 6.0 m$，单井日产液量大部分为 $30.0 \sim 50.0 t$，单井日产油量 $4.0 \sim 8.0 t$，至 2002 年整个馆 5-6 单元仅一口单采井 17XN151 井，生产层位馆 $5^6$ 层，砂层厚度 $4.2m$，1996 年 7 月投产，初期日产油量 $15.6 t$，到 2002 年 8 月日产油量 $3.8 t$，累计产油量为 $1.3 \times 10^4 t$。

## 二、试验方案

薄油层由于厚度薄，直井开发泄油面积小、控制储量少、经济效益差，致使该类

74

储量一直不能得到有效动用。近年来，水平井配套技术得到飞速的发展，为动用经济效益差的储层提供了技术保障。利用水平井开发薄层具有很大的优势：一是水平井泄油面积大、单井控制储量大。一般来讲在小于3m的薄油层中，一口直井控制的地质储量只有5000~6000t，而1口水平段长度在300m左右的水平井控制储量可以达到直井的5倍以上。二是相对于厚层而言，薄油层能量相对较弱，水平井可以在较小生产压差下获得较高产能。

在钻井和完井工艺保证的条件下，进行了薄油层水平井可行性的初步研究，初筛选标准主要考虑以下几个方面。

1. 油层厚度3m左右

所谓的薄层是指小于或等于3m的油层，而常规厚层水平井厚度要求最小4m，一般大于6m。目前随着钻井技术的发展，使得钻井控制技术大大提高，控制精度可以达到0.5m，同时可以提前预测钻头前面30~50m地层的变化情况，进行适时调整，提高了油层钻穿率，因此厚度下限定为3m。

2. 储层平面分布稳定

由于薄油层绝大部分受岩性控制，平面变化快，为了保证水平井钻遇有效储层，要求水平井设计区域储层分布稳定。

3. 储层中高渗透，具有一定产能

储层较薄，物性相对较差是直井开发效果差或不能动用的主要原因，水平井虽然能够扩大泄油面积，提高产能，但如果物性太差必将影响其开发效果，因此在筛选过程中要求物性要较好，直井投产时具有一定的产能，这样才能真正发挥水平井的优势。

4. 井区可采储量大于10000t

为了保证水平井有一定的经济效益，充分体现水平井在薄油层中的优势，水平井必须控制一定的可采储量，常规厚层水平井一般要求可采储量超过8000t即可（根据油藏埋深、岩性等有所变化），而薄油层由于能量相对较弱，同时物性较差，因此一般要求可采储量大于10000t。

根据以上研究论证结果，2002年5月，编写了《孤岛油田中一区馆$5^6$薄油层开采试验方案》，设计新钻井3口，单井控制储量$11.6 \times 10^4$t，钻井总进尺$0.495 \times 10^4$m，单井日产油量20.0t，新建产能$1.3 \times 10^4$t。并对其井网配置、水平井轨迹等参数进行了优化，水平井位于砂体厚度较大之处且垂直于砂体走向的开发效果最优；由于油层厚度薄，固定水平轨迹在油层中部，如果油井水平井段太长，将受到直井水锥影响，水平井段过短，影响泄油半径，因此选取油井水平段150m，同时考虑水井水井的驱油面积，选取水井水平井段为200m。

## 三、试验效果及主要认识

第一口薄层水平井中9P10在2003年3月完钻，中9P10井位于油井排上，离注水井排120m。延伸方向为北西–南东向，A靶点垂深1275.8m，B靶点垂深1275.6m，水平段位于油层中部。水平井段223m，射开井段87m，采用三段式射孔：1418.8～1446.9m，102枪102弹，水平两排射孔，相位角180°，10孔/m；1458.6～1465.5m，102枪102弹，水平两排射孔，相位角180°，10孔/m；1475.4～1561.8m，102枪102弹，水平两排射孔，相位角180°，10孔/m；金属毡防砂。2003年4月投产，初期日产液量54.1t，日产油量2.7t，综合含水率95.1%，峰值日产油量14.6t，综合含水率68.7%，截至2005年年底，日产油量2.7t，综合含水率94.1%，累计产油量$0.46×10^4$t。如图6-26、图6-27所示。

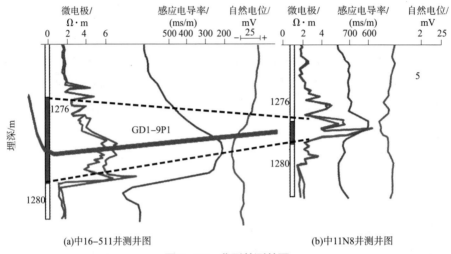

(a)中16-511井测井图　　　　　　　　(b)中11N8井测井图

图6-26　典型井测井图

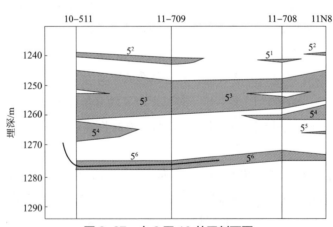

图6-27　中9平10井区剖面图

从实际生产情况看，水平井液量取得突破，比单采的薄层直井大幅度提高，但综合含水率很高，测井解释含油饱和度也较低，油层已强水淹，说明薄层剩余油分布规律需进一步深入研究，才能为高效调整提供保障。还必须要有一定的能量补充，开发效果才能得到保证。

中9平10获得成功后，先后零散部署2～3m薄层挖潜水平井13口，建成产能$2.3×10^4$t。

# 第三篇
# 化学驱开发

▶▶▶

　　化学驱又称改型水驱化学法，是指向注入水中加入化学剂，以改变驱替流体的物化性质及驱替流体与原油和岩石矿物之间的界面性质，从而有利于原油生产的一种采油方法。化学驱主要包括聚合物驱、交联聚合物驱（LPS）、聚合物/表面活性剂二元复合驱、表面活性剂/聚合物/碱三元复合驱等，所使用的药剂为聚合物、表面活性剂、碱以及其他辅助化学剂。

　　化学驱已成为中高渗透油田大幅度提高采收率的重要手段。孤岛油田是20世纪70年代投入注水开发的老油田，孤岛油田化学驱油试验始于20世纪90年代初，是胜利油田最早开展聚合物驱油先导试验和工业化应用的油田，从聚合物驱油方法提出到目前先后经历了机理研究与驱油体系设计、方案研究与现场先导性试验及大面积工业化应用几个阶段。截至目前孤岛油田已实施化学项目22个（其中已转后续水驱项目16个、正注聚项目6个），覆盖地质储量$2.22 \times 10^9$t，占孤岛油田储量的53.7%，化学驱油已成为孤岛油田增储上产的重要手段。孤岛油田所实施的注聚区块年增油最高达到$93.5 \times 10^4$t，目前仍达到$50 \times 10^4$t，已提高采收率7.8%。

　　本篇分为"化学驱开发机理与发展历程""聚合物驱开发试验""聚合物—交联驱油开发试验""三元复合驱开发试验""聚合物驱后提高采收率开发试验"五章，重点论述聚合物驱、交联聚合物驱、三元复合驱、聚合物驱后进一步提高采收率试验16个重大开发试验项目基本情况、方案、实施、成果及认识。

# 第七章　化学驱开发机理与发展历程

## 第一节　化学驱油机理

### 一、聚合物驱油机理

聚合物驱是一种把水溶性聚合物加入注入水中以增加注入水的黏度，改善流度比，扩大注入波及体积进而提高最终采收率的方法，目前，广泛使用的聚合物可以分为两种：一种是人工合成的化学产品——部分水解聚丙烯酰胺；另一种是微生物发酵产品——黄孢胶。部分水解聚丙烯酰胺不仅可以增加水的黏度，还可以通过降低地层对水的渗透率而改变水的流动路线，对油的渗透率则可以保持相对不变，聚合物溶液通过后仍可保持对水的残余阻力，是理想的改善流度比、扩大波及体积的方法。

#### （一）聚合物驱微观渗流机理

1. 聚合物驱油段塞在孔隙中渗流时，具有活塞式特征

聚合物驱可消除水驱时的指进现象，调整吸水剖面［图7-1（a）、（b）］。由于聚合物溶液具有较高的黏度，在多孔介质中渗流时，比注入水具有更大的渗流阻力。当聚合物段塞进入高渗透层后，降低了其中的水相渗透率，从而有效地抑制了注入水沿高渗透层的指进现象，迫使注入水进入到渗透率低的岩石孔隙中，提高了中低渗透层的吸水能力。聚合物浓度越大，吸水效果越好。其原因主要在于聚合物溶液的浓度越大，其黏度也越大。因而，当其进入到高渗透层之后，渗流阻力越大，相应的调剖效果越好。

2. 聚合物具有较强烈的吸附性能

由于聚合物具有憎水亲油性质，聚合物溶液波及的孔隙中，聚合物大量吸附在孔壁上，在油相和孔壁之间形成聚合物水膜，降低了油相在孔道中流动时与孔壁的摩擦阻力，从而提高了油相流动能力；聚合物在孔隙中遇到注入水时，聚合物就会伸张、溶胀，增加水相的流动阻力，降低水的渗透率。实验观察到，在相同条件下，油相的流动速度比水驱

时提高了1~2倍。

3. 聚合物具有一定的界面黏弹性，可提高油水之间的界面黏度

聚合物可以加强流动水相对静止油滴的携带能力。在聚合物驱替到的孔隙中，残留在孔壁上的油滴被拉伸变形，重新流动而被驱走［图7-1（c）］。实验表明，聚合物浓度越高，与原油之间的界面黏弹性越大，驱油效果越好。

4. 不同的渗透层中，聚合物驱油特征不同

在高渗透层中，由于残余油饱和度较低，残余油主要以油滴形式存在，因此，聚合物的驱油特征主要是聚合物溶液夹带小油滴向前运移［图7-1（d）］，聚合物浓度越大，夹带的油滴越多；在低渗透层中，由于残余油饱和度较高，大部分是水驱未波及的含油孔隙，聚合物的驱油特征主要是聚合物溶液推动着油段向前慢慢移动，在聚合物段塞前形成了含油富集带［图7-1（e）］。

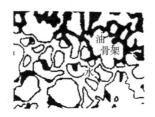

(a)水驱指进现象　　　　　　　　　(b)聚合物活塞驱油现象

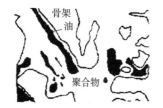

(c)残余油滴被拉伸至变形，重新流动　(d)聚合物将油滴夹带驱出　(e)聚合物将油段慢慢推出

**图7-1　聚合物驱油微观渗流机理**

### （二）聚合物驱油作用机理

聚合物能控制流度比、扩大水驱波及体积，主要有以下两个作用：（1）绕流作用。由于聚合物进入高渗透层之后，增加了水相渗流阻力，从而产生了由高渗透层指向低渗透层的压差，使得注入液发生绕流，进入到中、低渗透层中，扩大水驱波及体积。（2）调剖作用。由于聚合物改善了水油流度比，控制了注入液在高渗透层中的前进速度，使得注入液在高、低渗透层中以较均匀的速度向前推进，改善非均质层中的吸水剖面，提高水驱油效率。

聚合物驱提高水驱油效率主要有下面三个作用：（1）吸附作用。由于聚合物大量吸附在孔壁上，降低了水相的流动能力，并且对油相的流动能力影响较小，在相同的含油饱和

度下油相的相对渗透率比水驱时的有所提高，使得部分残余油重新流动。（2）黏滞作用。由于聚合物具有黏弹性，加强了水相对残余油的黏滞作用，在聚合物溶液的携带下，残余油重新流动，被夹带而出。（3）增加驱动压差。聚合物驱提高了岩心内部的驱动压差，使得注入液可以克服小喉道产生的毛细管阻力，进入细小孔道中驱油。

## 二、交联聚合物驱驱油机理

交联聚合物，又称交联高分子。交联聚合物溶液是交联聚合物线团在水中的分散体系，线团大小为数百纳米，具有胶体和溶液的双重特性。交联是指在聚合物大分子链之间产生化学反应，从而形成化学键的过程。聚合物交联后，其力学性能、热稳定性、耐磨性、耐溶剂性及抗蠕变性都有不同程度的提高。如果交联反应发生在不同聚合物尤其是互不相容的聚合物之间，可大大提高两种聚合物的相容性，甚至使不相容组分变为相容组分。

交联聚合物线团在多孔介质中，尤其是在喉道处发生架桥、变形、压缩，直至使喉道发生有足够强度的堵塞，具有较好的深部调剖、提高采收率的性能。其优点主要体现在以下四个方面：①利用交联的聚合物线团堵塞高渗透层（水通道），降低生产井综合含水率和产液量；②交联剂可与残留于地层内的聚合物交联，增加交联聚合物线团的数量，提高堵塞高渗透层的效率，进一步提高波及范围；③当高渗透层渗透率降低后，残留于渗透率较低的油层中的聚合物可被后续驱替液驱动，进一步发挥聚合物驱的作用；④聚合物驱对渗透率较低的油层采出程度较低，注交联聚合物溶液时有利于发挥交联聚合物溶液的驱油作用，提高原油产量。其弱点是交联聚合物溶液对渗透率较低的油层注入可能在距离注水井较近的地带形成交联聚合物的滤饼，造成地层伤害。

## 三、三元复合驱驱油机理

### （一）作用

三元复合驱驱油成分中的主剂为聚合物、碱、表面活性剂，利用其协同效应进一步提高采收率，从而形成各种形式的复合化学驱。复合驱通常比单一驱油方法更能提高采收率，主要是由于复合驱中的聚合物、表面活性剂和碱之间有协同效应，在其中起着各自的作用。

1. 表面活性剂的作用

①可以降低聚合物溶液与油的界面张力，提高洗油能力；②可使油乳化，提高驱油介质的黏度；③若表面活性剂与聚合物形成络合结构，可提高聚合物的增黏能力；④可弥补碱与石油酸反应产生表面活性剂的不足。

2. 碱的作用

①可提高聚合物的稠化能力；②与石油酸反应产生表面活性剂，可将油乳化，提高驱油介质黏度；③与石油酸反应产生的表面活性剂与合成的表面活性剂有协同效应；④可

与钙、镁离子反应或与黏土进行离子交换，起到牺牲剂的作用，保护了聚合物和表面活性剂；⑤可提高砂岩表面的负电性，减少砂岩表面对聚合物和表面活性剂的吸附量。

**3. 聚合物的作用**

①改善了表面活性剂和碱溶液对油的流度比；②可对驱油介质稠化，可减小表面活性剂和碱的扩散速度，从而减小其损耗；③可与钙、镁离子反应，保护了表面活性剂，使其不易形成低表面活性的钙、镁盐；④提高了碱和表面活性剂所形成的水包油乳状液的稳定性，使波及系数和洗油能力有较大提高。

## （二）特点

三元复合驱的特点是利用表面活性剂和碱的协同作用，使复合体系与原油形成超低的界面张力，油、水界面张力能够降至 $10^{-3}$ mN/m 以下，从而具有较好的乳化原油能力；三元复合驱中的聚合物降低了驱替液的流度比，提高了波及系数，三者的共同作用使原油采收率大幅度提高，而且三元复合体系中表面活性剂的质量分数仅为 0.1%~0.6%，大幅降低了化学驱的成本。室内实验和矿场试验表明：三元复合驱可提高原油采收率 20% 以上。但是随着三元复合驱在油田的应用，出现了一些问题，尤其是加入碱带来了种种不利因素。如注入过程中的结垢影响注入问题、采出液的破乳问题，此外，碱还能降低聚合物的黏弹性，弹性损失会使原油采收率损失 5% 左右。

与单一聚合物驱油技术相比，由于表面活性剂和碱的存在，三元复合体系在增大波及系数的同时也有效地降低了油水界面张力，提高了洗油效率；与表面活性剂或碱水驱油技术相比，由于聚合物的存在，三元复合体系波及范围更大，洗油效率更高，增大了表面活性剂体系的利用率。

# 四、二元复合驱驱油机理

二元复合驱是在三元复合驱的基础上去掉碱，使体系既可发挥表面活性剂降低界面张力的作用，又可发挥聚合物在流度控制、防止或减少化学剂段塞的窜流方面的作用，协同效应显著。不同类型和结构的表面活性剂在油/水界面共吸附，可由于空间作用力和电性相互作用的改变，形成分子排列更致密而有序的界面膜，使油/水界面张力进一步下降，即存在复配协同作用。石油磺酸盐作为阴离子表面活性剂，其极性头间存在较强的电性排斥作用，而且由于其来源于原油，因此疏水链的结构也多种多样，使界面膜排列不紧密，界面活性不高。通过选择分子结构适宜的辅助表面活性剂，使其发挥复配协同作用，少量添加可大大优化石油磺酸盐的界面活性，从而提高驱油效率。聚合物与表面活性剂复配，在保持高洗油效率的同时还可提高体相的黏弹性能，增强体系的剖面调整和液流转向能力，将更大程度地发挥体系中各组分的技术优势，达到大幅度提高采收率的目的。复合驱驱油机理如下。

1. 降低流度比，提高波及系数和驱油效率

原油采收率与波及系数及洗油效率有关，聚合物通过增加水的黏度和吸附或滞留在油层孔隙中以降低水相渗透率，从而使驱替液与原油之间的流度比降低。油滴在聚合物前缘聚集，油相渗透率增加，油流度加大，提高了平面波及体积，既克服了注水指进，又提高了垂向波及体积；同时表面活性剂的低界面张力性质能够促使残余油的启动，因此二元复合驱能够既扩大波及体积又提高驱油效率。

2. 降低界面张力，增加毛细管数，提高洗油效率

毛细管力是造成水驱油藏水驱波及区滞留大量原油的主要原因，而毛细管力又是油水两相界面张力作用的结果，毛细管力使一部分原油圈闭在低渗透层孔隙之中。通过降低界面张力和提高注入水的黏滞力，降低毛细管压力，增加毛细管数，提高洗油效率，从而提高采收率。

3. 高分子聚合物黏弹性作用驱扫盲端中的残余油

由于聚合物的存在，体系的黏弹性增大，从而引起驱油效率增加，二元复合驱体系启动了盲端类残余油和膜状残余油，启动的方式主要是通过将残余油拉成油滴从而形成大量的乳状液，或拉成油丝。

## 五、非均相复合驱油机理

室内实验、数值模拟和矿场试验均表明，聚合物驱后依靠单一井网调整和单一二元复合驱提高采收率效果不理想。PPG（Preformed Paticle Gel）通过多点引发将丙烯酰胺、交联剂、支撑剂等聚合在一起，形成星形或三维网络结构，溶于水后吸水溶胀，可变形。通过多孔介质，具有良好的黏弹性、运移能力和耐温抗盐性。PPG与聚合物复配后，除提高聚合物溶液的耐温抗盐能力外，还产生体系体相黏度增加，体相、界面黏弹性能增强，颗粒悬浮性改善，流动阻力降低的增效作用，可大幅度提高聚合物扩大波及体积能力。表活剂能够大幅度降低油水间界面张力，大幅提高毛管数，同时具有较好的洗油能力，有利于原油从岩石表面剥离，从而提高采收率。由于体系含软固体颗粒B-PPG，因此将其称为非均相复合驱油体系（图7-2、图7-3）。

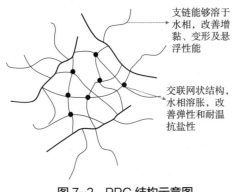

图7-2 PPG结构示意图

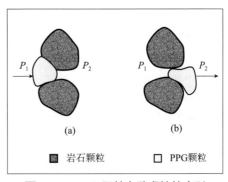

图7-3 PPG颗粒在孔喉处的变形

PPG是在生产过程中预先交联形成三维网络结构的高分子材料，由于其分子中含有亲水性基团，颗粒在水中可吸水膨胀，以分散的黏弹性颗粒形式存在。在油藏中，作为预先交联产品，PPG对地层温度、盐度不敏感，不易受环境因素影响，在压力作用下，PPG颗粒可通过堆积–变形通过两种形式，发挥液流转向和驱油双重作用。

岩心实验表明在压力驱动下，PPG在地层中不断重复堆积–封堵–变形通过的过程，使得液流转向，极大程度地扩大波及体积，且作用持续时间长。微观驱油实验也表明：聚合物的波及能力有限，复合驱虽然不能进一步扩大波及体积，但由于表面活性剂具有洗油能力，波及的区域洗油效果显著提高；与聚合物驱和复合驱相比，PPG驱波及程度非常高，未波及的区域极少；在聚合物驱后PPG能够控制已经形成的优势通道，发生液流转向，充分扩大波及体积，但由于其缺乏洗油能力，提高采收率程度并不高；PPG与表面活性剂结合，将会取得最佳的驱油效果。

因此，利用黏弹性PPG颗粒突出的剖面调整能力，叠加超低界面张力带来的洗油能力，可以发挥现有驱油体系的技术优势，获得最佳的驱油效果。

# 第二节　化学驱发展历程

孤岛油田进入特高含水期后，为提高最终采收率，减缓产量递减，必须寻求新的开发技术，挖掘老油田潜力。但与最佳注聚条件相比，孤岛油田油藏条件较差，存在许多不利因素，突出表现为原油黏度高（45~120mPa·s）、地层矿化度高（大于5000mg/L）、淡水紧张、储层非均质性严重（0.68~0.875）、胶结疏松、易出砂等，造成开发后期储层综合含水率高、中大孔道普遍存在、井况条件差，聚合物驱的难度和风险较大（表7-1）。且聚合物驱周期长、投资高，在前期研究的基础上，必须在现场进行小规模先导试验，探索经验、总结规律，在取得试验效果的基础上，将聚合物驱进行工业化推广。

表 7-1　孤岛油田聚合物驱油条件分析

| | 有利条件 | 孤岛油田 |
|---|---|---|
| 变异系数 | 0.7 ± 0.1 | 0.6~0.8 |
| 动态非均质 | 无高渗透条带 | 高渗透条带发育 |
| 地层温度 /℃ | 40 ± 10 | >65 |
| 配置水矿化度 / ( mg/L ) | <1000 | 淡水紧张产出水 >5000 |
| 综合含水率 /% | 低含水 | 93~97 |
| 地下原油黏度 /mPa·s | 60 ± 10 | 10~130 |

按照"先试验、再扩大、后推广"的原则，1992年9月，在孤岛油田中一区馆3选择地质条件好、注采井网比较完善的四个五点法注水井组进行聚合物驱先导试验。目的是在技术上先行一步，观察研究在多油层、常规开发井网、污水配注条件下聚合物驱油的开发

特征，并建立配套的聚合物驱油应用技术；通过先导试验效果评价，在技术上和经济上为孤岛油田及同类型油藏进行工业性聚合物驱提供依据，为水驱后期油田挖潜稳产及提高采收率走出一条新路。

在中一区馆3先导区取得阶段性进展后，1994年年底在地质条件较好、潜力较大的孤岛中一区馆3开展聚合物驱工业性试验。试验目的是探索水驱后大面积、常规开发井网三次采油经济提高采收率的可行性，初步形成聚合物驱油藏工程、采油工程、地面工程、经济评价、跟踪分析、动态调整等配套新技术，为聚合物驱工业化应用提供实践依据。

在此基础上，开展了聚合物驱工业化推广应用，"九五"期间，聚合物驱覆盖地质储量$8906 \times 10^4 t$，均取得了明显的降水增油效果。通过不断探索、攻关和实践，一类油藏聚合物驱推广项目取得成功，采收率提高7.7%，发展形成了孤岛一类油藏聚合物驱油十大配套技术：①聚合物驱选区及前期油藏综合研究技术；②聚合物驱监测技术；③聚合物驱保黏技术；④聚合物驱调剖技术；⑤聚合物驱注采调整技术；⑥注聚用量跟踪分析调整技术；⑦聚合物驱地面注入工艺技术；⑧聚合物驱后续注水技术；⑨聚合物驱有效性及增油量评价技术；⑩聚合物驱经济效益评价技术。

从资源量评价来看，孤岛油田以二类储量（$1.5 \times 10^9 t$）为主，占资源量的72.5%。相对于一类油藏来说二类油藏油层发育状况差，非均质性严重，断裂系统复杂，地层原油黏度高，为70~130mPa·s，并且低油压水井、高油压水井、低液量油井较多。1998年选择与中一区馆3-4、中二南相连的中二区中部馆3-4单元含油面积$0.7km^2$、地质储量$227 \times 10^4 t$的区域进行二类油藏井网适应性聚合物驱先导试验，通过实践与探索，聚合物对油藏适应性逐渐提高，地下原油黏度由50mPa·s提高到100mPa·s，油层温度界限由65℃提高到80℃，地层水矿化度界限由5000mg/L提高到10000mg/L，聚合物驱应用规模不断扩大，投入二类注聚项目9个，覆盖石油地质储量$13082 \times 10^4 t$，孤岛油田注聚项目合计覆盖石油地质储量$22184.7 \times 10^4 t$，突破了"抗盐、抗剪切、抗高温、增黏保黏工艺"，效果显著。

至1995年年底，孤岛油田综合含水率达到92.46%，油稠非均质性严重是当时水驱后期改善水驱效果的难题，虽然聚合物驱油能够改善水驱效果，提高采收率，但对地下原油黏度在90mPa·s以上且底层水矿化度较高的油藏，当时认为提高采收率的幅度较小，而且投资较大。注交联聚合物采用接近聚合物驱的溶液浓度，通过加入缓交型交联剂，大幅度提高聚合物溶液在地层中的黏度，进一步改善油水流动比，提高后续水驱的波及体积，从而达到提高采收率改善水驱开发效果的目的。孤岛油田于1995和1999年分别在西区西4-172井组和南区渤19断块开展交联聚合物驱矿场试验。尽管在矿场实施时考虑到聚合物线团容易在注水井近井地带发生堵塞，也在注入方式上采取了一些措施，但均因为单纯交联聚合物驱或在井筒内交联，沉淀严重，堵塞油管和储层，无有效解堵措施，对开发造成困难，因此无法大面积推广。

三元复合驱是20世纪80年代国外提出的化学驱油方法，胜利油区在"八五"期间开展了孤东小井距复合驱先导试验，中心井综合含水率高达98.5%，水驱采出程度54.4%，试验是在接近水驱残余油状况下进行的。1992年实施后，中心井提高采收率13.4%。该试验研究于1996年3月30日通过国家验收和专家鉴定，认为该专题是我国首例复合驱油先导试验研究，从室内实验到矿场实施总体上均达到了国际领先水平，其对同类型油藏注水后期成功提高原油采收率具有极大的指导意义。胜利石油管理局1996年立项开展常规井距复合驱扩大试验，该试验在孤岛油田西区进行，实施后提高采收率13.6%，比同时注聚合物驱的西区北馆3-4高7%~8%。但由于三元复合驱药剂中含有碱，注入系统和注入井近井地带结垢严重，对管线和设备的腐蚀也很严重、矿场应用的可操作性差、经济效益差，限制了其大规模工业化推广应用。

二元复合驱中无碱，与三元复合驱相比具有如下优势：①降低乳化、结垢对注入压力和油井产液的影响；②能够降低对设备的防腐、防垢的处理，简化了注入工艺和流程，降低了设备表面的处理难度；③可以在保持体系黏度的条件下降低聚合物用量，从而降低化学剂成本；④减少由于碱存在造成的频繁作业，降低作业成本；⑤采出液破乳容易，降低了破乳剂的使用量，降低破乳成本。

2003年，中国石化胜利油田在孤东油田进行了无碱二元复合驱油技术的先导试验，在综合含水率高达98%，可采储量采出程度95%的条件下，取得了综合含水率下降8.0%，日产油量增加3倍的好效果。室内实验和矿场监测资料均表明，聚合物+活性剂的二元复合驱既能扩大波及体积，又能提高驱油效率，可获得较好的降水增油效果。借助孤东油田二元驱矿场试验经验，孤岛油田自2008年起，在已投注或即将投注聚合物的二类油藏中大规模推广二元驱，覆盖地质储量$5847 \times 10^4$t。由单一聚合物驱转向二元复合驱，改善流度比，扩大波及体积，降水增油达到一类油藏效果，综合含水比注聚前下降8%~15%，峰值单井无因次日产油2.5~3.0，接近一类油藏注聚效果。

积极探索后续水驱进一步提高采收率技术，积极挑战60%~65%采收率。随着注聚项目相继转入后续水驱开发，单元综合含水迅速回返，产量递减加大。无特高含水理论指导油田开发，聚合物驱后没有有效的提高采收率接替技术。聚合物驱后进一步大幅度提高原油采收率，已成为油田稳定发展的紧迫任务，按照分公司部署，积极开展了LPS、石油磺酸盐、泡沫驱、微生物驱、活性高分子及二元复合驱先导试验，提高采收率效果均不理想。表明聚合物驱后油藏条件更加复杂，油藏非均质性更加突出。为此，确定了"改变流线、强调强洗"大幅度提高采收率技术思路。2010年选择具有代表性的后续水驱单元中一区馆3聚合物区东南部开展非均相复合驱先导试验，取得一定效果后，2014年开展了扩大试验，完善聚驱后油藏井网调整非均相复合驱配套技术。针对纵向多层系油藏流线固定、不同层系间井网形式交错及动用状况差异大的问题，探索整装多层系油藏特高含水后期上下层系井网互换转流线技术，2019年在西区北馆3-4单元开展了井网互换变流线非均相复合驱先导试验，取得了一定效果，推广到中二区、南区等。

# 第八章 聚合物驱开发试验

## 第一节 中一区馆3聚合物驱先导试验

### 一、试验区基本情况

（一）试验目的

中一区馆3先导试验是在多层、高温、常规开发井网、特高含水期条件下进行的，在国内尚属首次，目的是在技术上先行一步，观察并研究在多油层、常规开发井网、污水配注条件下聚合物驱效果和开采特征，建立配套的聚合物驱油应用技术；通过先导试验效果评价，在技术上和经济上为孤岛油田及同类型油藏进行工业性聚合物驱提供依据，为水驱后期油田挖潜稳产、提高采收率走出一条新路。

（二）选区原则及试验区概况

根据试验目的，确定先导试验选区原则如下：①尽量采用现有比较完善的注采井网；②油层地质条件好，具有代表性；③油水井井况好。根据以上原则，1991年将中一区馆3中部的中811、中10N9、中14-13及中12-15四口井的井点连线区域作为试验区（图8-1），包括四个五点法注水井组，生产井10口（中心井1口），注入井4口；聚合物驱受效面积0.562km²，地质储量164.67×10⁴t，孔隙体积

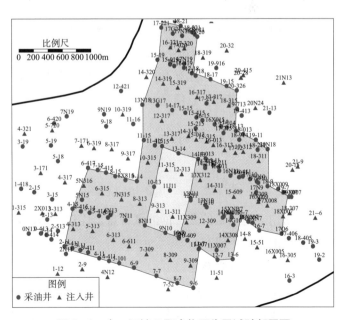

图8-1 中一区馆3聚合物驱先导试验部署图

$280.5 \times 10^4 m^3$。

试验区所在的中一区馆3于1971年11月正式投入开发，1974年9月开始注水，最大注采井距338m，平均注采井距298m。至聚合物驱前的1992年9月底，试验区采出程度25.5%，综合含水率90.3%，水驱采收率33.57%。

（三）油藏地质特点

中一区馆3先导试验区为典型的高渗透、高饱和、中高黏度的疏松砂岩油藏，其油藏特征与孤岛油田基本一致。

（1）构造简单且平缓。孤岛油田中一区构造较简单，倾角平缓，顶部为一平台，倾角仅16′~26′，向两翼构造倾角逐渐增大至1°30′，先导试验区位于此平台上。

（2）油层非均质较严重。注聚合物的目的层是上第三系馆陶组的馆3层，为大面积分布的主力油层，储层厚，分为馆$3^3$、馆$3^4$、馆$3^5$三个小层，平均有效厚度16.1m，其中馆$3^3$、馆$3^5$发育较好，位于河床主流线上，非均质性较强，纵向变异系数0.538。

（3）油层胶结疏松，物性较好。油层是粉细砂岩组成的正韵律沉积，埋藏浅、物性好，孔隙度31.6%~32.4%，渗透率$1542 \times 10^{-3} \sim 2536 \times 10^{-3} \mu m^2$。砂岩成熟度较低，胶结疏松，以孔隙接触式胶结为主，据压汞资料分析，油层主要流动孔隙区间为16~25μm，孔隙半径中值为12.4μm，粒度中值为0.148mm，分选中等，泥质含量为9%~15%，碳酸盐含量仅为1.34%。

（4）原油黏度中等，地层水矿化度低。原始地层温度70℃，原油具有中高黏度、低含蜡、低凝固点及高饱和的特点，地下原油黏度46.3mPa·s，地面原油黏度300mPa·s左右。脱气原油密度0.954g/cm³。平均饱和压力为10.5MPa，原始地饱压差较小，为1.4MPa。随着开发时间的推移，原油性质逐渐变稠，地面原油比重和黏度均有所增大。

地层水水型为$NaHCO_3$，原始地层水矿化度3850mg/L，钙镁离子总质量浓度26mg/L；注聚合物前，注入污水矿化度5727mg/L，钙镁离子总质量浓度64mg/L；产出水总矿化度5293mg/L，钙镁离子总质量浓度84mg/L。

# 二、试验方案简介

（一）室内实验

室内实验的目的是根据油藏特点，优选出适应油层特点的聚合物类型，并对注入水质和杀菌剂进行了研究。

1. 聚合物类型筛选

用国内外26种聚合物干粉样品进行分子量、水解度、黏度、过滤因子、溶解速度等一般性能测定，并对其中五种性能较好的聚合物进行了配伍性、注入能力、阻力系数、残余阻力系数、吸附量、抗剪切能力等特殊性质评价，认为3530S最优，被选为试验用聚合物。

2. 注入水的选择

孤岛油田日产水量$10.6 \times 10^4 \text{m}^3$，日注水量$10.8 \times 10^4 \text{m}^3$，在淡水资源紧张的情况下几乎全部采用产出水回注。为了将来有利于聚合物驱技术的推广应用，确定聚合物驱先导试验的水源亦用产出水。对三种水源对比（表8–1），选择距离试验区最近，总矿化度略低的孤三注水为聚合物注入水。

表 8–1 水质分析数据表 mg/L

| 分析项目 | 钙离子质量浓度 | 镁离子质量浓度 | 总矿化度 | 分析时间 |
|---|---|---|---|---|
| 黄河水 | 49 | 37 | 685 | 92.7.13 |
| 孤一注水 | 80 | 28 | 6954 | 92.7.13 |
| 孤三注水 | 48 | 16 | 5727 | 92.7.24 |

考虑到聚合物溶液的盐敏性，为使3530S发挥最佳增黏效果，室内采用对产出水掺黄河水以降低水矿化度和提高聚合物浓度两种方法。

实验结果表明，掺黄河水后，聚合物溶液黏度明显增加（表8–2）。

表 8–2 淡水含量对聚合物溶液黏度的影响

| 序号 | 淡水含量 /% | 黏度 /mPa·s |
|---|---|---|
| 1 | 0 | 8.5 |
| 2 | 20 | 9.0 |
| 3 | 40 | 9.9 |
| 4 | 60 | 11.4 |
| 5 | 80 | 13.0 |

产出水为孤一注与孤三注1:1混合，淡水为过滤黄河水。

测试条件：68℃，6r/min，ul转子，$c=1000\text{mg/L}$。

适当增加聚合物浓度，对提高聚合物溶液黏度效果较好，且容易控制，如孤三注水，聚合物质量浓度由1000mg/L增加到1500mg/L，溶液黏度由12.3mPa·s提高到22.3mPa·s，黏度增加81.3%（表8–3）。

表 8–3 不同水质聚合物溶液黏度与质量浓度关系

| 聚合物质量浓度 / (mg/L) | 3000 | 1500 | 1000 |
|---|---|---|---|
| 黄河水黏度 /mPa·s | | 44.8 | 19.1 |
| 孤一注水黏度 /mPa·s | 73.4 | 17.4 | 10.2 |
| 孤三注水黏度 /mPa·s | 87.0 | 22.3 | 12.3 |

测试条件：68℃，6r/min，ul转子。

因此，先导试验采用增加聚合物质量浓度，用黄河水配制聚合物母液，孤三注水稀释注入的方法。

3. 杀菌剂

为防止聚合物溶液的生物降解，对三种杀菌剂进行了筛选，其中CT10-1效果最好，质量浓度为50mg/L。

（二）矿场试验设计

利用室内驱替实验和数值模拟研究，对注入浓度、段塞大小及结构等参数进行了优化。同时结合实际油藏情况，设计了矿场试验方案（表8-4）。

现场设计注入聚合物干粉用量841.5t（有效含量90%），聚合物溶液$56.1 \times 10^4 m^3$，占孔隙体积的0.20PV，采用淡水配制5000mg/L的聚合物母液，产出水稀释至1000~2000mg/L注入，注入方式采用三级段塞。后续水驱到综合含水率98%结束试验。

表8-4　先导区试验注入方案

| 段塞组成 | 注入体积倍数 /PV | 质量浓度 / (mg/L) | 液量 /$10^4 m^3$ | 干粉用量 /t |
|---|---|---|---|---|
| 第一段塞 | 0.06 | 2000 | 16.83 | 336.6 |
| 第二段塞 | 0.10 | 1500 | 28.05 | 420.8 |
| 第三段塞 | 0.04 | 750 | 11.22 | 84.1 |
| 合计 | 0.20 | 1500 | 56.1 | 841.5 |

为了监测聚合物驱动态变化，选择了2口井（中11-11，中13-14）定期测C/O，对注入井在注每个段塞前后测吸水剖面、压降曲线、指示曲线。注入井每天取样分析注入浓度和黏度，中11-11井不定期开井取样检测聚合物浓度和黏度。对每口注聚受益井定期取样进行多项分析。对4口注入井注入示踪剂监测聚合物段塞的运移情况及波及状况。

## 三、试验进展

1992年9月28日矿场试验正式实施，以黄河水配制5000mg/L的聚合物母液，用孤三注水稀释至所需的注入浓度。1993年8月26日完成第一段塞进入第二段塞（主体段塞），鉴于1994年4月整体见效未达到预期，考虑矿场实际情况，决定延长第二段塞注聚时间，增加干粉130t。1996年9月进入第三段塞，1997年3月31日结束注聚转入后续水驱，实际注入聚合物溶液$80.49 \times 10^4 m^3$，干粉1390t，注入0.29PV、445.3PV·（mg/L），完成总设计的99%（表8-5）。项目于2005年12月结束。

表8-5　孤岛油田馆3注聚先导区现场实注数据

| 段塞 | 注入体积倍数 /PV | 有效质量浓度 / (mg/L) | 聚合物用量 /PV·（mg/L） | 聚合物干粉用量 /t |
|---|---|---|---|---|
| 第一段 | 0.05 | 1917 | 95 | 296 |
| 第二段 | 0.21 | 1542 | 314 | 990 |
| 第三段 | 0.03 | 1060 | 36.3 | 104 |
| 合计 | 0.29 | 1553 | 445.3 | 1390 |

## 四、试验效果及主要认识

### （一）试验效果

#### 1. 油井流动系数下降

聚合物驱后，随综合含水率下降，流动系数下降，采液指数大幅度降低。孤岛先导区中心井流动系数由注聚开始时的$7.45\mu m^2 \cdot m/$（$mPa \cdot s$）连续降至结束时的$1.94\mu m^2 \cdot m/$（$mPa \cdot s$），采液指数由注聚开始时的$24.4m^3/$（$d \cdot MPa$）下降到结束时的$4.93m^3/$（$d \cdot MPa$）。角井中8更11井，1993年12月3日测的压力恢复曲线，流动系数为10.103（$\mu m^2 \cdot m$）/（$mPa \cdot s$），每米采液指数为32.0m³/（$d \cdot MPa \cdot m$）；1994年7月10日测的压力恢复曲线，流动系数为7.19（$\mu m^2 \cdot m$）/（$mPa \cdot s$），每米采液指数为21.5m³/（$d \cdot MPa \cdot m$），流动系数和每米采液指数分别下降为1993年12月3日所测值的71.2%和67.2%。

聚合物溶液在驱油过程中形成了高含油饱和度的原油富集带，油井见效后产油能力增加。在采油过程中需不失时机放大生产压差，以较大产液量生产，以便在有效期内获得最大限度的增油量。

#### 2. 注入井井口压力明显上升

注聚合物初期，4口注入井的注入压力上升较快，比注聚前上升2.2~4.2MPa，上升幅度较大。造成这一变化主要有两方面的原因：一方面注聚目的层高渗透层段逐渐受到封堵，中、低渗透层段逐渐发挥作用，第一段塞注入期间注聚层的纵向矛盾得到改善；另一方面，井底附近聚合物滤积也使注入压力上升。第一段塞注入末期，在12-313井进行了反排取样，反排初期取样质量浓度达5140mg/L，比注入质量浓度（2000mg/L）高得多，反排后注入同样浓度的聚合物溶液，其井口压力下降1.7MPa，这说明井底发生了聚合物滤积。

#### 3. 吸水能力下降

注聚后注入井的吸水能力明显下降，水井测试资料处理结果（图8-2）表明：由于注入液黏度的增加，注聚后每米吸水指数[2.15m³/（$d \cdot MPa \cdot m$）]仅为注聚前[6.99m³/（$d \cdot MPa \cdot m$）]的30.8%。随着聚合物溶液的注入，

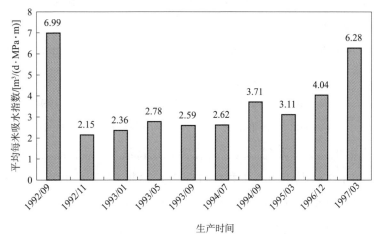

图 8-2  注聚先导区吸水指数变化对比图

注聚浓度逐渐降低，注入井吸水能力缓慢上升，但上升幅度较小；转注水后，上升较大，接近注聚前的水平。

4. 调整了吸水剖面，扩大了波及体积，改善了油层动用状况

注聚后吸水剖面测试结果表明，层间和层内矛盾得到明显改善（表8-6）。

表8-6 中11-315井吸水剖面成果处理结果

| | 层位 | 井段/m | 吸水厚度/m | 吸水百分数/% | 每米吸水百分数/% | 层间每米吸水能力比 | 层内分段每米吸水能力比 |
|---|---|---|---|---|---|---|---|
| 注聚前<br>（1992.9.21） | 馆3³ | 1182~1185 | 3 | 7 | 2.33 | 1 | 1 |
| | | 1185~1189 | 4 | 34.7 | 8.68 | -5.66 | 3.7 |
| | | 1189~1190 | 1 | 3.6 | 3.6 | | 1.5 |
| | | 合计 | 8 | 45.3 | 5.66 | | |
| | 馆3⁴ | 1196~1200 | 4 | 46.1 | 11.53 | 1.6 | 4.9 |
| | | 1200~1202 | 2 | 8.6 | 4.3 | -9.12 | 1.8 |
| | | 合计 | 6 | 54.7 | 9.12 | | |
| 注聚后<br>（1993.4.10） | 馆3³ | 1182~1185 | 3 | 0 | | 1 | |
| | | 1185~1189 | 4 | 52.6 | 6.58 | -6.58 | 1 |
| | | 1189~1190 | 1 | 0 | | | |
| | | 合计 | 8 | 52.6 | | | |
| | 馆3⁴ | 1196~1198.4 | 2.4 | 20.5 | 8.5 | 1.2 | 1 |
| | | 1198.4~1200.4 | 2 | 26.9 | 13.5 | -7.9 | 1.6 |
| | | 1200.4~1202.0 | 1.6 | 0 | | | |
| | | 合计 | 6 | 47.4 | 7.9 | | |

先导区由于原油黏度较高，油层非均质严重，在开发初期采液速度为2%的条件下，注入孔隙体积0.0065PV时开始见水，而聚合物驱在采液速度高达17.6%，注入孔隙体积0.1583PV时才开始见聚合物，水驱水线推进速度是聚合物驱的24.4倍，这表明聚合物驱改变了流体单向突进现象，调整了平面矛盾，使驱替更加均匀。

5. 降水增油效果显著

注聚合物后，1993年年初第1口油井开始见效，1994年4月试验区整体见效，到1997年4月11口油井全部见效，见效达到高峰期，日产油量由108.9t上升到340t，综合含水率由91.4%下降到74%，且在高峰期持续8个月，此后综合含水率开始回返，产量下降（图8-3）。其中中心井中11-J11于1993年1月开始见效，综合含水率由注聚前的91.5%下降到1996年12月谷底的49.3%，之后开始上升；日产油量由注聚前的12t上升到1996年11月峰值，达104.3t，之后开始下降，该井取得非常好的增油降水效果（图8-4）。

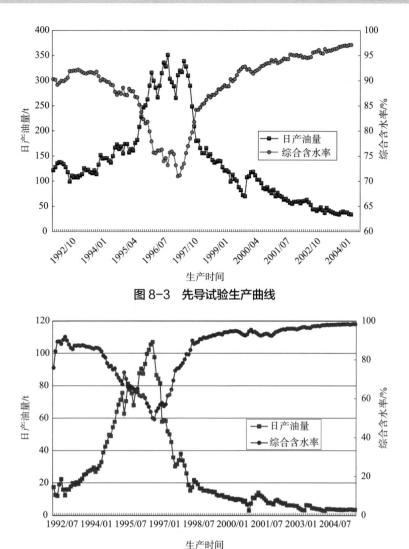

图 8-3　先导试验生产曲线

图 8-4　中心井中 11-J11 生产曲线

到 2005 年 12 月，试验区见效增油期提高采收率 19.7%，每吨聚合物增油量 233.6t。其中正注聚期间增油量 $11.8 \times 10^4$t，后续水驱阶段增油量 $20.67 \times 10^4$t。

（二）主要认识

中一区馆 3 先导区取得了显著的降水增油效果，取得以下认识：（1）注采井距大、注入速度低条件下聚合物波及状况较好，聚合物溶液突破晚，油井（含水下降）缓慢见效后，流动系数逐渐降低。（2）注聚合物期间注聚井井口压力逐渐上升，平均上升 2.0~3.0MPa 后稳定。（3）注聚后，在注聚井底附近发生两种变化，一是吸水剖面得到改善，二是聚合物井底滤积，二者是引起吸水能力下降、井口压力上升的主要因素，后者可通过反排措施减轻其副作用。（4）聚合物溶液黏度损失主要发生在地面流程及炮眼，底层内损失较小。

93

通过中一区馆3矿场先导试验的实施，对聚合物驱的动态变化规律、驱油机理等方法有了初步的认识。先导试验的成功实践说明，在孤岛油田常规稠油油藏实施聚合物驱是可行的，这大大增强了开展聚合物驱三次采油的信心。

# 第二节　中一区馆3注聚合物扩大开发试验

## 一、试验区基本情况

### （一）试验目的

探索水驱后大面积常规开发井网三次采油经济提高采收率的可行性，初步形成聚合物驱油藏工程、地面工程、经济评价等配套新技术，为聚合物驱工业化应用提供实践依据。

### （二）扩大开发试验区的地质概况

中一区馆3注聚扩大试验区位于孤岛油田主体部位顶部，先导区的外围（图8-5），含油面积4.5km$^2$，地质储量1078×10$^4$t，孔隙体积1812.8×10$^4$m$^3$。馆3砂层组共有五个小层，其中馆3$^3$、馆3$^5$为主力层，厚度大，分布广，储量集中；馆3$^4$层为次要层，呈条带状分布；馆3$^2$仅在试验区北部较发育，馆3$^1$为零星分布。

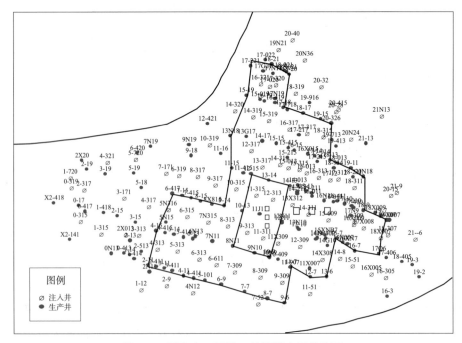

图8-5　孤岛中一区馆3注聚扩大区井位图

试验目的层是一套河流相粉细砂岩组成的正韵律沉积，非均质性较严重；油层物性好，孔隙度33%，渗透率$1.5\sim2.5\mu m^2$，平均原始含油饱和度68%；原油为高黏、高密度、高饱和压力，低含蜡、低凝固点的沥青基石油，平均地下原油黏度46.3mPa·s。

馆3砂层组地层水属$NaHCO_3$型，产出水总矿化度6000~7000mg/L。

油层压力属于正常压力系统，压力系数1.0左右，原始油藏压力为12.0MPa，地温梯度正异常，为4.5℃/100m，油层温度较高，约69.5℃。

试验区所在的中一区馆3单元1971年10月投产，到1994年11月底，共有注入井40口，日注水量7224$m^3$，平均单井日注水量181$m^3$，注入压力5.7MPa；油井85口，开井76口，日产液量10785t，日产油量682t，平均单井日产液量141.9t，日产油量9.0t，综合含水率93.7%，采出程度38.14%。

## 二、试验方案简介

### （一）室内实验

#### 1. 聚合物筛选

对国内外八种聚合物样品分别进行基本物化性质的测定和增黏性、筛网系数、抗剪切能力、热稳定性及吸附与滞留等室内实验研究对比，结果表明，日本的MO-4000-HSF性能能够满足矿场要求，建议在价格合理的条件下可以作为扩大区的主体驱油剂。

#### 2. 驱油实验筛选方案

实验步骤具体包括：先固定驱替段塞，优选聚合物浓度，在最佳浓度下，优选段塞尺寸。以采收率增幅与注剂利用率乘积的综合指标最大值下的对应参数为最佳浓度及段塞。筛选结果为最佳质量浓度1500mg/L，最佳段塞0.2PV，采收率提高12.4%。

### （二）现场实施方案

#### 1. 配产配注原则

①注入速度考虑油层实际注入能力，注入压力不得大于油层破裂压力；②与注采现状相适应，注采比定为1.0；③单井配产配注由井组剩余储量分配。

根据孤岛注聚先导区的矿场经验，注聚后井口注入压力平均上升2~3MPa，油层破裂压力下限井口值为11.0MPa，注入强度取井口压力不超过8MPa下的注水强度。考虑油层实际注入能力，按照井组剩余储量和控制的孔隙体积比例分配到各注入井组，再结合当前实际注入速度、注入压力及井组间相对平衡进行综合调配。全区配注7800$m^3$/d，配产11090t/d。

#### 2. 现场注入方案

根据室内实验和聚合物驱数值模拟方案筛选结果，现场注入方案推荐注入段塞和质量浓度分别为0.17PV、1500mg/L，总计注入聚合物干粉5438.5t，注入溶液348.97×10⁴m³。注入方式采用二级段塞方式（表8-7）。第一段塞注入时间很短，注入量仅占总注入液的11.7%。第二段塞为主体段塞，注入量占总注入量的88.3%。

表8-7　方案设计用量表

| 段塞 | 段塞尺寸/PV | 聚合物质量浓度/（mg/L） | 溶液量/10⁴m³ | 干粉量/t |
|---|---|---|---|---|
| 第一段塞 | 0.0225 | 2000 | 40.79 | 815.8 |
| 第二段塞 | 0.17 | 1500 | 308.18 | 4622.7 |
| 合　计 | 0.1925 | | 348.97 | 5438.5 |

聚合物驱每年增油效果预测如图8-6所示。

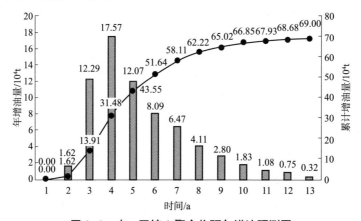

图8-6　中一区馆3聚合物驱年增油预测图

考虑到淡水资源有限和高矿化度产出水对聚合物降解影响，聚合物溶液配制采用清水配制母液质量浓度3000~5000mg/L，然后采用高压产出水稀释到所要求的注入浓度。

注完聚合物段塞后继续注水，待综合含水率上升到经济极限后结束试验。

## 三、试验实施

### （一）加强注聚前期准备工作

1994年9~11月进行了注聚前期注采结构调整，以完善注采井网，共完成油水井工作量18口，其中：对油井进行补孔、改层等措施6口；对水井补孔、复射孔10口，增注2口；为保证聚合物段塞均匀推进，对地层存在大孔道井进行前期调剖5口。

### （二）方案实施

1994年12月开始现场实施，共设计分散配制注入站3座（中1-16站、中3-3站、孤1-6站），聚合物溶液注入泵站4座，1994年12月到1995年8月三批注聚合物第一段塞，1995年5月到1995年12月三批转第二段塞，1997年3月至1997年10月四批转入后续水驱，累计注入0.279PV，干粉8606t，如表8-8所示。

**表8-8 中一区馆3注聚扩大区段塞用量设计与完成对比表**

| 段塞 | 前缘段塞 | | | 主体段塞 | | | 合计 | |
|---|---|---|---|---|---|---|---|---|
| | 尺寸/PV | 质量浓度/（mg/L） | 干粉用量/t | 尺寸/PV | 质量浓度/（mg/L） | 干粉用量/t | 尺寸/PV | 干粉用量/t |
| 实际 | 0.050 | 1739 | 1761 | 0.230 | 1486 | 6845 | 0.279 | 8606 |

注聚合物过程中共进行了三次调整。1996年6月进行扩大试验区第一次注采调整，针对扩大区南部孤1-6和中3-3站聚合物驱未见效的情况，对这两个站的注入井注入浓度进行了调整，对井口油压小于6MPa的7口井注入质量浓度提高到2000mg/L，同时对馆3扩大区南部外围的8口注水井进行了调配，日注水量由1677m³降到1030m³，调整后，单元日产油量由1996年6月的750t上升到799t，综合含水率由91.8%下降到91.2%。

1997年1月进行第二次注采调整，针对扩大区见效不明显的情况，采取了三项措施：一是进一步降低外围注水井注水量，发挥边角井聚合物驱效果；二是提高注入程度低的井组的注入速度；三是减少馆4对馆3的层间干扰。实施油井工作量19口，水井工作量24口，与调前对比，日产油量由805t上升到915t，综合含水率由91.3%下降到90.2%。

1997年5月进行第三次注采调整，针对聚合物驱后油井采液指数下降造成液量下降，影响聚合物驱效果的情况，实施了以提液为主的注采调整，实施油井提液工作量19口，与调前相比，日产液量由1997年6月的7938t上升到10月的8217t，日产油量由815t上升到827t。

在注聚过程中，当注聚井存在大孔道注入压力低、对应油井见聚合物浓度高时，采取调剖和注交联聚合物方法，共实施10井次，前后对比发现，注入压力由5.1MPa提高到7.3MPa，综合含水率由87.4%下降到86.4%，下降了1个百分点，日产油量由18.8t上升到20.0t，增加了1.2t。针对试验区北部油层发育差，注聚井注入压力高完不成配注情况，采用增压泵增注5口，按方案设计完成了注入量。

## 四、试验效果及主要认识

### （一）试验效果

#### 1. 降水增油效果显著

注入聚合物溶液6个月后油井开始见效，全区综合含水率由注聚前的93.7%最低下降到88.8%；日产油量由667t最高上升到901t（图8-7）。2005年年底提高采收率9.4%。

#### 2. 经济效益好

按石油建设项目经济评价方法的有关规定，应按"增量法"进行经济后评价。经评估，本项目增量完全成本53444万元，评价期内的原油加权平均含税价为1092元/t，原油含税销售收入97108万元，投入产出比1:1.8；税后财务内部收益率为26.6%，税后静态回收期4.9年，平均投资利润率21.1%。实施后的财务评价指标均高于石油行业基准要求，投资收益率较高，经济效益好，说明聚合物驱对孤岛油田一类资源提高采收率是可行的，可以在孤岛油田进行工业化推广（表8-9）。

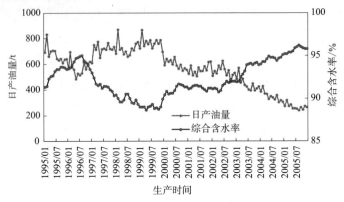

图8-7　孤岛油田中一区馆3扩大试验区生产曲线

表8-9　综合评价主要指标表

| 序号 | 主要指标 | 单位 | 设计方案 | 实施后 | 增减（±） |
|---|---|---|---|---|---|
| 1 | 段塞尺寸 | PV | 0.279 | 0.276 | −0.003 |
| 2 | 干粉量 | t | 8659 | 8688 | +29 |
| 3 | 提高采收率 | % | 8.5 | 7.7 | 仍有效 |
| 4 | 吨聚增油 | t | 106 | 107 | 1 |
| 5 | 新增固定资产投资 | 万元 | 4541 | 7360 | +2819 |
| 7 | 流动资金 | 万元 | 2988 | 3595 | +607 |
| 8 | 增量单位经营成本 | 元/吨 | 396 | 439 | +43 |
| 9 | 增量单位完全成本 | 元/吨 | 489 | 602 | +113 |
| 7 | 税后内部收益率 | % | 10.8 | 26.6 | +15.8 |
| 8 | 税后静态投资回收期 | 年 | 6 | 4.9 | −1.1 |
| 10 | 平均投资利润率 | % | 8.3 | 21.1 | +12.8 |
| 11 | 平均投资利税率 | % | 13.7 | 28.4 | +14.7 |

## （二）形成了具有胜利特色的聚合物驱配套技术

聚合物驱油技术是一项庞大的系统工程，通过综合运用室内实验、数值模拟、油藏工程等手段进行研究，已经形成具有胜利特色的聚合物驱油十大配套技术，是国内首次在常规井网、多油层、污水配注、高温、高盐、高黏、高渗透、高含水、油藏非均质严重等苛刻条件下形成的，具有普遍推广应用意义。该配套技术使聚合物驱研究、应用规范化、程序化和科学化，为大幅度提高已探明储量的采收率及胜利油区持续稳定发展提供了技术支撑。

1. 注聚设备优化技术

经过几年来不断地探讨、改进，孤岛油田的注聚工艺技术水平不断提高，形成了"注聚设备国产化技术及简化的注聚工艺流程"专有技术。其主要特点是：（1）注聚设备国产化率高，经过消化、吸收，并根据现场运行情况不断改进、完善，形成了一套处于国内领先水平的国产化注聚工艺装备，机械设备国产化率达到100%，电气、仪表设备国产化率达到97%，与引进工程相比，节约投资40%以上。（2）改进、简化、完善了注聚工艺流程，使其更加先进合理。（3）生产过程完全实现自动控制，计算机动态画面显示，程序先进合理，方便了现场管理及生产数据的录取和保存。（4）主要技术指标达到国内先进水平，注聚泵保黏率达到95%~98%，母液系统保黏率达到90%以上。

2. 聚合物产品性能评价及质量检测技术

通过大量的研究工作，逐渐形成了聚合物产品的基本物化参数测定技术和基本应用性能评价技术，制定了适合胜利油区的聚合物产品技术质量指标。聚合物的基本物化参数测定技术主要包括固含量、分子量、水解度和滤过比的测定，聚合物基本应用性能评价技术主要包括增黏性能评价技术、筛网系数评价技术、剪切安定性评价技术、热稳定性评价技术和吸附损耗评价技术。

3. 聚合物驱方案优化技术

方案优化是聚合物驱方案编制的关键，在地质油藏综合研究及精细油藏描述的基础上，开展室内物理模拟和数值模拟研究，并结合经济评价优选注入参数，最终完成矿场实施方案。

1）物理模拟研究技术

物理模拟研究是一种重要的基础研究，目前已经形成一整套的驱油效率实验技术和实验程序，在方案优化前，通过室内实验进行物理模拟，优选出室内实验最佳的注入设计参数，为油藏方案的最终确定提供依据。同时为数值模拟提供聚合物基本性能参数等。

2）数值模拟研究技术

根据室内优选的结果，对注入浓度、段塞、方式、用量、注入速度等进行优化，为油藏方案的最终确定提供依据。同时预测聚合物驱生产趋势，指导矿场生产运行。

4. 聚合物驱油藏动态监测技术

在聚合物驱实施过程中，建立了聚合物驱资料录取制度，发展了适合聚合物驱的油藏监测技术。注聚前编制了系统完整的资料录取和监测方案，取全取准了一次油水井压力压降、注入产出剖面、剩余油饱和度等专项监测资料，共监测油水井93井次。

由于三次采油的驱替介质已由传统二次采油的牛顿流体转变成非牛顿流体，致使流体在多孔介质中的界面化学性质、流变性和渗流力学规律都发生了明显的变化，传统的生产测井仪器测量误差增大，已满足不了注聚开发的需要。近年来，根据注聚区生产开发的需要，一方面完善、改进现有测井、测试工艺；另一方面积极开辟新的监测途径，引进较为成熟的生产测井技术，初步探索并形成了一套具有自己特色的聚合物动态监测技术，主要包括试井技术、注入剖面生产测井技术、玻璃钢套管剩余油饱和度监测技术及工程测井技术等。

5. 聚合物驱调剖技术

由于长期水洗，油层纵向和平面非均质性加剧，油水井间大孔道现象普遍存在，根据数模结果，油层厚度越大，渗透率越高，提高采收率幅度越小，因此，聚合物溶液注入之前，应进行堵水调剖，封堵大孔道。注聚前，对中一区馆3注聚区存在大孔道的3口井进行了调剖，实施后平均注入压力上升2MPa，高渗透油层每米吸水百分比由22.0%降为9.7%，有效遏制了聚合物溶液的窜流。

6. 聚合物驱注采调整技术

从注聚区的地质特征入手，跟踪分析，把握聚合物注入动态及驱油规律，根据各个时期油藏变化特点，及时调整，控制聚合物推进方向和推进速度，充分发挥聚合物驱增油作用，取得良好的开发效果。在聚合物驱中，注采矛盾主要有以下四点。

（1）缺少采液井点，聚合物驱波及体积小。

（2）中心井见效差，说明井间生产压差不足以使聚合物驱替段塞按正常速度向前推进。

（3）边角井见效差或迟迟不见效，是因为周边注水井干扰大，聚合物驱替段塞推进速度慢。

（4）采液强度高，聚合物推进速度快，油井见聚早，产出液聚合物浓度高，综合含水率上升迅速。

针对以上注采矛盾，在聚合物驱的不同时期采取了以下对策。

（1）完善注采井网，扩大波及体积。通过完善注采井网，注聚区注采对应率明显提高，井层注采对应率由注聚前的94.5%增加到注聚后的97.5%，厚度对应率由95.1%增加到98.5%，确保聚合物段塞多向推进。

（2）对不见效油井适时提液，促进见效。油井采液强度低、产液量低，聚合物段塞推进慢，油井见效慢甚至不见效。对能量充足的不见效井及时下大泵、上调生产参数提高产液量，加快段塞推进速度，促使油井见效。1997年6~7月，对扩大区南部孤1-6站5口见效差井提液后，效果较好，含水大幅度下降。

（3）协调压力场，促进边角井见效。聚合物驱后因聚合物溶液流动阻力比注入水的大，所以必须对影响边角井的外围注水井进行降水降压。探索两种降水降压方法：一是逐步降水法，即首先对外围水井注水量降到原配注的75%，如油井长时间不见效，再将注水降到原配注的50%左右；二是分阶段降水的办法，即首先对外围水井大幅度降水到40%以下甚至关井，待油井见效后恢复到原配注的60%左右。中19-11井是与中二区相邻的一口边井，注聚后一直未见效。1996年6月对外围水井降水后，降水增油效果显著，11月综合含水率开始下降，日产油量上升。综合含水率最低下降到77.0%，与注聚前相比下降

18.3%，日产油量最高上升到32.9t，是注聚前的3.8倍。

7. 注聚用量跟踪分析调整技术

由于受注采状况、层系间窜漏干扰及编制注聚方案时数模区域的限制，矿场实施过程中注入状况、见效状况和增油效果与前期数模结果存在一定的差异，为保证注聚方案的科学性和注聚效果的进一步好转，在注聚中后期对注聚单元及时进行了数模跟踪研究，优化注聚参数，以达到最佳增油效果。1996年6月针对扩大区南部注聚量少，油井未见效的问题，对扩大试验区注聚用量进行调整，主要措施是：使井口油压小于6MPa的7口井注入质量浓度提高到2000mg/L。提高7个注入程度低的井组的注入速度，增加注聚用量。与调前对比发现，日产油量上升了110t，综合含水率由91.3%下降到90.8%，下降0.5个百分点，效果明显。

8. 聚合物驱有效性及增油量评价技术

（1）聚合物驱有效性评价技术。油藏注入聚合物溶液后，由于驱替相黏度增大，渗流阻力增大，注入压力、注入能力、吸水剖面、水线推进速度、霍尔曲线、原油性质、含油饱和度等均会发生明显变化，这些动态变化是聚合物驱有效性最直接的判断证据。

（2）聚合物驱增油量评价技术。通过研究及实践，建立起了一套聚合物驱增油量配套评价方法，并应用于实施的聚合物驱增油效果评价中。采用累计液油比–累计产液外推法、产量递减预测法、累计产液量–累计产油量外推法、净增油量计算法等进行增油量计算。

9. 聚合物驱经济效益评价技术

经济评价方法采用"增量法"，直接计算聚合物驱油"增量"的效益和费用，即通过对聚合物驱后增加的收入、节省的费用以及增加的投资和费用进行综合对比分析，计算增量评价指标，以判别目前及最终的经济效益。财务评价主要包括财务净现值、内部收益率、投资回收期及盈亏平衡分析等指标。

（三）主要认识

（1）中一区馆3聚合物驱现场试验证明，高黏度、高渗透、非均质河流相沉积油藏，采用常规注采井网、污水配注条件下聚合物驱提高采收率方法技术上可行，经济效益良好，可以在条件适合的油藏进行工业化推广应用。

（2）在相同油藏条件和注入质量下，储层非均质性及注聚前水驱效果是影响聚合物驱效果的主要因素，储层非均质性强，水驱效果差，聚合物驱效果好；储层非均质性弱，水驱效果好，聚合物驱效果差。

（3）注采井况差和井况复杂，造成层间相互影响，使聚合物驱效果变差，外围注水影响使边角井聚合物驱效果差。

（4）严格按方案设计实施，提高注入质量，及时搞好聚合物驱跟踪分析和调整，充分发挥聚合物驱效果，是搞好聚合物驱试验的重要措施。

（5）注聚工程是一项投资大、运行费用高的系统工程，只有不断总结经验，积极慎重地采用新工艺、新技术，深挖潜力，才能不断提高注聚工艺技术水平，达到降低工程投资及提高经济效益的目的。

# 第三节　中二区中部馆 3-4 聚合物驱先导试验

## 一、试验区基本情况

### （一）试验目的

考虑到聚合物注入设备的重复利用性，以及中二区中部馆3-4地下原油黏度较大和注水井对聚合物驱适用性等问题，在中二区中部馆3-4选取9口井作为第一批注聚井，一方面作为试验区以观察强注强采的七点法注水井网对聚合物驱油的适应性，另一方面为了充分利用注聚设备，使中二区南部馆3-5及中二区中部馆3-4聚合物先导试验区的注聚设备再利用到中二区中部馆3-4的其他适合聚合物驱部分，提高注聚设备的利用率。

### （二）试验区地质概况

试验区所在的中二区中部馆3-4开发层系位于孤岛油田中二区中部，其南部与中二区南部相连，北部与中二区北部相连，西边是中一区，东边是东区，与四邻没有天然的分界，含油面积5.8km²，有效厚度22.3m，地质储量2182×10⁴t，油层中深1236m，共有9个小层，其中馆3³、3⁵、4²、4⁴是主力油层。试验区原始地层压力12.36MPa，饱和压力10.48MPa，油层温度为70℃；油层物性较好，平均孔隙度31.8%；原始含油饱和度为62.3%，原油地下黏度为90mPa·s，地层水总矿化度5656mg/L，目前注入污水总矿化度7246mg/L，其中钙镁离子总质量浓度120.8mg/L。

中二区中部馆3-4于1972年5月投产，1975年8月采用225m的四点法注采井网投入注水开发，1988年10月调整为七点法强注强采井网，每口油井周围有60口水井，因下层系油井不断上返，在同一井组内有不同井距的多口油井，井间干扰现象严重，加剧了井网的复杂性，也增加了聚合物驱的风险。单井注入强度大，造成剪切大，并且井距近，原油黏度高，极易造成注入突进。截至1997年9月，中二区中部馆3-4开发单元累计注水2.97PV，综合含水率96.1%，采出程度43.2%，标定水驱采收率46.0%。

先导试验区位于中二区中部南部，与中一区馆3-4、中二区南部相邻，先导区的选择增加了中一区馆3-4、中二区南部边角生产井的注聚对应率。含油面积0.7km²，地质储量227×10⁴t，孔隙体积447×10⁴m³，水井9口，油井17口（图8-8）。

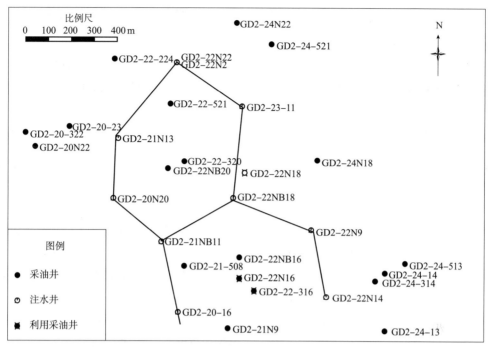

图8-8 孤岛油田中二区中部馆3-4聚合物先导试验驱井位图

## 二、试验方案简介

### （一）注聚能力分析和注入速度的确定

孤岛油田中一区馆3聚合物驱先导试验和孤东小井距复合驱先导试验注聚合物保护段塞时的测试资料表明，注入聚合物溶液与注水相比启动压力上升，吸水指数下降，根据其变化关系，预测中二区中部馆3-4注聚区最大日注聚量（压力12MPa）为$0.28 \times 10^4 m^3$；另外，根据注水和注聚时井口压力与吸水强度变化关系，预测最大日注聚量（压力12MPa）同样约为$0.28 \times 10^4 m^3$。

根据当前油水井动态生产情况，并考虑油层的最大注入能力，最后确定中二区中部馆3-4先导注聚区的注入速度为1840$m^3$/d，注采比为0.8，年注入速度为0.11PV。

### （二）矿场注入方案

由室内实验结果，推荐现场采用聚合物MO-4000或3530S作为驱油剂；根据室内实验和数模研究结果，同时考虑现场流程和炮眼剪切等多种黏度损失因素，最后分别优选出清水配制母液、产出水稀释注入方式下的最佳聚合物溶液的浓度和段塞。

聚合物溶液的最佳注入量为450PV·(mg/L)。现场采用两段塞的注入方式：第一段塞0.05PV，平均质量浓度2200mg/L，聚合物溶液用量$22.35 \times 10^4 m^3$，干粉用量546t，注入

142d；第二段塞0.3022PV，平均质量浓度1803mg/L，聚合物溶液用量$135.2 \times 10^4 m^3$，干粉用量2709t，注入855d。

两个段塞总计注入聚合物溶液$157.55 \times 10^4 m^3$，干粉3255t，注入时间持续997d。由于注入水中含有较多的细菌和一定量的氧，会造成聚合物溶液的生物降解，从而影响聚合物的热稳定性和驱油效果，方案要求在注聚合物开始前和注入过程中添加一定浓度的杀菌剂。注完聚合物段塞后继续注水。

（三）聚合物驱油效果预测

根据室内驱油实验和数值模拟预测的增油效果，并结合实际油藏条件，预测中二区中部馆3-4聚合物试验区最终提高采收率8%，累计增产原油量$18.14 \times 10^4 t$，清水配制母液、产出水稀释注入方式下，预测每吨聚合物增油量55.7t。聚合物溶液注入后，油井第二年开始见效，有效期15年，注入聚合物溶液后第四至第八年为见效高峰期，聚合物的年增油量和累计增油量曲线如图8-9所示。

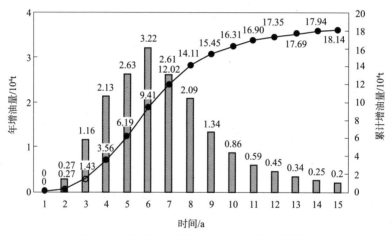

图8-9 中二区中部先导注聚驱年增油预测图

## 三、试验准备、进尺、效果及主要认识

（一）加强注聚前期准备工作

由于长期水洗，中二区中部油层纵向和平面非均质性加剧，油水井间大孔道现象普遍存在，对于非均质性强且存在大孔道的油层进行聚合物驱极易发生聚合物突进，严重影响驱油效果。因此，1998年5月对注入压力低、注采对应好、油层发育好、单层厚度大的2口井加交联剂，实施后油压由7.3MPa上升到8.1MPa，上升0.8MPa。同时为了减少油田产出污水对聚合物的降解，在注聚站开展了产出水改性试验。

（二）试验进展

根据室内实验和数值模拟研究，采取淡水配制聚合物母液、产出水稀释注入的方式，两段塞注入。1998年1月6日开始注入第一段塞，即前置段塞，注入0.068PV，平均有效质量浓度2055mg/L，干粉用量695t；7月注第二段塞，即主体段塞，注入0.2888PV，平均有效质量浓度1828mg/L，干粉用量2611t。2000年11月转后续水驱，累计注入1040d，注入0.3568PV，干粉用量3306t。

（三）试验效果

试验区见效早，4个月开始初步见效，表现在与注聚前（1997年12月综合含水率95.0%）相比，综合含水率开始逐步下降，日产油量由注聚前的86.5t上升到105t，上升了18.5t。1999年对干粉注入速度及注采不平衡区域进行了调整。调整后，注入质量浓度由2317mg/L降至1857mg/L，日注量由1555m³降至1214m³，注采比由0.83降至0.68。试验区整体见效好，日产油量由86.5t最高上升到277.1t（图8-10），综合含水率由94.7%下降到最低的83.6%，2012年12月项目结束，吨聚合物增油量95t，提高采收率13.85%。

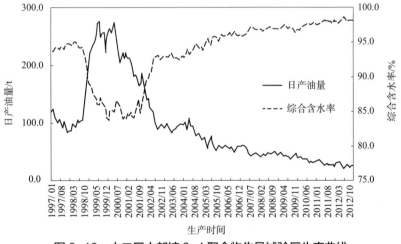

图8-10　中二区中部馆3-4聚合物先导试验区生产曲线

（四）主要的认识

试验证明，孤岛油田七点法注采井网进行聚合物驱，可以进一步提高采收率，试验的成功使聚合物驱在井网适应性方面得到突破。

从中二区中部先导区聚合物驱油机理、影响聚合物驱效果的主要因素的研究入手，结合注聚合物驱油藏动态变化特点、见效特征研究，以改善注聚合物驱开发效果，提高油田采收率为目的，根据油田开发实际，探索出一套适合孤岛油田二类油藏注聚开发特点的注采调整配套技术：①注聚前期油藏管理技术；②聚合物驱动态监测技术；③聚合物驱压力

调整技术；④注采井网完善、油井分类管理技术；⑤平面压力场调整技术；⑥聚合物驱过程中提液时机及最佳提液幅度技术。这些技术均为提高孤岛油田规模日益扩大的二类油藏聚合物驱以及同类型油田聚合物驱效果、最大限度提高油田采收率提供技术保障。

同时也认识到，聚合物驱油为段塞式驱替，聚合物段塞扫过油层各点的时间存在阶段性，有利的开发时机转瞬即逝，要确保聚合物驱油效果，必须及时地搞好综合注采调整。注聚时提液可以改善聚合物驱效果，初期综合含水率低于90%的生产井注聚开始时提液效果最佳，高于90%的生产井整体见效后提液效果最佳，最佳的提液幅度为1.2倍注入速度。选择合理的降水降压方法、降水幅度和降水时机是促进边角井见效的一项有效的途径。在注聚中后期及时进行跟踪数值模拟研究，优化注聚参数设计可以有效地发挥聚合物驱的最佳增油效果。对纵向上多套开发层系未同时投入注聚的单元，切实加强层系间防窜技术的研究和综合治理，充分发挥聚合物的降水增油效果。高黏度、高渗透、河流相沉积油藏，在特高含水期常规开发井网条件下进行聚合物驱，必须采用新工艺、新技术，配套实施注采调整技术，才能取得最佳经济效益，最大限度地提高油田采收率。

# 第九章　聚合物—交联驱油开发试验

## 第一节　西区西4-172井组交联聚合物驱先导试验

### 一、试验区基本情况

#### （一）试验目的

试验目的主要包括以下几方面：①探索孤岛油田特高含水期后注交联聚合物改善水驱效果的途径；②研究注交联聚合物试验期间，油水井注采动态变化特点，油水运动规律及其影响因素；③进行注交联聚合物工艺技术机理研究，并建立起配套的注交联聚合物应用技术；④通过注交联聚合物试验效果评价，在技术上和经济上为孤岛油田及同类型油藏进行工业性注交联聚合物提供依据，为水驱后期油田挖潜稳产，提高采收率走出一条新路。

#### （二）试验区的选择

试验区选择原则：①油层物性、非均质性及流体性质等在孤岛油田具有代表性；②注采井网完善，油水井井况较好，稳定生产周期较长；③水驱动态特征，剩余油分布规律等注采动态特点具有代表性；④区内具有完善的观察系统。

依据筛选原则，选择孤岛油田西区馆4-6单元为目标区开展注交联聚合物试验。试验区位于孤岛油田西区馆4-6单元西部，含油面积0.531km²，平均有效厚度16.6m，地质储量147.8×10⁴t（图9-1）。

#### （三）试验区概况

##### 1.地质简况

试验区内构造简单且平缓，东高西低，构造高差约15m，倾角1.5°左右，北部为19号断层，落差15m，油藏埋深1290~1310m。试验区馆4-6层系共分10个小层，其中馆4²、馆4⁴为主力层，厚度大，分布广，储量集中，占总储量的84.7%，其他层发育较

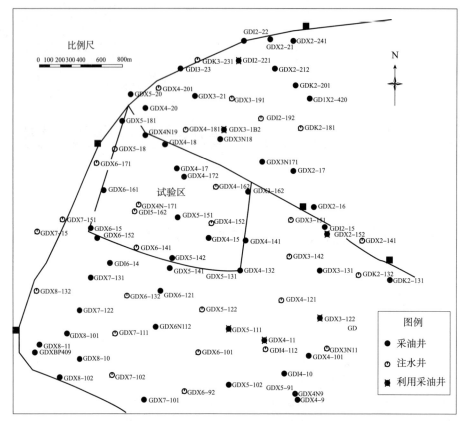

图9-1　孤岛油田西区西4-172井组交联聚合物先导试验井位图

差，呈条带状或零星分布，储量仅占15.3%。油藏物性好，平均孔隙度34.5%，平均渗透率1.329~1.746μm²，平均原始含油饱和度60%，地层温度69~78℃，地层温度正异常。

试验区内原油具有黏度高、密度大、凝固点高等特点，原油密度0.971~0.9817mg/cm³，地下原油黏度90mPa·s左右，饱和压力7.2~10.23MPa，地饱压差1.93~5.32MPa，平均3.47MPa。地层水属NaHCO₃型，总矿化度3531~6013mg/L。

2. 开发简况

试验区所在的西区馆$4^2$-$6^{1+2}$层系是1973年1月投产，1976年3月注水，采用300m三点法面积井网馆3-6合采，1983年5月进一步细分为馆$3^1$-$4^1$和馆$4^2$-$6^{1+2}$层系，采用300m×400m五点法井网开发，1991年加密调整后采用200m南北行列式井网生产，形成目前注采井网格局。

至1995年9月，试验区有油井10口，开井9口，日产液量1505.9t，日产油量85.4t，平均单井日产液量167.3t，平均单井日产油量9.5t，综合含水率94.3%，采出程度22.67%；注水井总井7口，开井7口，日注量1252m³，平均单井日注量180.7m³，月注采比0.97。

试验区内所有油井均已进入高含水期，但平面上采出程度和剩余油饱和度有较大差异，试验区西北采出程度低、剩余油饱和度高，说明在特高含水期，平面水淹状况仍不均匀，存在剩余油相对富集区，这与沉积相带分布及油水井对应关系密切相关。纵向上受沉积韵律控制，下部水淹严重试验区油层属河流相正韵律沉积，纵向上渗透性非均质较为严重，导致纵向上水驱动用程度差异较大，油层渗透率上部低，下部高，下部是主要出油部位，先见水，先水淹。

## 二、试验方案简介

### （一）配产配注原则

配产配注原则包括以下几点：①注入速度考虑油层实际注入能力，注入压力不得大于油层破裂压力；②与注采现状相适应，注采比0.9左右；③配产基本保持目前生产现状，配注根据井组注采平衡及单井注入能力确定。

### （二）矿场注入方案

注交联聚合物后井口注入压力平均上升2~3MPa，油层破裂压力下限井口值为11.0MPa，因此注交联聚合物井口压力不超过8.0MPa。试验区生产井10口，日配产液量1630t，单井日配产液量163.0t，注入井7口，其中注交联聚合物井3口，日配注量450m³，单井日配注量120~180m³，注污水井4口，日配注量690m³，单井日配注量172.5m³。

单井注交联聚合物溶液用量16300~24400m³，注入半径60~70m，相当于注入0.02PV的孔隙体积。需有效含量30%胶体聚丙烯酰胺用量523t，XL-1交联剂用量37.2t。

调整方案按注交联聚合物溶液至1996年年底计算，西5XN171井7月份开始按注交联聚合物溶液日注量200m³，累计胶体用量1670t，XL-1交联剂用量120t，应在原方案基础上增加有效含量30%胶体聚丙烯酰胺1150t（折干粉345t），XL-1交联剂83t。

### （三）动态监测方案

（1）剩余油分布状况监测：西4-172井C/O测井，试验前、后及有效期结束时各测一次。（2）压力监测系统：3口注交联聚合物井压降测井，试验前、后及有效期结束时各测一次；西4-172、西6-161、西5-142井压力恢复测井，试验前、后及有效期结束时各一次。（3）注入井吸水能力监测系统：3口注交联聚合物井测吸水剖面及指示曲线，了解水井吸水状况、吸水能力变化情况，试验前、后及有效期结束时各测一次。（4）流体性质监测系统：油水井除进行正常的生产化验外，油性全分析在试验前、后及有效期结束时各进行一次。（5）采出液监测系统：对油井采出液每10d进行一次聚合物化验，见到聚合物后加密取样化验。

现场试验过程中可根据具体情况，及时调整监测项目，以取全取准各项试验资料。

### 三、试验进展

#### （一）矿场注入情况

矿场注入过程可分为两个注入阶段：第一阶段（1995年10月18日至1996年9月）注入井3口，该阶段先后按方案（及调整后方案）累计注入各段塞溶液量约$10.5 \times 10^4 m^3$，其中前置液段塞溶液（质量浓度1300mg/L BCW-07杀菌剂）$3150 \times 10^4 m^3$，返排评价段塞溶液（质量浓度2000mg/L PAM）$1800 \times 10^4 m^3$，先期处理段塞溶液（3500mg/L PAM+1000mg/L XL-1）$4050 \times 10^4 m^3$以及主段塞溶液（2700mg/L PAM+700mg/L XL-1）$9.6 \times 10^4 m^3$，累计胶体用量1059.2t（折干粉317.7t），XL-1交联剂64.9t，交联聚合物段塞平均聚合物质量浓度3025mg/L，平均交联剂质量浓度642mg/L，基本达到了方案设计要求，但注入过程中由于设备性能、供液泵、注入泵匹配等原因，完不成配注（设计日注量450$m^3$，实际日注量约308$m^3$）完成方案设计量的68.4%，注入时率（开泵时率）48.9%至93.5%，变化较大。第二阶段（1996年10月至1997年1月13日）注入井4口，该阶段先后注驱油段塞和后续段塞溶液约$5 \times 10^4 m^3$，其中驱油主段塞溶液（质量浓度3200mg/L PAM+532mg/L XL-1）约$2.4 \times 10^4 m^3$，后续保护段塞溶液（质量浓度2702mg/L）$2.6 \times 10^4 m^3$，注入浓度基本符合方案设计要求，但同样存在注入设备等问题，该阶段设计日注量650$m^3$，实际日注量476$m^3$，完成方案设计量的73.2%，注入时率（开泵时率）58.8%至96.8%。

整个注入过程历时15个月（437d），实注溶液$15.5 \times 10^4 m^3$，相当于0.05PV，按方案设计应注入量$18.7 \times 10^4 m^3$，注入设计量的83.7%，累计注胶体聚合物折干粉用量465.0t，XL-1交联剂用量78.7t。

#### （二）监测实施情况

试验期间对注入液质量、产出液中PAM浓度、注入井吸水剖面等进行了检测及测试。

##### 1. 注入液质量检测情况

注入站投产初期及注入期间多次对注入液黏度及聚合物、XL-1质量进行检测，产品质量及注入液质量基本符合要求，其中主段塞储罐黏度20~25mPa·s，井口黏度14~16mPa·s（测试条件36℃、7$s^{-1}$），65℃、24h交联后黏度可达160mPa·s左右，对返排段塞进行了交联性能等评价，注入2000mg/L溶液经井底2次剪切后返排液黏度仍可达6~8mPa·s，交联性能良好，注入液质量基本达到了设计要求。

##### 2. 产出液中聚丙烯酰胺浓度检测情况

对试验区油井多次进行了产出液中聚丙烯酰胺浓度检测，至1997年3月前所有10口油井均无聚丙烯酰胺产出。

## 四、试验效果及主要认识

### （一）试验效果

注交联聚合物期间，试验区内综合含水率缓慢下降，由94.3%最低下降到93.2%，结束注交联聚合物半年后上升到94.6%；日产油量由75.1t最高上升到82t，结束注交联聚合物后日产油量快速下降，半年后最低下降到46.7t（图9-2）。

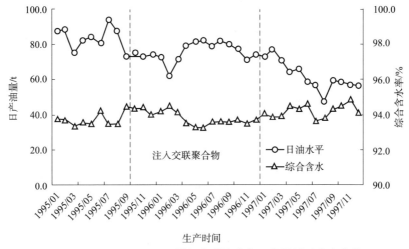

**图9-2　西区西4-172井组交联聚合物驱先导试验生产曲线**

综观油井效果不理想，分析原因有：（1）试验区注交联聚合物井少，试验设计注交联聚合物井3口，日注量约450m³，油井除受注交联井影响外，还受到水井甚至外围水井注水量的影响，外围注入水侵入试验区，造成驱油效果差。（2）设备不正常影响注入效果，注入期间注入时率（开泵时率）48.9%~93.5%，1995年10月至1996年3月注入相对正常，油井含水稳中有降，以后注入时率降低（造成大量试验区外围注入水侵入），油井含水升高。（3）注采完善程度低，注入总量小，中心井西5-151井日产液量约200m³，而两口注入井西4-152和西5-162井日注量330m³，从试验区动态看，西5-162井向北部驱替，造成该井同样受周围水井影响，驱油效果差。

### （二）主要认识

（1）从先期3口注入井注入情况看，单井注交联聚合物溶液用量均在3.0×10⁴m³以上，而注入压力仅上升了3~4MPa，说明在试验区条件下交联聚合物驱是可行的，注入能力是允许的。（2）试验区对应油井产出液检测表明注入17个月以来一直无聚合物产出，说明交联聚合物已在地层深部产生缓慢、轻度交联，且交联后稳定性好。（3）从见效特征来看，交联聚合物水井调剖效果明显，油井见到了一定的增油效果。（4）从矿场注入及见效特征可以说明，编制完善的油藏及工程方案是取得好的效果的前提，西5-171由于高速公路停注，西4-161注馆$4^2$、馆$4^4$层等原因，与之对应的原方案设计中心井西4-172井增油效果不明显。而西5-151由于注采对应较好，尽管受到外围注水井的侵入干扰，仍取得一定的增油效果。保持正常的注入是试验取得效果的保障。1995年9月底至1996年3月注入相对正常，对应油井综合含水率稳中有降，日产油量稳中有升，1996年4月后注入时率（开泵时率）低，效果变差。（5）试验区可采储量采出程度高、原油黏度高、综合含水率高，提高采收率难度大，因而单纯的深部调剖改善水驱效果难以奏效。

# 第二节　南区渤19断块注交联聚合物驱开发试验

## 一、试验区基本情况

### （一）试验目的

孤岛油田为稠油疏松出砂、河流相正韵律沉积油藏，经EOR研究筛选，中一区、中二区及西区大部分单元适合聚合物驱。南区及中二区北部馆3-4、东区对聚合物驱而言地下原油黏度过高，但如果在聚合物溶液中加入适当的交联剂，进一步提高驱替剂黏度，降低油水黏度比，仍可进一步改善驱油状况，提高采收率，因此选择南区渤19断块进行交联聚合物驱试验，并通过试验区效果评价，在技术和经济上为孤岛油田高黏度油藏进行交联聚合物驱提供依据。

### （二）试验区地质概况

渤19断块断层切割为相对封闭的小断块，含油面积2.4km$^2$，地质储量737×10$^4$t，孔隙体积1116×10$^4$m$^3$，东部有5号断层与渤76断块分割，西部有11号断层与渤61断块分割，北部有9号断层与渤82断块分隔，南部与渤89断块相连（图9-3）。

渤19断块主力含油层系为上第三系馆陶组馆3$^1$-5$^6$，地层厚度100m左右，为一套砂泥岩互层，自下而上岩性由粗变细，呈正旋回。馆3$^2$、4$^2$、4$^3$、4$^4$、5$^3$为主力油层，厚度大、分布广，储量集中，占总储量的72.2%，其他层发育较差。油层物性好，非均质性强，渗透率级差为3.76~8.11，突进系数为1.61~2.05，变异系数为0.668，平均孔隙度为30%~31%，平均渗透率为（1022~2279）×10$^{-3}$μm$^2$，原始含油饱和度为55%~60%。

馆3$^1$-5$^6$原油为密度大、黏度高、饱和压力高、凝固点低的沥青基原油。原油地下黏度80mPa·s，地面黏度平均为1660mPa·s，地面原油密度0.9728g/cm$^3$，凝固点4~10℃。地层水属Na$_2$CO$_3$型，总矿化度平均为6453mg/L。原始地层压力12.57MPa，饱和压力

7.1~10.6MPa，油层温度约73℃。

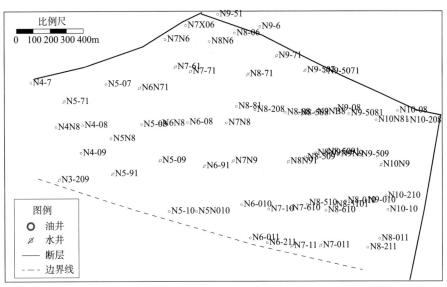

**图9-3　南区渤19断块井位图**

渤19断块1973年5月以一套300m井距三角形均匀井网投入开发，1976年12月注水，1984年11月整体加密调整，1987年2月两水井间中心油井转注形成260m×150m的行列注采井网；1992年4月局部加密，形成西部260m×150m、东部260m×75m的行列注采井网。

至1997年10月，渤19断块油井开井29口，平均日产液量2013t，日产油量172t，综合含水率91.0%，采出程度25.95%。水井开井17口，日注量3124m³，注采比1.2，地层静压12.10MPa，累计注采比0.89。

## 二、试验方案简介

针对南区渤19断块油藏胶结疏松、原油黏度高、差异大的特点，开展了室内实验研究。考虑到聚合物价格、技术等方面的因素，矿场交联聚合物驱油体系质量浓度范围为：PAM：1200~2000mg/L；XL-1交联剂：400~600mg/L。

矿场注入方案：根据数值模拟研究结果，建议矿场选用聚合物和交联剂体系，日注入深度为2640m³，在注入初期添加适量的杀菌剂。根据试验目的层开采现状和水淹特点，为了防止交联聚合物溶液的指进和窜流，矿场采用分段塞注入方式，在主段塞前注入一个高浓度的交联聚合物段塞，形成高强度的凝胶，对高渗透条带进行封堵。

第一段塞：0.05PV（2000mg/L-聚合物+800mg/L-交联剂），注入交联聚合物溶液55.8×10⁴m³，需注入聚合物干粉1116t，交联剂446t，日注量2640m³，连续注入211d；第二段塞：0.20PV（1500mg/L-聚合物+600mg/L-交联剂），注入交联聚合物溶液223.2×10⁴m³，需注入聚合物干粉3348t，交联剂1339t，日注量2640m³，需连续注入845d；两个段塞累计注入0.25PV，交联聚合物溶液用量279.0×10⁴m³，注入聚合物干粉用量4464t，交联剂用量1785t，日注量2640m³，需连续注入1056d。第一年注入4个月，分年度投入如表9-1所示。

表9-1　渤19断块聚合物、交联剂分年度投入表

| 项目 | 第一年 | 第二年 | 第三年 | 第四年 | 小计 |
|---|---|---|---|---|---|
| 交联聚合物溶液 /10⁴m³ | 29.1 | 87.3 | 87.3 | 75.3 | 279 |
| 聚合物干粉 /t | 582.24 | 1441.65 | 1307.13 | 1132.89 | 3.91 |
| 交联剂 /t | 233.0 | 576.5 | 522.6 | 452.9 | 1785 |

预测矿场可提高采收率6.69%，吨聚合物增产原油109.4t，注入第二年开始见效，有效期13年，第3~7年为见效高峰期（图9-4）。

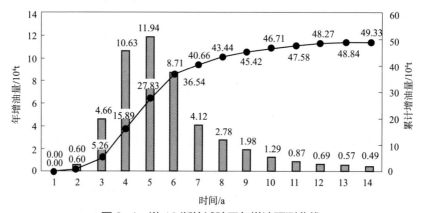

图9-4　渤19断块试验区年增油预测曲线

## 三、试验进展

1999年8月5日投注，采用两级段塞注入、清水配制母液、产出水稀释注入方式。至2000年3月31日第一段塞结束，第一段塞累计注入239d。2000年4月1日转第二段塞，2003年4月8日结束注聚，转后续水驱。在注入过程中，由于近井地带堵塞严重注入难度大，采取一些洗井、解堵、停加交联剂和降低配注等措施，保证了聚合物的正常注入，日注量只有2060m³，所以注入时间比方案原设计多286d，如表9-2所示。

表9-2　南区渤19断块段塞用量设计与完成对比表

| 段塞 | 设计尺寸 | | | 注入液量 | | | 聚合物质量浓度 / ( mg/L ) | |
|---|---|---|---|---|---|---|---|---|
| | 设计 /PV | 实际 /PV | 完成 /% | 设计 /10⁴m³ | 实际 /10⁴m³ | 完成 /% | 设计 | 实际 |
| 一 | 0.05 | 0.047 | 94 | 55.8 | 52.834 | 94.68 | 2000 | 1834 |
| 二 | 0.2 | 0.205 | 102.5 | 223.2 | 229.306 | 102.7 | 1300 | 1333 |
| 合计 | 0.25 | 0.252 | 100.8 | 279 | 282.14 | 101.1 | 1440 | 1427 |

| 段塞 | 聚合物用量 | | | 交联剂用量 | | | 注入时间 | |
|---|---|---|---|---|---|---|---|---|
| | 设计 /t | 实际 /t | 完成 /% | 设计 /t | 实际 /t | 完成 /% | 设计 /d | 实际 /d |
| 一 | 1116 | 1076.7 | 96.48 | 334.8 | 302.45 | 90.34 | 211 | 239 |
| 二 | 3348 | 3397 | 101.5 | 1339 | 1116 | 83.34 | 845 | 1103 |
| 合计 | 4464 | 4473.7 | 100.2 | 1673.8 | 1418.45 | 84.74 | 1056 | 1342 |

## 四、试验效果及主要认识

### （一）试验效果

渤19断块在注入2个月后，即1999年9月就进入初步见效期，13个月后，即2000年11月进入明显见效期。2003年1月综合含水率由注聚前的91.1%下降至最低点81.8%，日产油量由191t上升至峰值的364t，此后单元含水开始回返，日产油量下降（图9-5）。至2012年12月采收率提高3.7%，吨聚合物增油量61.07t，没达到方案设计指标。

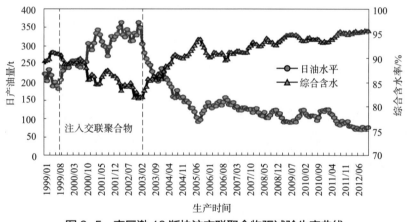

图9-5 南区渤19断块注交联聚合物驱试验生产曲线

1. 充足的段塞注入量，保证聚合物驱增油效果

注入多少交联聚合物溶液是驱油成败的前提，随着注入液量的增加，注入液波及体积扩大，进一步降低油水黏度比，才能驱替出更多的剩余油。渤19断块见效后，见效井主要分布在注采对应较好的中部井排和南部井排，此外是断层边缘和砂体边缘个别井点，其中注入PV大于0.20区域见效井24口，见效率92.3%，PV小于0.15区域见效井1口，见效率只有20%。

2. 主河道和高渗透带是聚合物推进的主要通道

位于主河道的油井油层连通性好，注聚前水淹程度较大，属于高含水井。进入聚合物驱后，由于储层厚度大，多为大孔道，油层阻力系数相对较低，交联聚合物段塞推进速度快，油井见效快，油井见聚早、见聚浓度高，同时地层水矿化度变化大。结束注入时，位于主河道高含水井注聚后见效率94.4%，不在主河道上综合含水率小于90%的井见效率为54.5%（表9-3）。

表9-3　高含水井见效分类表

| 分类 | 总井/口 | 见效井/口 | 最早见效时间 | 平均见效时间/月 | 最早见聚时间及质量浓度/（mg/L） | 平均见聚质量浓度/（mg/L） | 沉积相 | | |
|---|---|---|---|---|---|---|---|---|---|
| | | | | | | | A（主） | B（主） | C |
| 综合含水率>90% | 18 | 17 | 1999年9月 | 13.6 | 1999.9/2.5 | 56.8 | 12 | 3 | 1 |
| 综合含水率<90% | 22 | 12 | 1999年10月 | 12.3 | 2000.5/1.6 | 26.2 | 5 | 4 | 1 |
| 合计 | 40 | 29 | 1999年9月 | 12.6 | | 41.5 | | | |

层间，随着聚合物驱的进行，注入聚合物对高渗透层的"封堵作用"变得明显，部分聚合物进入了馆5-6层系，有效地促进了馆5-6层系油井见效。注聚驱以来，单元综合含水率从86.92%下降到82.9%，日产油量从63t上升到86t，效果良好。

3. 后续水驱后开发效果明显变差

经过长时期的注聚开发，聚合物流体在地层内携砂能力远大于水驱时期的，给油井防砂带来很大的困难，进入后续水驱，先后有6口油井在防砂作业过程中发生套变，如GDN9-5081井，2004年2月28日进行检换滤作业中发现1251.98m发生套变，交大修无效后报废，影响产能10t/d。在实施作业过程中，注入井聚合物回吐情况较严重，实施电爆震解堵作业后，井筒内聚合物回吐仍很严重，并且，部分注水井再次作业时，仍发生聚合物回吐，造成注水井堵塞的情况。从侧面说明，地层内残留交联聚合物较多，在油水井注入通道中形成阻力较大。总体来说，转后续水驱后，注入能力变差，导致油井供液能力下降，事故井套变井增多，油井综合含水率快速上升，开发效果变差。

（二）主要认识

（1）渤19断块交联聚合物驱具有见效快、增油幅度大等特点，与单纯聚合物驱相比，交联剂具有渗流阻力大、见聚浓度低等特点。

（2）渤19断块交联聚合物驱试验生产表明，交联聚合物可以在多孔介质中流动，其滞留量高于单纯聚合物，因而可以作为驱油剂。

（3）单纯交联聚合物驱易在井筒内交联，沉淀严重，堵塞油管和储层，而且目前无有效解堵措施，对注聚后开发造成困难，因而单纯的交联聚合物驱无法大面积推广。

# 第十章 碱－表面活性剂－聚合物三元复合驱开发试验

## 一、试验区基本情况

### （一）试验目的

胜利油区1993年首次开展了孤东小井距复合驱先导试验并取得成功，1996年决定在孤岛油田西区开展常规井距复合驱试验。针对西区试验区的油藏条件，开展新型廉价复合驱油配方室内研究，该试验成果将对同类型油藏注水后期提高原油采收率具有极大的指导意义。

### （二）试验区地质概况

试验区位于孤岛油田西区西北部，试验目的层为馆$4^2$—$4^4$，试验区面积0.61km²，包括6个注采井组，6口注入井，13口生产井，如图10-1所示。目的层有效厚度16.2m，孔隙体积$316 \times 10^4$m³，地质储量$197.2 \times 10^4$t。

试验区油层构造简单且平缓，为一套河流相正韵律沉积的粉细砂岩油藏，黏土矿物含量较低为5%，油层渗透率（1500~2500）$\times 10^{-3}$μm²；地下原油黏度70mPa·s，原油酸值1.7mg KOH/g油；采出水矿化度6864mg/L，钙镁离子总质量浓度143mg/L，油层及油水性质具有代表性，较适宜进行复合驱。

试验区1996年12月开油井10口，平均单井日产液量144t，日产油量6.2t，综合含水率95.7%，开水井6口，平均单井注入量185.8m³，油压7.6MPa。1997年5月试验区随整个层系一起转入注聚合物溶液。

## 二、试验方案简介

### （一）复合驱配方的室内研究

#### 1.复合驱油剂的筛选

针对试验目的层的油藏条件，借鉴"八五"攻关成果，聚合物采用3530S，碱采用

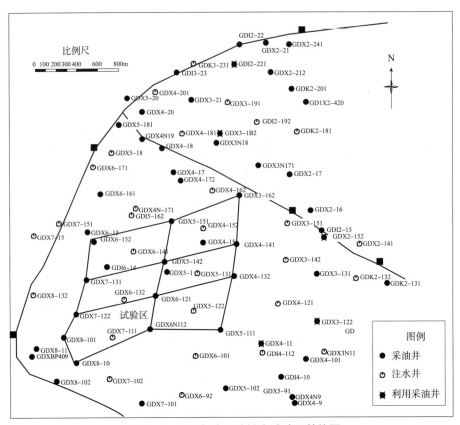

图 10-1　西区复合驱油扩大试验驱井位图

$Na_2CO_3$，重点对表活剂进行筛选。进行界面张力试验、抗$Ca^{2+}/Mg^{2+}$能力试验、乳化试验，根据试验结果，推荐BES+PS复配体系为现场用活性剂。

2. 复合驱油剂的浓度配比研究

用孤七注水配制的$Na_2CO_3$溶液，质量分数分别为0.5%、0.75%、1.0%、1.2%、1.5%，进行界面张力测定，初步确定复合驱油剂注入段塞为0.3PV，注入体系为：1.2%$Na_2CO_3$+0.2%BES+0.1%PS（A）+0.15%3530S。

3. 注入方式研究

确定了注入段塞和各驱油剂浓度后，使用双管合注分采模型对注入方式进行研究，考虑现场实施可行性，以混注和不同段塞组合注入进行了三种注入方式的驱油试验，试验结果表明，三种注入方式提高采收率幅度略有差别（表10-1），方式Ⅰ提高采收率稍高。

表 10-1　注入方式试验结果

| 模型编号 | 注入方式 | 提高采收率 /% | | 油 $m^3 \times 10^{-3}$ 元化学剂 | $\Delta\eta \times$ 注剂利用率 |
|---|---|---|---|---|---|
| | | OOIP | ROIP | | |
| GD-40 | Ⅰ 0.1PV（A+S）<br>0.2PV（A+S+P）<br>0.1PV（P） | 22.4 | 51.9 | 7.112 | 159.3 |

续表

| 模型编号 | 注入方式 | 提高采收率 /% | | 油 m³ × 10⁻³ 元化学剂 | Δη × 注剂利用率 |
| --- | --- | --- | --- | --- | --- |
| | | OOIP | ROIP | | |
| GD–43 | 0.1PV（P）<br>Ⅱ 1.2PV（A+S+P）<br>0.1PV（A+S） | 21.1 | 50.0 | 6.499 | 137.1 |
| GD–44 | Ⅲ 0.3PV（A+S+P） | 21.6 | 51.4 | 6.562 | 141.7 |

（二）复合驱现场试验方案

根据室内实验和现场实践，在注 0.3PV 主体复合驱段塞前后，注入聚合物前调剖段塞和后尾保护段塞，采用三级注入方式和用量如下。第一段塞：前缘段塞，$0.05PV × 2000mg/L$ 聚合物溶液用量 $15.8 × 10^4 m^3$，注入聚合物干粉用量 351t，连续注入时间 158d。第二段塞：主体段塞，$0.3PV × 1700mg/L$ 复合驱体系溶液用量 $94.8 × 10^4 m^3$，连续注入时间 948d，其中，碱（$Na_2CO_3$）浓度 1.2%，用量 11376t；表活剂 1（BES）浓度 0.2%，用量 1896t；表活剂 2（PS）浓度 0.1%，用量 9418t；聚合物（3530S）浓度 1700mg/L，用量 1791t；第三段塞：后续段塞，$0.05PV × 1500mg/L$ 聚合物溶液用量 $15.8 × 10^4 m^3$，注入聚合物干粉用量 237t，连续注入时间 158d。

注完全部化学剂共需 1264d，年有效注入天数按 330d 计算，需要注 3.83 年，主体段塞注 2.9 年。

根据数模预测，现场提高采收率 12.1%，注入第二年开始见效，有效期 16 年，其中第 3~10 年为见效高峰期（图 10–2）。

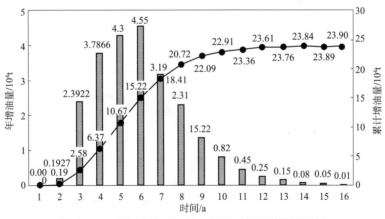

图 10-2 西区复合驱油扩大试验区年增油预测曲线

# 三、试验进展

1997 年 5 月投注，采用三级段塞注入、清水配制母液、产出水稀释注入方式。1998 年

5月7日转注三元复合驱主体段塞，2001年5月17日停加表活剂和碱转注聚合物后置段塞，2002年4月1日结束注聚，转入后续水驱。在实际矿场注入过程中，由于矿场情况比预想得更复杂，各段塞注入均超过方案设计，如表10-2所示。

表 10-2　西区三元复合驱段塞用量设计与完成对比表

| 段塞类别 | 对比 | 用量/PV | 质量浓度/(mg/L) | 液量/($10^4m^3$) | 干粉/t | 碱/t | BES/t | PS/t | 注入时间/d |
|---|---|---|---|---|---|---|---|---|---|
| 第一段塞 | 设计 | 0.05 | 2000 | 15.8 | 351 | | | | 158 |
| | 完成 | 0.097 | 2262 | 30.6 | 768 | | | | 344 |
| 第二段塞 | 设计 | 0.30 | 1700 | 94.8 | 1791 | 11376 | 1896 | 948 | 948 |
| | 完成 | 0.32 | 1689 | 99.8 | 1873 | 10895 | 1537 | 1116 | 1107 |
| 第三段塞 | 设计 | 0.05 | 1500 | 15.8 | 263 | | | | 158 |
| | 完成 | 0.10 | 1468 | 31.8 | 519 | | | | 319 |
| 合计 | 设计 | 0.4 | 1713 | 126.4 | 2405 | 11376 | 1896 | 948 | 1264 |
| | 完成 | 0.51 | 1753 | 162.2 | 3160 | 10895 | 1537 | 1116 | 1770 |

## 四、试验效果及主要认识

### （一）降水增油效果

从1998年6月，第1口油井见效，1999年3月整体见效，到2000年8月13口油井全部见效，11月见效达到高峰期，日产油量由注入前的79t最高上升到203t，综合含水率由94.4%下降到82.9%，且在高峰期持续20个月，此后综合含水率开始回返，产量下降（图10-3）。其中中心井西6-121于1998年6月开始见效，最高日产油量达到24.8t，综合含水率最低为81.8%，日产油量大于15t持续40个月。2012年12月采收率提高14.7%，比预计提高2.55%。

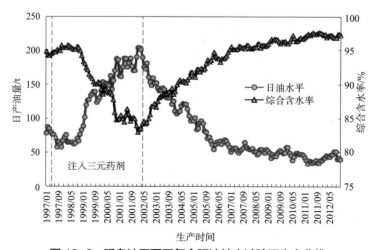

图 10-3　孤岛油田西区复合驱油扩大试验区生产曲线

（二）动态特征分析

1. 注入压力上升，渗流阻力增加

注入压力是复合驱过程中最早显现的一个特征。注前缘聚合物段塞后，由于增加了驱替相的黏度，以及聚合物在油层孔隙中的吸附捕集，注入井近井地带油层渗透率下降较快，注入压力不断上升，由水驱时的6.2MPa上升到10.7MPa，阻力系数为1.6，反映出注入井井底附近渗流阻力明显增加；转主体段塞后，由于聚合物溶液浓度降低和表活剂降低油水界面张力的作用，减小了渗流阻力，注入压力和阻力系数下降，并逐渐平稳；后置段塞聚合物和后续水驱阶段，注入压力和阻力系数进一步下降。但复合驱整个过程与水驱相比，注入压力明显上升，渗流阻力增加，但比单一的聚合物驱低（表10-3、图10-4）。

表10-3　注入压力和阻力系数变化表

| | 水驱 | 前缘段塞 | 主段塞 | 后置段塞 | 后续水驱 |
|---|---|---|---|---|---|
| 注入压力/MPa | 6.2 | 10.7 | 9.2 | 8.7 | 8.4 |
| 阻力系数 | 1 | 1.6 | 1.4 | 1.33 | 1.23 |

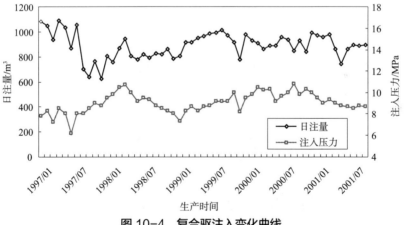

图10-4　复合驱注入变化曲线

2. 流动系数减小，注采能力下降

试验前后注入井的流动系数和流度都明显变小。测试3口井的流动系数下降30%~70%，流度下降15%~60%，反映出油层的有效渗透率降低，吸水能力下降。从试验区视吸水指数变化规律（图10-5）来看，注入聚合物前缘段塞时，视吸水指数大幅度下降，为注聚前的58.4%；注入主段塞之后，视吸水指数略有上升，但保持平稳，说明此时油层中的渗流已基本达到稳定状态。后置段塞和注水阶段，视吸水指数缓慢上升，目前视吸水指数恢复到试验前的73.8%。

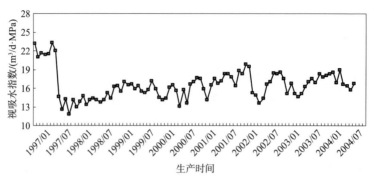

图 10-5　试验区视吸水指数变化曲线

中心生产井中6-121测试结果（表10-4）表明，生产井的流动系数和流度也明显变小，从而导致产液能力的大幅度下降。中6-121井产液量能力最大下降40.6%，试验区产液能力下降41.7%。后续水驱以后，产液能力逐渐恢复到80%左右。

表 10-4　中心井中 6-121 试井解释成果表

| 时间 | 1998.12 | 1999.3 | 1999.9 | 2000.3 |
|---|---|---|---|---|
| 流动系数 /〔μm²·m/（mPa·s）〕 | 0.7283 | 0.585 | 0.064 | 0.043 |
| 流度 /〔μm²/（mPa·s）〕 | 0.0707 | 0.057 | 0.006 | 0.004 |

3. 纵向非均质得到调整

吸水剖面测试结果表明，注入井层间吸水状况趋于平衡。如中7-111井，根据试验前后所测吸水剖面处理结果进行分析对比，水驱时吸水量大的馆$4^2$、$4^3$层吸水量明显下降，吸水量少的馆$4^4$层吸水量上升，分层每米相对吸水量比值明显趋于均匀，改善了层间波及动用状况（图10-6）。

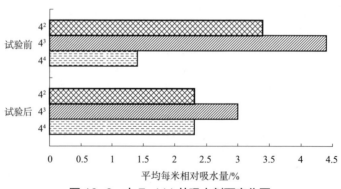

图 10-6　中 7-111 井吸水剖面变化图

4. 驱油效率明显提高

注采井间的监测井中5-检142井在试验前后进行C/O测井，其解释结果（图10-7）表明，注入化学驱油剂后，随时间增加，试验层含水饱和度开始下降，含油饱和度逐渐增加，说明在化学驱油剂的作用下，剩余油逐渐富集并向油井推进。

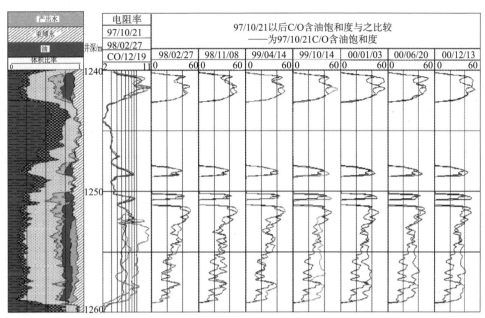

图 10-7 中 5-检 142 井 C/O 含油饱和度监测对比

分析产出原油的初馏点和 300℃馏分发现，初馏点由 174℃下降到 137℃，300℃馏分增加（图 10-8）。说明复合驱采出的油重质成分增加，轻质组分减少，采出了利用水驱难以采出的部分原油。

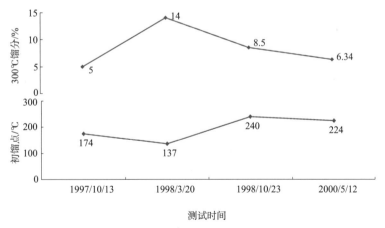

图 10-8 中 7-122 井常规原油性质分析结果

5. 三元复合驱比聚合物驱综合含水率下降幅度大，采油速度高

与同区的聚合物驱相比，三元复合驱含水下降幅度大，采油速度高，提高采收率的幅度也大（表 10-5）。这是因为复合驱油过程中，由于碱、表面活性剂和聚合物的协同作用，不但扩大了波及体积，而且提高了驱油效果，而聚合物驱只能扩大波及体积。

表 10-5    三元复合驱与聚合物驱效果对比表                                                                                            %

| | 复合驱 | | 聚合物驱 | |
|---|---|---|---|---|
| | 前 | 后 | 前 | 后 |
| 综合含水率 | 95.6 | 82.9 | 93.4 | 87.2 |
| 采油速度 | 1.51 | 3.76 | 1.58 | 1.90 |
| 提高采收率 | 15.52 | | 7.0 | |

但是，由于三元复合驱药剂中含有碱，注入过程中结垢影响注入、采出液的破乳等，矿场应用的可操作性差，限制了其大规模工业化推广应用。为此，"十五"期间，以研究影响结垢和乳液破乳的主导因素为基础，开展了无碱体系的二元复合驱油技术研究，力求在取得较好降水增油效果的前提下，提高复合驱的矿场实用性。

# 第十一章　聚合物驱后提高采收率开发试验

## 第一节　中一区馆3交联聚合物溶液深部调剖开发试验

### 一、试验区基本情况

（一）试验目的

探索、开发聚合物驱后或水驱后新的采油技术。通过试验评价交联聚合物溶液深部调剖技术的经济、技术效果，为孤岛油田及同类型油田进行工业性深部调剖，提高原油采收率，降低生产成本在技术上、经济上提供依据，为发展聚合物驱后或水驱后提高采收率新技术探索出一条新路。

（二）试验区选择

中一区馆3聚合物是孤岛油田投注聚合物最早的单元，油层地质情况清楚，油层发育良好，油砂体分布稳定，连通性好，储层非均质程度适中；储层流体性质（地层原油黏度、地层水矿化度等）、油层温度适中；采用常规开发井网，井网和注采系统相对完善，注采对应率和多向受效率高，井况良好，中心受效井多。至1999年转水驱开采近2年，处于综合含水率上升、日产油量下降阶段。因此确定在孤岛油田的中一区馆3单元筛选聚合物驱后注入LPS试验区（图11-1）。

LPS先导试验区位于中一区中部，由四个反五点法注采井组组成，共有中心采油井1口，边角平衡井9口。试验区面积0.56km²，层位为馆3砂层组，平均有效厚度16.1m，地质储量165×10⁴t。

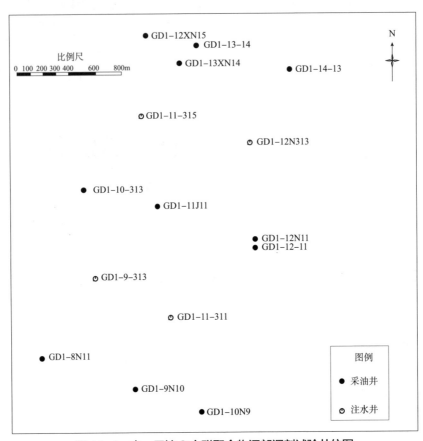

图 11-1　中一区馆 3 交联聚合物深部调剖试验井位图

## （三）油藏概况

### 1. 地质简况

试验区馆 3 层为一典型的高渗透、高饱和、中高黏度的疏松砂岩油藏，其油藏特征与孤岛油田基本一致。主力油层大面积分布，储层厚、物性好，油层埋藏较浅，为 1173~1210m，空气渗透率（1542~2536）× $10^{-3}\mu m^2$，孔隙度31.6%~32.4%。

试验区馆 3 层原油具有中高黏度、低含蜡、低凝固点及高饱和的特点，原油地下黏度为46.3mPa·s，地面原油黏度为300mPa·s左右，脱气原油密度为0.954g/cm³，平均饱和压力为10.5MPa，原始地层饱压差较小，为1.4MPa。随着开发时间的推移，原油性质逐渐变稠，地面原油比重和黏度均有所增大。

试验区馆 3 层原始地层水矿化度为3850mg/L，水型为 $NaHCO_3$ 型。由于孤岛油田已进入高含水期，注入水为产出污水处理后回注，致使试验区馆 3 层的产出水矿化度比原始值有较大升高，尤其是钙、镁离子含量增加。

### 2. 开发简况

试验区所在的中一区1971年11月正式投入开发，馆3与馆4一套井网合层开采，1974

年9月开始注水，为270m×300m的反九点井网。经过1983年和1987年层系井网调整后，馆3层作为独立的开发层系，为270m×600m的长方形五点井网。试验区包括10口油井、4口注水井和2口观察井，共16口。最大注采井距为338m，平均注采井距为298m。

截至1999年5月，试验区共有油井11口，开井11口，日产液量1077t，日产油量137t，综合含水率达87.3%，采出程度34.5%。开注水井4口，日注水量695m³，聚合物驱对生产井的作用已减弱并稳定。

## 二、试验方案简介

### （一）LPS矿场注入方案

试验区块油层为馆3³、馆3⁴、馆3⁵三个油层，采用分层注交联聚合物注入方式：聚合物质量浓度200mg/L；聚合物与铝离子交联比20∶1；注入量0.05PV；注入井包括12N313、11-311、9-313、11-315。

### （二）LPS注入方式

交联聚合物溶液采用聚丙烯酰胺母液、柠檬酸铝母液和注入水在注水站在线混合配制、注入。为了确保交联剂分散均匀，避免局部过度交联，同时结合注入站目前设备状况，先将柠檬酸铝母液与注入水混合，经过一定长度的管线再与聚丙烯酰胺母液混合，然后流经混合器至井口。为了避免聚合物线团在注水井近井地带堵塞，防止注入压力升高过快，保证交联聚合物溶液进入地层深部，根据室内实验结果并参考辽河油田矿场试验结果，本试验将采用交联聚合物溶液、水分段交替注入方式注入。交联聚合物溶液每段注入量如表11-1所示。

表11-1　交联聚合物溶液段塞用量表

| 段塞序号 | 段塞用量/PV | 质量浓度/（mg/L） | 注入液量/10⁴m³ | 聚合物用量/t | 注入时间/d |
|---|---|---|---|---|---|
| 1 | 0.02 | 200 | 5.52 | 11.04 | 80 |
| 2 | 0.01 | 200 | 2.76 | 5.52 | 40 |
| 3 | 0.01 | 200 | 2.76 | 5.52 | 40 |
| 4 | 0.01 | 200 | 2.76 | 5.52 | 40 |
| 合计 | 0.05 | 200 | 13.80 | 27.60 | 200 |

### （三）配产配注方案

1. 原则

配产配注原则包括以下几方面：①保持试验区内外注采平衡，注采比1.0左右；②注入压力不得大于油层破裂压力（13MPa），在可能条件下保持在10~11MPa；③试验过程中单井配产配注量将根据各井注入压力、产液量、综合含水率、产油量的动态情况进行适当调整。

### 2. 注入 LPS 计算参数

为了避免交联剂、聚合物在形成线团之前与地层污水发生反应，影响交联聚合物溶液的形成，在注入 LPS 前，注入一清水段塞，清水注入时间为 10~15d。根据试验区块有关数据和室内实验研究结果，并参照试验区块当前注水状况，LPS 日注入量为 695m³，总量为 13.8 × 10⁴m³（0.05PV），注入天数 198d，注聚合物总量 27.6t（干粉），聚合物质量浓度为 200mg/L，注交联剂 27.6m³（溶液，铝离子含量 5%），聚合物与交联剂铝离子质量比为 20：1。预计提高采收率 0.5%~1.0%，净增油量 8233~16467t。注入 LPS 结果如表 11-2 所示。

表 11-2　LPS 注入量计算参数表

| 项目 | 注入量 /PV | 注入量 /m³ | 日注入量 /10⁴m³ | 注入天数 /d | HPAM（干粉）用量 /t | 交联剂（溶液）用量 /m³ | HPAM 母液用量 /（m³/d） | 交联剂母液用量 /（m³/d） | 水用量 /（m³/d） |
|---|---|---|---|---|---|---|---|---|---|
| 取值 | 0.05 | 13.8 | 695 | 198 | 27.6 | 27.6 | 46.3 | 0.695 | 648 |

## 三、试验进展

先导区 1999 年 11 月 14 日注入 LPS，根据现场注入情况，2000 年 6 月对方案设计进行了调整，增加段塞 0.05PV，增加 LPS 溶液用量 13.8 × 10⁴m³，聚合物质量浓度提高到 300mg/L，交联剂质量浓度提高到 700mg/L，相应增加干粉用量 41.4t，增加交联剂用量 96t。到 2000 年 12 月 20 日结束注入，将近 14 个月，共注入干粉 71.5t，交联剂 93.4t，注入溶液 0.086PV。按注入浓度可分两个阶段：1999 年 11 月至 2000 年 6 月，聚合物质量浓度 200mg/L 左右，交联剂质量浓度 150mg/L 左右；2000 年 7 月至 12 月提高了注入质量浓度，聚合物质量浓度平均为 350mg/L，交联剂质量浓度 550mg/L 左右。如表 11-3 所示。

表 11-3　中一区馆 3 交联聚合物注入情况统计表

| 项目 | 注入量 /PV | 注入天数 /d | HAPM（干粉）用量 /t | 交联剂用量 /t | HPAM 质量浓度 /（mg/L） | 交联剂质量浓度 /（mg/L） |
|---|---|---|---|---|---|---|
| 设计 | 0.100 | 396 | 69.0 | 123.1 | 200.0 | 446.0 |
| 完成 | 0.086 | 403 | 71.5 | 93.4 | 259.1 | 347.8 |
| 完成量 | 79.0 | 96.7 | 91.9 | 69.2 | | |

从水井油压对比看，注水期间油压为 7.6MPa，注聚期间油压为 8.7MPa，注 LPS 半年后油压为 8.1MPa，注 LPS 的油压介于注水与注聚之间，说明注 LPS 期间波及体积介于注水与注聚之间，波及体积没有超过注聚时的波及体积，在注聚的前提下，LPS 实验在此没有表现出见效特征。之后将母液质量分数由 3000ppm（1ppm=10⁻⁶）调整到 3750ppm，最大调整到 5000ppm，单井质量分数由 200ppm 上调至 250ppm，油压缓慢上升，表明注入浓度升高对提升油压有一定的作用，即 LPS 对封堵大孔道扩大波及体积有一定的作用。

## 四、试验效果及主要认识

### （一）试验效果

先导区进行LPS试验后，前9个月动态变化表现为液量稳定，综合含水率上升，产油量下降；从2000年9月先导区提液后开发形势变好，表现为日产液量上升，日产油量上升，综合含水率下降。日产油量在高位100t左右维持4个月又开始下降，综合含水率也开始回返（图11-2）。

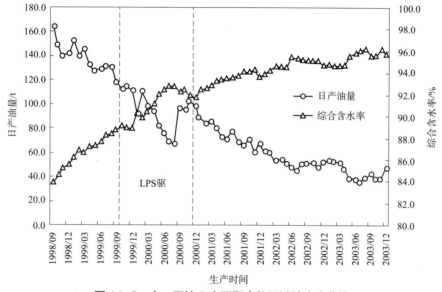

图 11-2　中一区馆3交联聚合物驱试验生产曲线

### （二）主要认识

孤岛油田中一区馆3LPS试验虽然取得了一定的效果，但交联强度不够，没有起到深部扩大波及体积的作用，试验没有达到预期效果。分析认为有以下几方面的原因。

（1）从LPS试验区采出程度分析。一方面从试验区开发历程分析，试验区进行了天然能量、注水、注聚及后续水驱开采，这样的开采历史及采出程度，说明试验区的波及体积已经较大，区内油井见效存在先天性的困难。另一方面从注入水井压力资料与地层静压等指标分析，注入的LPS溶液的波及体积未能有效地超过注聚时的波及体积，这是水井见效而油井不见效的根本原因。

（2）从LPS试验区驱油机理分析。LPS试验是通过注入液形成球状凝胶体后在一定浓度下通过封堵孔隙喉道达到封堵大孔道并以改变注入液流动来扩大波及体积。这就要求注入液体在注入地层后必须形成一定浓度的凝胶球体进行调剖。而从现场试验分析看，在注入液形成凝胶球体的过程中明显存在浓度不足和球体稳定性差的因素。

（3）从注水压力分析。在注入过程中注入井存在压力上升情况，但当转注清水后压力有明显下降的现象。对其分析后认为有以下两方面的原因：一是注入流体形成的凝胶球体稳定性差，注入水后在一定的压差下破裂，不能有效封堵孔隙喉道；二是注入液体在48h前，由于地下复杂水系的存在，可能造成注入液体浓度明显下降，使形成的球体浓度低，不能有效地形成封堵段塞，使形成的凝胶球体在低浓度下沿大孔道向前流动，未能有效改变后续注入液体的流动方向，未能扩大波及体积。但注入液体也在一定程度上对大孔道进行了一定的封堵。

# 第二节　中一区馆 4 注聚后石油磺酸盐驱开发试验

## 一、试验区基本情况

### （一）试验目的

试验目的包括验证注聚结束后进行石油磺酸盐驱提高采收率的可行性，探索该方法的开采规律，对增加现有油田的可采储量以及满足长远的油田稳产需要具有重要意义。

### （二）试验区选择

根据试验目的，确定试验区选择原则如下：①聚合物驱已取得明显效果且油井窜聚不严重；②采出程度适中；③流体性质满足石油磺酸盐的要求；④井网完善，无上下层系干扰。

考虑以上几个条件，从即将结束注聚的中一区馆4注聚单元中筛选8个井组作为石油磺酸盐驱的试验区，试验区含油面积1.24km$^2$，有效厚度12.5m，孔隙体积493.4×10$^4$m$^3$，地质储量258.3×10$^4$t（图11-3）。

就以上原则对选择的试验区分别论证。

（1）聚合物驱已取得明显效果，油井窜聚不严重。全区见聚浓度低、范围小，主要分布在见效早、见效好的区域，而未见效区域未见聚，主要分布在Z3-3站、6#站、5#站的西北部。而所选区块聚合物驱见效早、见效好，采收率已提高2.43%，能有效地观察到石油磺酸盐驱矿场效果。2000年7月，试验区见聚井5口，浓度也较低，说明石油磺酸盐注入后，化学剂过早突破的可能性很小。

（2）开发效果适中。至2000年6月，馆4全区采出程度为42.6%，而所选试验区采出程度42.8%。而馆4北部7#站，西部5#站大部分以及Z3-3站的西部采出程度均较低，南部的G1-6站采出程度又太高。

（3）井网完善，层间无干扰。经过注聚以来的不断调整，更新完善，注采井网已经非常完善。而且合采井少，仅两口，新近更新井较多。层间干扰主要考虑由于砂体相连而产生的层间干扰及不同开发单元间的井间干扰。下隔层分布较好，基本在3m以上，上隔层除中14N15附近外，其他也都在3m以上，而中14N15在馆4层位没射孔，能很好地起到隔层的作用。馆3与馆4初期是同一套开发层系，后期分注分采，除合采油井外，没有井间干扰的因素，而馆5可能对试验区油水井产生影响的井在馆4层位没有射孔，所以也不存在井间干扰的可能。

（4）油藏流体性质满足石油磺酸盐驱要求。试验结果表明，钙、镁离子浓度是影响界面张力的主要油藏因素，钙、镁离子浓度越大，体系界面张力越大，当钙、镁离子质量浓度大于130mg/L时，体系界面张力已不满足对体系超低界面的要求。试验区内，目前地层水钙、镁离子质量浓度60~85mg/L。可见，试验区油藏流体性质满足试验要求。

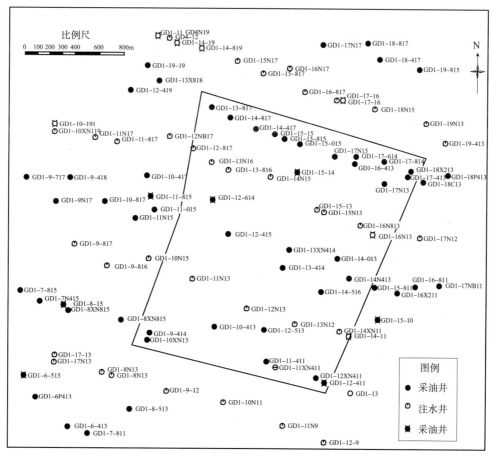

图11-3　中一区馆4石油磺酸盐驱试验井位图

（三）油藏概况

1. 基本地质特征

试验区处于馆4的中部，Z1-16站附近，区内主力层为馆$4^2$、$4^4$层，馆$4^2$层除中9-414

附近尖灭外大片连通，馆4⁴层全区分布。馆4砂层组构造较平缓，地层倾角约1°。试验区西南稍高、东北略低，埋深一般在1210~1248m。

馆4砂层组油层为曲流河流相，其中馆4²、4²层分别出现2、4个沉积期，岩性以粉细砂岩为主，各沉积时间单元岩性自下而上由粗变细，具有明显的正韵律沉积特征。试验区内主要沉积微相有滩脊、凹槽、天然堤及泛滥平原。油层物性好，非均质性强，平均孔隙度为31.9%，空气渗透率为1.674μm²，渗透率变异系数为0.638，原始含油饱和度为61.3%。

馆4砂层组原油物性较好，但受构造变化影响较明显。地下原油黏度一般为50mPa·s左右，地下原油密度为0.894g/cm³，地面原油密度0.957g/cm³，原油凝固点−4~−25℃，原始溶解气油比为32.2m/t，随着油田的开发，原油的黏度和密度缓慢上升。馆4砂层组地层水性质属NaHCO₃型，原始地层水矿化度为4161mg/L，其中钙镁离子浓度为19mg/L，水驱时经过长期的处理污水回注，注聚时以处理后的黄河水稀释注入，产出水的总矿化度为5620mg/L，钙镁离子的浓度增加到76mg/L。

馆4油层压力属于正常压力系统，原始油藏压力为12.35MPa，由于处在构造顶部，局部有气顶存在，饱和压力为10.78MPa，原始地饱压差为1.57MPa。油层温度正异常，原始油层温度为70℃，地温梯度为4.5℃/100m。

2. 开发简况

中一区馆4单元原为馆3-4合采，1971年9月投入开发，1974年9月以270m×300m的反九点方式投入注水开发，1983年10月细分为馆3、馆4合注分采。1987年10月加密井网，馆4分注分采，1997年1月开始投入注聚。与水驱相比，聚合物驱扩大了驱替液的波及体积，起到了明显的降水增油效果。

注入石油磺酸盐前（2001年3月），试验区油井25口，开井23口，日产液量1821t，日产油量270t，综合含水率85.1%，动液面381m。注聚见效井19口，见效率82.6%，实际已累计增油量12.25×10⁴t，已提高采收率4.7%。其中见聚井13口，见聚率56.5%，平均见聚质量浓度50.5mg/L。

## 二、试验方案简介

石油磺酸盐的主要驱油机理是通过降低油水界面张力，提高驱油效率，界面张力试验是驱油体系配方研究的主要内容。通过大量的石油磺酸盐界面张力试验探索及复配助剂稳定性试验筛选，再进行抗钙镁能力试验、乳化实验、驱油试验初步确定驱油体系。

（一）矿场实施方案

1. 配产配注方案

注石油磺酸盐前后，应尽量维持原有的生产状况，油井初期配产应尽量与注聚时保持一致，配注时考虑到速度快易造成石油磺酸盐溶液的过早突破，影响试验效果，因此试验区注入速度采用略低于注聚时注入速度为宜。注聚结束前两个月（即2000年5月及6月）的平均注入速度为1550m³/d，因此试验区内方案确定采用注入速度1500m³/d。水井单井配注按井组砂体孔隙体积大小，并结合实际注采状况综合考虑，进行调整。

2. 注入方案

根据室内实验及数模优化结果，矿场采用0.3%SLPS（石油磺酸盐）+0.1%京大1#助剂复合驱油体系，注入段塞0.15PV。

矿场自2000年10月份开始注入，计划日注石油磺酸盐4.5t，助剂日用量1.5t，化学剂分三年注入，各年药剂分配如表11-4所示，总计石油磺酸盐用量2221t，助剂用量742t。

表 11-4 化学剂年度计划表

| 年份 | 2000 | 2001 | 2002 | 合计 |
|---|---|---|---|---|
| 磺酸盐 /t | 370 | 1481 | 370 | 2221 |
| 助剂 /t | 124 | 494 | 124 | 742 |
| 注入天数 /d | 84 | 330 | 83 | 497 |

（二）方案指标预测

根据方案优化，浓度0.4%、段塞0.15PV，注入时机取注聚合物结束时立即注入石油磺酸盐，预测可比聚合物驱提高采收率2.83%，最低含水比聚合物驱可持续下降2至3个百分点。预计增油量7.31×10⁴t，分年度增油如图11-4所示。

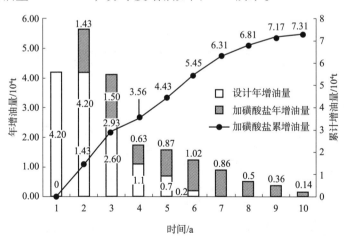

图 11-4 中一区馆4石油磺酸盐驱试验年增油预测曲线

## 三、试验实施

试验区2001年4月18日开始注入，至2002年9月26日结束注入，注入527d，共注入0.169PV，完成设计的112.6%，注入石油磺酸盐用量2212.3t，浓度为0.27%；助剂用量771.2t，质量分数为0.09%，如表11-5所示。

表 11-5  石油磺酸盐试验区注入情况表

| 项目 | | 方案设计 | 实际注入 | 完成百分数 |
|---|---|---|---|---|
| 注入液量 | $10^4m^3$ | 74.01 | 83.32 | 112.6 |
| 注入PV | PV | 0.15 | 0.169 | 112.7 |
| 注入石油磺酸盐 | t | 2221 | 2212.3 | 99.6 |
| 注入助剂 | t | 742 | 771.2 | 103.9 |
| 石油磺酸盐浓度 | % | 0.3 | 0.27 | 89 |
| 助剂浓度 | % | 0.1 | 0.09 | 93 |

注入石油磺酸盐后，试验区油压变化较大，2001年4月份到6月份是油压下降阶段，7~8月对试验区4口注入井（12N13、13-816、15N13、16NB13）进行调剖，油压由最低的5.3MPa上升到8.3MPa，上升了3MPa。从2001年12月开始油压逐渐下降，油压在连续下降3个月后，基本保持平稳，平均为7.2MPa。

## 四、试验效果及主要认识

试验区油井的开发形势与馆4整体开发形势保持一致，注入前后对比，试验区日产油量由269t下降到172t，下降幅度36.1%，馆4剩余水驱部分日产油量由1460t下降到996t，下降幅度31.8%；试验区综合含水率由84.9%上升到92.4%，上升幅度8.83%，馆4剩余水驱部分综合含水率由86.0%上升到90.8%，上升幅度5.6%（图11-5、图11-6）。

通过对比可以看出石油磺酸盐试验区效果不明显，没有取得突破性进展。分析原因主要是注入的石油磺酸盐封堵能力差，只能沿原来的高渗条带渗流，不能波及聚合物驱驱替效果差的剩余油富集区域，注聚后单一降低界面张力的化学驱无法继续大幅度提高采收率。

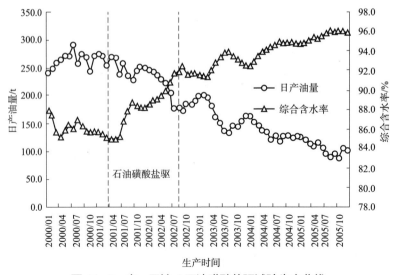

图 11-5  中一区馆4石油磺酸盐驱试验生产曲线

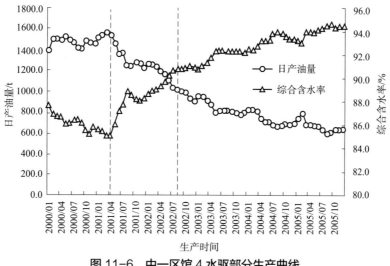

图 11-6　中一区馆 4 水驱部分生产曲线

# 第三节　中 28-8 井组强化泡沫驱单井试注开发试验

## 一、试验区基本情况

### （一）试验目的

泡沫驱体系视黏度高、封堵调剖能力强，封堵能力随渗透率的增大而增大，对油水的封堵具有选择性，且具有提高驱油效率的作用。强化泡沫则是在泡沫体系中加入了聚合物，体系的稳定性进一步加强，驱油效果进一步提高。

开展强化泡沫驱单井注入性试验的目的是研究油藏条件下强化泡沫的稳定性、注入性及封堵调剖能力，为强化泡沫驱先导试验注入参数设计提供矿场依据，研究泡沫驱油开发规律，为改善聚合物驱效果、开发高温高盐油藏及聚合物驱后提高采收率技术探索新途径。

### （二）试验区基本情况

选取孤岛油田中二中馆 3-4 注聚单元的聚窜现象较为严重的中 28-8 作为单井试注试验井（图 11-7）。中 28-8 井区位于孤岛油田中二区中部馆 3-4 单元南部，与中二区南部区块相邻，该井区受效油井有 6 口，其中一线井 12 口，二线油井 4 口。井区主力油层为馆 $3^3$、馆 $3^5$、馆 $4^2$、馆 $4^4$ 四个小层，含油面积 0.16km²，平均有效厚度 20m，地质储量 $34 \times 10^4$t。渗透率 1300~1800μm²，地层水矿化度 6100mg/L，地下原油黏度 60mPa·s 左右。

中 28-8 井于 1975 年 11 月转注，注水层为馆 $4^2$、$4^4$，2001 年 11 月补孔馆 $3^3$ 层，转注聚前累计注水量 $95.34 \times 10^4$m³。2002 年 1 月开始注聚，试验前，中 28-8 井注入聚合物干粉量102t，日注水量148m³，注入质量浓度2300mg/L，油压从5.8MPa上升到7.0MPa。

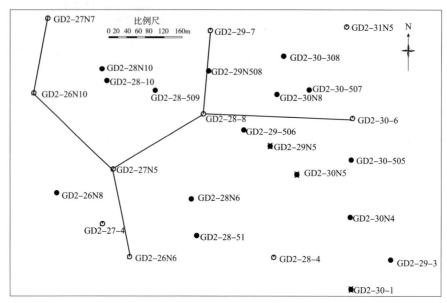

图 11-7　中 28-8 井区强化泡沫驱井位图

2002年7月，对应油井中距离最近的中29-506井在未见效的情况下见聚，聚合物浓度达到1224mg/L；2002年10月至2003年3月，另外两口油井中28-509和中30-507陆续见效，但见效后普遍表现出综合含水率下降幅度小、回返速度快、有效期短，同时伴随高见聚，平均见聚质量浓度最高为561mg/L。到2003年4月，16口对应油井中开井15口，日液水平1400t，日油水平84.3t，综合含水率94.0%。同注聚前相比，综合含水上升0.1%，日油水平下降18.5t。注聚后，该井区综合含水率居高不下，没有见到增油效果。同时中28-8井注水压力下降，由7.0MPa下降到5.4MPa。中28-8井区油层非均质性较强，窜聚较严重，大孔道相对发育，井区具有十分明显的聚窜现象，聚合物驱降水增油效果较差。将中28-8井选为强化泡沫驱试验井，以研究油藏条件下强化泡沫体系的封堵调剖能力和驱油效果。该注聚井受效油井有6口，对应的受效油井分别是中28-509、中28N6、中29N508、中29-506、中30-308、中30N8，各井的层位对应关系如表11-6所示。

表 11-6　强化泡沫驱单井试注井组生产井层位统计表

| 井号 | 目前层位 |
| --- | --- |
| 中 28-8 | 馆 $3^3$、$4^2$、$4^4$ |
| 中 28-509 | 馆 $3^5$、$4^2$ |
| 中 28N6 | 馆 $4^2$ |
| 中 29N508 | 馆 $3^3$ |
| 中 29-506 | 馆 $4^2$ |
| 中 30-308 | 馆 $3^3$、$4^2$、$4^4$ |
| 中 30N8 | 馆 $4^2$ |

## 二、试验方案简介

根据室内实验结果及矿场实际情况，设计注入周期为180d，分为前置段塞及主段塞两部分：前置段塞注入时间为10d，主段塞为170d。试验结束后转入正常聚合物驱。

前置段塞：注入时间10d，配注150m³/d，聚合物质量浓度1800mg/L，泡沫剂质量分数1.5%。主段塞：注入时间170d，按气液比1:1注入强化泡沫体系，日注入氮气量7700m³（标准），聚合物质量浓度1800mg/L，泡沫剂质量分数0.75%。

共计注入量：氮气130.9×10⁴m³（标准），聚合物28.5t，泡沫剂118t。

## 三、试验实施

前置段塞从2003年4月24日开始至5月4日结束，现场采用药剂泵将泡沫剂加入注聚泵进口的方式，累计加入泡沫剂量12.01t，完成设计的100%；主段塞从5月5日开始，现场采用氮气和聚合物从油管交替注入方式。

2004年3月完成现场注入，累计注入氮气量114.2×10⁴m³，完成设计的87.2%，泡沫剂量274.3t，完成设计的232.46%，累计注入聚合物量57.4t，完成设计的201.4%（表11-7）。

表 11-7 中 28-8 井强化泡沫驱段塞完成情况

| 段塞设计 | 泡沫剂/t | | 完成/% | 聚合物/t | | 完成/% | 氮气/10⁴m³ | | 完成/% |
|---|---|---|---|---|---|---|---|---|---|
| | 计划 | 实际 | | 计划 | 实际 | | 计划 | 实际 | |
| 前置段塞 | 12 | 12.01 | | | 4.25 | | | | |
| 主段塞 | 106 | 262.29 | | | 53.15 | | 131 | 114.2 | |
| 合计 | 118 | 274.3 | 232.46 | 28.5 | 57.4 | 201.4 | 131 | 114.2 | 87.2 |

监测资料显示，井区动态具有明显的强化泡沫驱受效特征，主要表现在以下几个方面。

### 1. 注入压力上升

中28-8井，试验前井口压力6.0MPa，2003年3月注入泡沫后井口压力基本在7.2MPa左右，8月底停止注入氮气后，井口压力下降到5.7MPa左右，10月恢复注氮气后，井口压力上升到6.3MPa左右。注入井井口压力同单纯注聚时的相比高0.7~1.2MPa。

### 2. 单方向严重气窜

试验前井区平均动液面246.5m，注入泡沫后井区内油井的动液面不断上升，到2004年3月平均动液面204.3m，回升了42.2m；平均套压也由试验前的0.91MPa最高上升到3.01MPa，上升了2.1MPa。随着试验时间的延长，注入泡沫体积不断增加，地层压力不断上升，2004年5月平均地层压力为11.45MPa，比试验前上升了1.44MPa。随着套压快速上升，日产液量也大幅度上升，日产气量也快速飙升，如中30N5井日产气量由244m³上

137

升到4514m³，产出气组分分析几口井的氮气含量在30%以上，井区内出现严重气窜现象。气窜导致的脱气会减少泡沫剂的发泡数量，降低泡沫体系的强度，影响驱油效果，为此对气窜的原因进行了分析，其原因主要为以下几方面。

（1）现场无法采用与方案设计相符的注入方式。按设计要求，氮气、泡沫剂和聚合物溶液同时从油管中注入，但在实施过程中，受现场条件的限制，注入油压达到了12.5MPa，只好改为反注，但仍然注不进去，而采用了气液交替注入，即氮气和聚合物泡沫剂分段塞交替注入。在这种注入方式下，氮气与泡沫剂的融合较差，不仅降低了泡沫体系强度，同时高压下注入的氮气在地层中流动速度加快，导致了窜流的形成。

（2）层间、平面采液状况差异大，加剧了气窜速度。相比较而言，馆$4^4$层油井较分散，与水井井距较远，采液量低；而馆$4^2$层油井分布集中，且采液量高。并且，馆$4^2$层油井在东南方向集中分布，油井与水井多呈线性分布。因此馆$4^2$层油井气窜时间早、井数多。

（3）构造高点是气窜方向。由于氮气的密度小于液体的，因此必然是向构造高部位流动。中28-8井区无论是馆$4^2$层，还是馆$4^4$层，其微构造特征都是南高北低，有大约5°的地层倾角，因此，气窜井均位于28-8井区东南方向。

3. 气窜治理

为了有效控制气窜，结合生产井动态对气液比进行了调整，在1:1的基础上先后尝试了0.6:1、0.4:1、0.2:1等几种比例，以及氮气泡沫剂混注等多种注入方式。调整气液比后，日注入氮气的数量下降，注入压力下降，气窜现象逐步消失，有利于进一步提高驱油效率。

## 四、试验效果及主要认识

2003年9月开始，中28-8井区油井陆续见效，综合含水率下降。日产油量由84t最高上升到153t，上升了69t；综合含水率由94.0%最低下降到89.0%，下降了5.0个百分点（图11-8）。

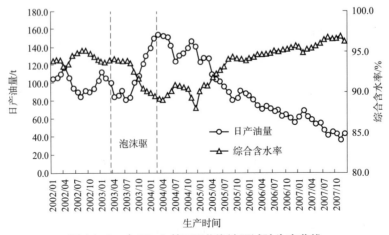

图11-8　中28-8井区强化泡沫驱试验生产曲线

泡沫驱试验开采特征主要表现为：（1）中28-8井层间吸水状况得到明显改善，大大提高了储量纵向动用程度。中28-8井注水和注聚时，馆$3^3$层和馆$4^4$层基本不吸水。注泡沫后馆$4^4$层的吸水量显著增加，2003年6月测试吸水剖面，发现馆$3^3$层相对吸水量0.73%，馆$4^2$层相对吸水量58.14%，馆$4^4$层相对吸水量41.13%。（2）增加了聚合物的波及体积，进一步提高了油层储量动用程度。强化泡沫驱方案最初设计受效井只有井距较近的7口，随着试验的不断深入，处于二线位置的中30N5井，甚至更远的中30N4井也见到明显效果。由此可见，强化泡沫驱的波及体积远大于聚合物驱的波及体积。

截至2004年12月，共有受效油井数13口，开井数10口，日产液量1031.0t，日产油量118.0t，平均单井日产液量103.1t，平均单井日产油量11.8t，综合含水率88.6%。与试验前2003年3月相比，中28-8井区综合含水率下降了4.3%，日产油量增加65t，已累计增油量15658t，平均单井日产油量由5.2t增加到11.8t，增加了6.6t/d，取得了一定的试验效果。

同时，该井区内的见聚井数增加到5口，平均见聚质量浓度454mg/L，其中GD2-30N8井的见聚质量浓度最高，为648mg/L。

# 第四节　中一区馆3聚合物驱后二元复合驱先导开发试验

## 一、试验区基本情况

### （一）试验目的

研究聚合物驱后矿场操作性强、经济效益好的二元复合驱条件下油层开采动态变化特点、油水运动规律及影响因素，对二元复合驱的适用性及效果进行综合评价，试验结果具有普遍推广意义，以期为矿场大规模应用提供依据。

### （二）试验区选择

根据试验目的，确定选区原则如下：①试验区有代表性，聚合物驱基本结束，降水增油效果显著，生产特征符合胜利油区聚合物驱的一般开采规律；②油层地质情况清楚，油层发育良好，油砂体分布稳定，连通性好，储层非均质程度适中；③储层流体性质（地层原油黏度、地层水矿化度等）、油层温度适中；④采用常规开发井网，井网和注采系统相对完善，注采对应率和多向受效率高，井况良好，中心受效井多。

综合孤岛油田中一区馆3油藏条件、流体条件及开发状况，中一区馆3的开发状况好，且聚合物驱的降水增油效果显著，其动态变化规律符合胜利油田聚合物驱开发的一般规律，且油层发育好，井网完善，井况良好，没有明显的大孔道窜流，层间干扰不严重，因此确定在孤岛油田的中一区馆3单元筛选复合驱试验区。

根据选区原则，结合地面聚合物配注站的分布及其他先导试验的要求，综合考虑聚合物驱试验区的油藏地质、井网井况、开发状况等因素，选取了试验区。试验区位于中一区馆3单元的东部，含油面积4.1km²，石油地质储量1170×10⁴t，包括聚合物先导区和扩大区的中1-16、中3-3两个配置站管辖的区域（图11-9）。

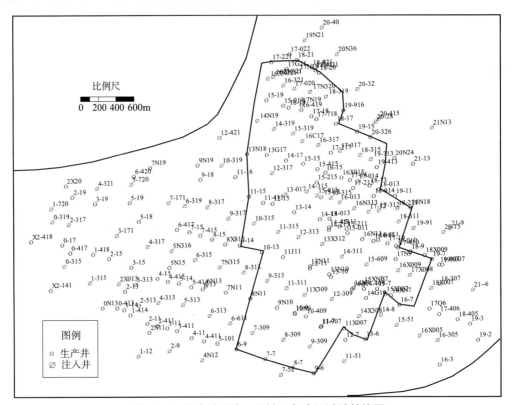

**图 11-9　孤岛油田中一区馆 3 复合驱试验井位图**

### （三）油藏概况

#### 1. 地质简况

试验区含油层系为上馆陶组的馆3砂层组，为高渗透、高饱和度、中高黏度、河流相沉积的疏松砂岩亲水油藏，油藏埋藏浅，南高北低，埋深1173~1230m。试验区油层物性好，胶结疏松，出砂严重。油层为河流相正韵律沉积，非均质性严重，渗透率变异系数0.538，孔隙度33%，空气渗透率1.5~2.5μm²。

馆陶组油藏原油为高黏度、高密度、高饱和压力、低含蜡、低凝固点的沥青基石油。馆3砂层组地面原油密度平均0.954g/cm³，地下原油密度0.8012g/cm³，地面原油黏度400~2000mPa·s，地下原油黏度46.3mPa·s。地层水属NaHCO₃型，开发初期总矿化度为

3850mg/L，由于注入水为产出水处理后回注，使产出水矿化度逐渐增加，平均总矿化度5923mg/L，回注污水总矿化度6188mg/L。

2. 开发简况

该单元于1971年9月投产，1974年9月投入注水开发，馆3-4经过1983年和1987年两次井网调整，形成270m×300m的馆3和馆4分注分采的行列井网。1992年10月和1994年11月分别开展了聚合物驱先导试验和扩大试验，2000年9月馆3西北部剩余部分也进行了聚合物驱。与水驱相比，聚合物驱扩大了驱替液的波及体积，降水增油效果十分明显，先导区和扩大区分别已提高采收率19.7%和10.1%。当前，综合含水率已回升到注聚前的水平。

截至2005年12月，试验区共有油井75口，开井66口，日产液量6689t，日产油量223t，综合含水率96.8%，采出程度53.1%；注水井40口，开井39口，日注水量5845m³，注入压力9.2MPa，月注采比1.13，累计注采比1.05。

## 二、试验方案简介

经过多年的室内研究和矿场实践，表面活性剂+聚合物的二元复合驱，既可发挥表面活性剂降低界面张力的作用，又可发挥聚合物在流度控制、防止或减少化学剂段塞的窜流方面的作用，协同效应显著。

### （一）复合驱油体系配方设计

综合室内实验，推荐复合驱油配方为：0.3%SPS-1+0.1%P17909+0.17%PAM，注入段塞0.3PV。与孤东七区西二元复合驱配方相比，该体系除可达到超低界面张力以外，由于提高了聚合物浓度，更加适合于孤岛中一区馆3聚合物驱后提高采收率的要求，聚合物驱后仍可大幅度提高采收率。

### （二）矿场实施方案

根据试验目的层开采现状和水淹特点，充分考虑实际油藏的平面非均质以及高渗透条带的存在，为减缓复合驱油剂在油层中的"指进"和"窜流"，在复合驱主体段塞前设置预交联体调剖段塞，主体段塞后设计聚合物保护段塞（表11-8）。

矿场注入方案为采用清水配置母液、污水稀释注入，注入段塞为三段塞注入方式。前置调剖段塞：0.1PV×（2000mg/L预交联体+500mg/L聚合物）；二元主体段塞：0.3PV×（0.3%石油磺酸盐+0.1%表面活性剂1709+1700mg/L聚合物）；后置保护段塞：0.05PV×1500mg/L聚合物；注入速度：0.10PV/a。

表 11-8　复合驱注入方案设计

| 段塞 | 段塞尺寸/PV | 注入液量/$10^4 m^3$ | 石油磺酸盐 质量分数/% | 石油磺酸盐 用量/t | 表活剂1709 质量分数/% | 表活剂1709 用量/t | 聚合物 质量浓度/(mg/L) | 聚合物 用量/t | 预交联体 质量浓度/(mg/L) | 预交联体 用量/t | 连续注入时间/d |
|---|---|---|---|---|---|---|---|---|---|---|---|
| 一 | 0.1 | 205.6 | | | | | 500 | 1142 | 2000 | 4570 | 316 |
| 二 | 0.3 | 616.9 | 0.3 | 18504 | 0.1 | 6168 | 1700 | 11651 | | | 948 |
| 三 | 0.05 | 102.8 | | | | | 1500 | 1713 | | | 158 |
| 合计 | 0.45 | 925.2 | | 18504 | | 6168 | | 14506 | | 4570 | 1422 |

合计共需注入溶液 $926 \times 10^4 m^3$，聚合物干粉用量14506t，石油磺酸盐用量18504t，表面活性剂1709用量6168t，预交联体用量4570t，需连续注入1422d。各化学剂分年度设计用量如表11-9所示。

表 11-9　化学剂分年度投入表

| 时间项目 | 第一年（半年） | 第二年 | 第三年 | 第四年 | 第五年 | 合计 |
|---|---|---|---|---|---|---|
| 溶液 /$10^4 m^3$ | 107 | 215 | 215 | 215 | 174 | 926 |
| 石油磺酸盐 /t | | 3494 | 6441 | 6441 | 2128 | 18504 |
| 表活剂1709/t | | 1165 | 2147 | 2147 | 709 | 6168 |
| 聚合物 /t | 596 | 2745 | 4056 | 4056 | 3053 | 14506 |
| 预交联体 /t | 2386 | 2184 | | | | 4570 |

（三）实施效果预测

根据数值模拟预测，矿场实施综合含水率最低可降到89.2%（图11-10），提高采收率6.1%，增产原油量 $71.4 \times 10^4 t$，有效期为10年，注入第二年开始见效，第三至第五年为见效高峰期（图11-11）。

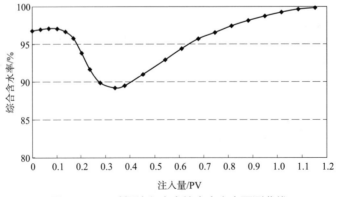

图 11-10　矿场注入方案综合含水率预测曲线

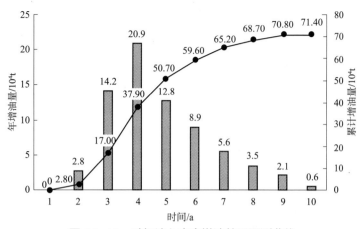

图 11-11 矿场注入方案增油效果预测曲线

## 三、试验实施

方案设计分两批实施。第一批：北部含油面积 1.9 km²、石油地质储量 475 × 10⁴t，设计注入井 21 口，受效生产井 32 口；第二批：南部含油面积 2.2 km²、石油地质储量 695 × 10⁴t，注入井 19 口，受益生产井 43 口。中一区馆 3 二元复合驱试验区于 2006 年 12 月 20 日开始投入注聚，2007 年 12 月 19 日转入第二段塞，根据馆 3 整体工作安排，优化筛选 2 个井组 5 口井保留注二元，其余 11 口水井 2010 年 1 月转后续注水。2010 年 11 月 1 日剩余二元停注，转入后续水驱。到 2010 年 10 月底，累计注入时间 1412d，完成段塞尺寸 0.42PV，完成设计的 98.5%，设计注入量 664PV·（mg/L），已完成 559PV·（mg/L），完成设计的 84.2%。聚合物用量 5254t，完成设计的 84.3%；预交联体用量 2180t，完成设计的 114.6%；石油磺酸盐用量 7778t，完成设计的 103.2%；表活剂用量 3039t，完成设计的 121%。

先导试验实施后，加强跟踪分析，并及时调整注入配方，确保了试验的顺利进行。初期对油压上升幅度小于 1.5MPa 的注入井提高注入浓度，聚合物 × 预交联体质量浓度由 1000mg/L × 1500mg/L 调整为 800mg/L × 2000mg/L；对注入压力高的区域适当降低注聚浓度，由 1000mg/L 降至 600mg/L；对 3 口井（中 16C17、中 18-315、中 17-317）找漏补漏，保证单元开发形势相对平稳。注入聚合物和预交联体混合液后，注入井启动压力明显上升，吸聚剖面反映层间和层内吸水状况得到了初步改善。注入过程中针对部分水井由于油压高造成欠注的问题，2009 年实施了治理，对北部动液面低（油压高）井区降低聚合物质量浓度增加配注量，对南部动液面高（油压低）井区增加注聚浓度，降低配注量；单元注入浓度由 1695mg/L 调整到 2143mg/L，日配注量由 2860m³ 调整到 2890m³。转入第二段塞后，试验区油压稳步上升，一年后由 7.3MPa 上升到 9.5MPa 左右，上升了 2.2MPa，2008 年年底有所下降，2009 年治理后恢复到 9.5MPa 左右，一直保持到注二元结束，注入形势平稳。

## 四、试验效果及主要认识

2008年6月以来，馆3二元复合驱试验区日产液量、日产油量呈上升势头。与注二元前对比，日产油量由85t上升到126t，上升了41t，最高上升到149t，上升了64t；综合含水率由97.5%下降到95.5%，下降了2.0个百分点，最低下降到94.8%，下降了2.7个百分点（图11-12）。

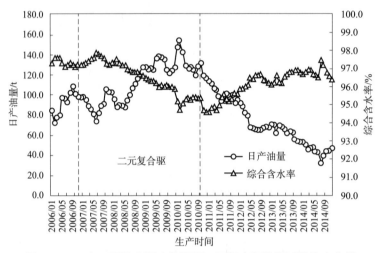

图 11-12 　中一区馆 3 聚合物驱后二元复合驱先导试验生产曲线

至2014年采收率提高1.9%，远远低于方案设计。主要是因为聚合物驱后油层非均质性进一步加大，原来的主流线大孔道已经形成，单独聚合物+表面活性剂的复合驱油体系封堵能力不够，没有改变原来的流线方向。

# 第五节　中一区馆 3 聚合物驱后微生物驱油先导开发试验

## 一、试验区基本情况

### （一）试验目的

微生物具有趋界面效应，以及洗油、微观调剖、产生物气等多种启动残余油的机理，利用微生物驱油技术具有的成本低、不伤害地层、环境友好、产出液不需特殊处理等优点，在中一区馆3开展聚合物驱后微生物驱油先导试验，以期为胜利油田聚合物驱后油田开发提供新的技术路径。

（二）试验区选择

根据微生物驱油技术特点和本次先导试验的目的，筛选聚合物驱后微生物驱油试验油藏遵循以下原则：①所选区块实施过聚合物驱油，聚合物驱取得成功且注聚见效期已经结束，符合胜利油区聚合物驱的一般开采规律；②储层主要物性及流体参数符合微生物驱油技术筛选标准的最佳范围；③油层地质情况清楚，油层发育良好，油砂体连通性好，储层非均质程度适中，井网完善、油水井对应关系明确；④油藏流体中微生物种类丰富，油藏条件适于微生物生长。

根据微生物驱油技术的适用范围和试验区的筛选原则，将孤岛油田中一区馆3作为本次试验的目标区块，该区块具有以下特点：①该区块1994年实施聚合物驱油并取得显著效果，1997年转后续水驱，后续水驱时间较长，在聚驱油藏中具有较好的代表性；②油藏埋深1192~1229m，原始油藏温度69℃，对细菌的生长繁殖影响小，在微生物驱油获得成功后，有利于扩大规模；③聚驱效果已经结束，水驱动态稳定，有利于评价微生物试验效果；④井网较完善，有利于微生物发挥驱替作用。

根据油藏地质对比和生产动态分析，选定中一区馆3西部的中7N11井区（图11-13）为本方案试验区。试验区含油面积0.86km²，有效厚度10.4m，地质储量164.9×10⁴t。油井14口，中心井2口，边角井2口，网外井1口，外围井9口，水井8口。

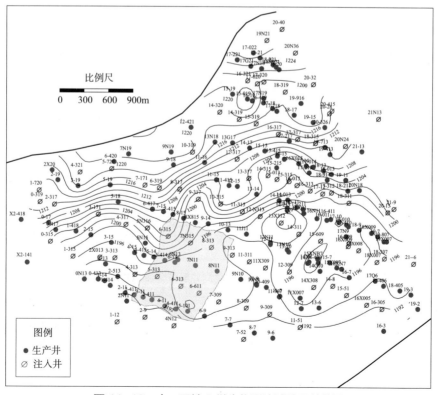

图 11-13　中一区馆 3 微生物驱油试验区井位图

（三）油藏概况

1. 地质概况

孤岛油田中一区馆3微生物驱油试验区含油层系为上馆陶组的馆3砂层组，为高渗透、高饱和度、中高黏度、河流相沉积的疏松砂岩亲水油藏，油藏埋藏浅，南高北低，埋深1173~1230m，油藏温度69℃。试验区油层胶结疏松，出砂严重。油层为河流相正韵律沉积，平面非均质性严重，渗透率变异系数0.538，孔隙度33%，空气渗透率1.5~2.5$\mu m^2$。

2. 开发简况

中一区馆3单元于1971年10月投产，1974年9月投入注水开发，1983年细分层系形成270m×300m合注分采的行列注采井网，1987年10月强化注采井网形成了馆3、馆4分注分采的行列注采井网。1992年10月和1994年12月先后开展了聚合物驱先导试验区和扩大区，降水增油效果十分明显，先导区和扩大区分别已提高采收率19.7%和10.1%。

截至2007年6月，微生物驱试验区共有油井14口，开井13口，日产油量48.3t，日产液量1412.6t，单井日产液量108.7t，单井日产油量3.7t，综合含水率96.6%，采出程度53.1%；注水井8口，开井8口，日注水量1091.3m³，单井日注量136.4m³。

试验区供液能力较强，动液面较浅，除GD1-5-414动液面在905m外，有2口中心井动液面在150m以上，11口油井的动液面在400m以上。油井主要问题是含水特别高，除GD1-5G13外，综合含水率均大于96%。因此，控制油井含水，是本方案需要解决的主要矛盾。

3. 试验区剩余油分布

统计试验区2000年以后12口新井测井解释含油饱和度，馆3³、3⁴、3⁵含油饱和度分别为40.5%、42.5%、39.4%。新井所在位置在油井排或井排间，总体看，油层中上部剩余油饱和度高，馆3³、3⁴层新井位于油井排分流线上，距周围邻井150m，井距较大，剩余油相对富集含油饱和度较高。馆3⁵层新井位于油水井间，其剩余油饱和度高于油井排上井的，主要原因是3⁵层油井排上新井距周围老井较近，动用程度好，水淹较强，而井排间油层上部动用较差（表11-10、图11-14）。

表11-10　微生物试验区新井测井解释含油饱和度统计表

| 新井位置 | 层位 | 馆3³ | | | | 馆3⁴ | | | | 馆3⁵ | | | |
|---|---|---|---|---|---|---|---|---|---|---|---|---|---|
| | 层内位置 | 统计层数 | 上 | 中 | 下 | 统计层数 | 上 | 中 | 下 | 统计层数 | 上 | 中 | 下 |
| 油井排 | 含油饱和度/% | 4 | 32.25 | 49.63 | 26.25 | 4 | 19.71 | 50.53 | 27.38 | 6 | 28.44 | 35.65 | 24.71 |
| 井排间 | 含油饱和度/% | 2 | 27.94 | 47.52 | 34.86 | 2 | 30.96 | 27.94 | 17.51 | 4 | 42.07 | 45.06 | 34.14 |

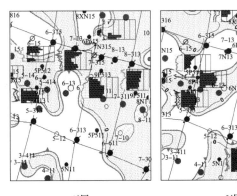

3³层　　　　　　　3⁴层　　　　　　　3⁵层

图 11-14　试验区 3³ 层、3⁴ 层、3⁵ 层新井裸眼测井含油饱和度分布

试验区剩余油分布具有如下特点：①厚油层顶部剩余油分布较多；②油井井排附近，尤其是油井之间部位剩余油富集；③井网控制不住的区域，注采系统不太完善，也是剩余油的主要分布部位；④注聚后减小了剩余油饱和度，使剩余油更加分散。

综合上述分析，中一区馆 3 微生物试验区的剩余油分布规律与全区的一致，平面上主要分布于油井井排和水井井排间的分流线上。纵向上，下部高渗透层水淹严重，剩余油含量稀少，主要以附膜油、盲孔油等"死油"状态存在；上部低渗透层剩余油饱和度较高，是提高采收率技术的潜力所在。

## 二、试验方案简介

在室内研究的基础上，对现场微生物注入方式和注入量进行数值模拟优化，并对配气工艺进行优化，编制现场实施方案。

### （一）注微生物前油藏准备工作

试验区 6 口注水井，3 口分层注水，3 口单注馆 3⁵。为防止微生物窜流，对已经分层注水的井实施分注有效率检查，确保微生物有效注入目的层。

方案实施前现场准备要求：一是对层系合采的馆 3 生产井采取归位调整，防止层间干扰；二是对有窜漏存在的下层系水井采取卡双封措施，防止下层系注入水窜漏。油井实施扶井、检泵、丢封、上返等工作量共计 12 井次，水井实施灰封、换双封、示踪剂、调剖等工作量共计 6 井次。

### （二）油水井配产配注

#### 1. 配产配注依据及原则

由试验区油藏动、静态资料和示踪剂监测结果表明，试验区连通情况较好，水流速度较快。而微生物驱油作用时间长，为满足微生物驱油技术需求，除了水井调剖外，需降低配产配注，从而降低水线推进速度，确保微生物在油藏中作用时间。为此，确定了配产配注的原则，主要包括以下几方面：①根据目前注水实际情况以及方案优化的最佳注入速度，确定注入速度；②为了防止微生物快速窜流，给微生物尽可能长的滞留时间，在微生物注入初期注采比降低到0.8，半年后再恢复到1.0；③单井配产配注根据各井区剩余储量和目前的生产能力进行调整；④全区及单井配注不超过其最大注入能力。

根据上述原则，试验区油井生产参数不变，保持目前生产状态生产。

2. 配注配产结果

根据方案要求，试验区8口井，注6口井，中7-13和中8-13井在微生物驱试验期间停注，其余6口注水井初期配注量750m³，注采比0.8。本配注执行6个月，之后根据生产情况再调整配注，注采比保持1.0左右。

为保持试验区的相对独立性，对试验区外围注水井在试验期间进行适当的配注调整，确保试验区内外注采均衡。

（三）微生物注入工艺设计

与化学驱不同，微生物驱油见效缓慢。微生物驱油见效，首先是注入的微生物适应油藏环境后，再生长繁殖，或者注入的激活剂激活油藏的本源微生物，当油藏形成微生物优势后再起到驱油效果，这一过程通常也在10d以上。因此，微生物驱油必须尽量延长微生物在油藏中的滞留时间，防止微生物快速流失。而试验区存在高孔高渗透的问题，为此，本方案设计以下三条对策：①注微生物前试验区整体深部调剖；②先注一个高浓度微生物段塞；③试验初期尽量降低注水量和油井产液量。现场注入实施过程如表11-11所示。

表 11-11　微生物现场注入方案

| 工序 | 时间 | 施工内容 |
|---|---|---|
| 调剖段塞 | 110 天 | 206t 质量浓度为 3000mg/L 的聚合物微球 |
| 注入前 | 3 天 | 油井下调生产参数，降低采液强度，水井按原配注量注水 |
| 首次大剂量注入微生物 | 4 天 | 一次注入生物制剂累计218m³，菌液注入量43.6m³，营养液注入量174.4m³，6口注水井的单井微生物注入量分配如表11-12所示。水井按原配注量注水 |
| 降低推进速度 | 20 天 | 注水井下调注水量，注微生物 5.45m³/d，共注微生物制剂 109m³，不配气 |
| 正常注入 | 41 月 | 注微生物，配气。油井恢复正常生产参数 |

第一步，聚合物微球调剖。

深部调剖段塞：聚合物微球206t，初始注入质量浓度为3000mg/L，按配注量的比例分配到各单井。根据压力上升率调整注入浓度和注入速度。

第二步，注微生物制剂。

第一段塞为大剂量微生物段塞，注入厌氧微生物，具体参数如表11-12所示。

表 11-12　首次大剂量注入微生物分注量

| 井号 | 6-315 | 5-313 | 6-313 | 7N315 | 8-313 | 6-611 | 合计 |
|---|---|---|---|---|---|---|---|
| 注微生物初配 /m³ | 150 | 160 | 80 | 150 | 160 | 130 | 830 |
| 菌液注入量 /t | 8.0 | 8.5 | 4.2 | 8.0 | 8.5 | 6.9 | 44.1 |
| 激活剂注入量 /t | 31.4 | 33.5 | 16.8 | 31.4 | 33.5 | 27.3 | 173.9 |

第二段塞为厌氧微生物段塞：6口注水井下调配注量到$20m^3$/d，减缓微生物推进速度，每天注入$5.45m^3$厌氧微生物，共注$109m^3$微生物制剂，连续施工20d。

第三段塞为微生物主段塞：前2d大剂量注入好氧微生物$100m^3$，以后正常注入。

生物需氧量：菌液与空气配比为1:150（标况），设计空气日注入量为$820Nm^3$。

累计注入菌液量$1350m^3$，激活剂量$5400m^3$，聚合物微球量206t。完成方案全部注入量预计1315d（43.8月，约3年8个月）。各微生物制剂分年度设计用量如表11-13所示。

表 11-13　微生物制剂分年度投入表

| 项目 | 时间 | | | | |
|---|---|---|---|---|---|
| | 第一年（6个月） | 第二年 | 第三年 | 第四年 | 合计 |
| 菌液 /m³ | 231 | 373 | 373 | 373 | 1350 |
| 激活剂 /m³ | 922 | 1493 | 1493 | 1492 | 5400 |
| 聚合物微球 /t | 206 | | | | 206 |

微生物驱油试验要求现场禁用杀菌剂。微生物驱实施方案如表11-14所示。

表 11-14　微生物驱方案

| 阶段 | 时间 | 注入方式 |
|---|---|---|
| 前期调剖段塞 | 110 天 | 聚合物微球 206t |
| 微生物启动段塞 | 24 天 | 注入菌液 153t，激活剂 174t |
| 微生物主段塞 | 41 月 | 连续注入方式，每天注入菌液 1.08t，激活剂 4.36t，配注空气 820Nm³ |

（四）方案效果预测

根据物模驱油实验和数值模拟预测，矿场实施预计可提高采收率3.0%，累计增产原油量$4.95\times10^4$t，有效期为7年，注入第二年开始见效，第三至第五年为见效高峰期（图11-15）。

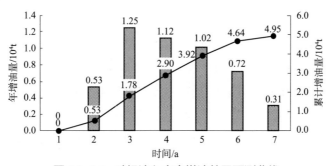

图 11-15　矿场注入方案增油效果预测曲线

### 三、试验实施

2008年7月启动现场试验，微生物制剂于2008年11月6日开始注入，试验前对4口井进行了微球调剖，油压上升到0.4~1.2MPa，11月开始注入微生物主段塞，2012年8月1日停注。共经历了5个注入阶段。前面3个阶段按方案进行，后面2个阶段是根据现场情况进行的调整（表11–15）。

表 11–15　中一区馆 3 微生物驱阶段划分表

| 阶段 | 时间 | 注入方式 |
|---|---|---|
| 前期调剖 | 2008.07.10~11.05 | 聚合物微球调剖 185t |
| 微生物启动阶段 | 2008.11.06~11.30 | 注入菌液 165.5t，激活剂 186.9t |
| 连续注入阶段 | 2008.12.01~2010.09.20 | 每天注入菌液 1.08t，激活剂 4.36t。共注入菌液 701t，激活剂 2620t |
| 段塞注入阶段 | 2010.09.21~2012.03.17 | 以 20d 为一个注入周期，将菌液 21.6 和激活剂 87.2t 在 3d 内注入，以形成高浓度微生物段塞。共注入菌液 608t，激活剂 2512t |
| 改良激活剂注入阶段 | 2012.03.18~08.01 | 以 20d 为一个注入周期，每周期依次在试验区 6 口注入井注入改良后的激活剂 |

微生物矿场注入历时44个月，累计注入0.4PV，完成设计0.5PV的80%。共注入菌液1548.11t，完成计划的114.7%，激活剂5669.19t，完成计划的105.0%，辅助配注空气$77.78 \times 10^4 m^3$，完成计划的77.0%（表11–16）。

表 11–16　中一区馆 3 微生物完成情况统计

| 项目 | 计划量 | 完成量 | 完成率 |
|---|---|---|---|
| 菌液 /t | 1350 | 1548.11 | 114.7% |
| 激活剂 /t | 5400 | 5669.19 | 105.0% |
| 配气量 /$10^4 m^3$ | 101 | 77.78 | 77.0% |

项目实施过程中，跟踪监测油水井生产动态及产出液生化参数的变化。现场取样336井次。其中产出液混合样236井次，原油样品52井次，天然气样品48井次。为了充分发挥微生物驱油的优势，现场试验过程中做了大量的工作，也见到一定的效果（图11–16）。

连续注入阶段（2008.12—2010.09）产出液中细菌浓度与小分子酸的浓度上升，表明油藏微生物被激活。微生物生长繁殖并取得了较好的驱油效果，不但控制了产量递减、综合含水率上升的趋势，并且产量逐步上升，日产油量由37t上升到54.8t，综合含水率由97.2%下降到96.6%。尽管前期取得了一定的效果，但总体来说还没有达到预期目标。这是因为连续注入时，虽然对微生物激活效果较好，但是其营养主要消耗在岩心入口端，较难进入油藏深部。为此开展了调整措施的研究，在总营养量不变的情况下提高注入浓度，缩小注入段塞，有助于营养成分深部运移。因此，将注入方式调整为：以20d为一个注入周期，每周期将菌液21.6t和激活剂87.2t在3d内注入，以形成高浓度微生物段塞。

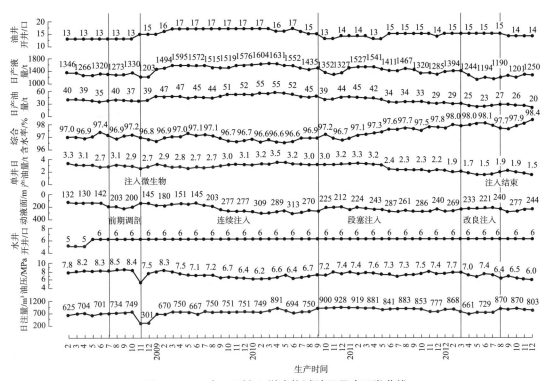

图 11-16　中一区馆 3 微生物试验区月度开发曲线

段塞式注入阶段（2010.09—2012.03）改为段塞式注入方式后，细菌浓度和小分子酸浓度保持稳定。试验区生产动态得到一定的改善，但从2011年3月开始，受外围井的影响，产量下降，综合含水率上升。为此，调整了激活剂配方，将激活剂中碳源由小分子糖为主改为以高分子多糖为主，并于2011年11月开展试注试验，并已取得了较好的效果。

改良激活剂注入阶段（2012.03—08.01），从2012年3月17日开始，以20d为一个注入周期，每周期依次在试验区6口注入井注入改良激活剂。与调整前相比，油井产出液中细菌浓度和小分子酸的浓度增加。受中4-11、中10XN13两口井窜的影响，试验区产量下降，综合含水率上升。

## 四、试验效果及主要认识

### （一）试验效果

至2012年12月微生物见效结束，试验井区累计产油量$5.70 \times 10^4$t，将水驱递减预测产量与实际生产曲线对比（图11-17），可知提高采收率1.11%。与方案预测存在一定的差距（方案预测到目前增油量为$3.92 \times 10^4$t，提高采收率2.38%）。

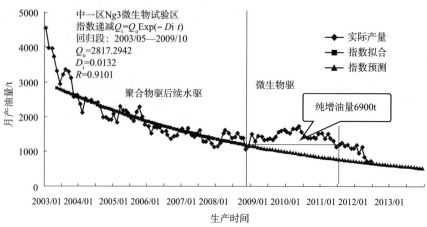

图 11-17　试验区水驱递减预测产量与实际生产曲线对比图

（二）主要认识

（1）微生物驱油技术在聚合物驱后油藏具有良好的适应性，可进一步提高油藏采收率。先导试验表明，微生物在油藏中得到激活，通过代谢具有乳化功能的产物，将原油乳化，启动了残余油，改善了聚驱后油藏的生产动态，提高了单元产量。

（2）及时跟踪分析及现场调整是必要的。现场试验过程中，通过及时跟踪试验动态，发现了试验过程中出现的问题，并制定了调整措施，都发挥了较好的效果，尤其是实施改良激活剂的注入后，试验区生化参数显著上升，中心井的生产动态明显好转。

（3）微生物驱油技术的主要机理在于提高洗油效率，而不具备改善波及效率的能力。而中一区馆3为疏松砂岩油藏，经过20年水驱开发、3年聚合物驱开发、11年后续水驱开发后，非均质严重，大孔道发育。在这样的条件下，仅在试验初期的调剖是不够的。因此，若全程配套调剖措施，让微生物充分接触剩余油，将更有利于发挥微生物的驱油效果。

# 第六节　中二区南部中 22-610 井组活性高分子驱油先导开发试验

## 一、试验区基本情况

### （一）试验目的

活性高分子体系驱油机理：一方面由于形成超分子结构，具有较高黏度、弹性，并且能够吸附在砂岩表面降低水相渗透率，起到良好的封堵作用，进一步扩大波及体积；另一方面，该体系可置换岩石表面的原油，并使可动油进入活性高分子形成的管状或网状胶束内部，具有高效分散原油性能，从而提高洗油效率。

因此，中二区南部中22-610井组活性高分子驱的试验目的是探索河流相高渗透油藏聚驱后活性高分子驱提高采收率的可行性。对活性高分子驱后油藏动态变化特点、油水运动规律及影响因素，技术的适应性及效果进行综合评价，试验结果具有普遍推广意义，以期为矿场大规模应用提供依据。

（二）试验区选择

根据试验目的，确定选区原则如下：①试验区有代表性，聚合物驱基本结束，生产特征符合胜利油区聚驱的一般开采规律；②油藏地质情况清楚，储层发育好，非均质程度及流体性质适中；③井网较完善，中心受效井多，层系间干扰不严重；④地面有注聚设备。

根据选区原则及活性高分子油藏适应条件（表11-17）进行试验区筛选。从活性高分子体系矿场适应条件分析，胜利油区常规注聚油藏地质条件均符合活性高分子体系矿场注入要求。孤岛油田注聚规模大，在孤岛油田选区有代表意义。

表11-17 活性高分子体系适应的油藏条件

| 油藏参数 | | 适用范围 | | |
|---|---|---|---|---|
| | | 最佳范围 | 一般范围 | 最大范围 |
| 地下原油黏度 | mPa·s | <90 | 90（含）~120 | 120（含）~150 |
| 油层有效厚度 | m | >5 | >5 | >5 |
| 空气渗透率 | $10^{-3}\mu m^2$ | >1000 | 1000（含）~500 | 500（含）~100 |
| 渗透率变异系数 | | 0.5~0.7 | 0.7~0.8 | |
| 地层水矿化度 | $10^4$mg/L | <1 | 1（含）~2 | 2（含）~3 |
| 钙镁离子质量浓度 | mg/L | <120 | 120（含）~150 | 150（含）~180 |
| 地层温度 | ℃ | <75 | 75（含）~80 | 80（含）~85 |

结合孤岛聚合物驱项目的油藏条件及开发现状，孤岛油田中二区南部是多层开采，开发状况好，聚合物驱的降水增油效果显著，其动态变化规律符合胜利油田聚合物驱开发的一般规律，且油层发育好，井网完善，井况良好，层间干扰不严重，矿场有注聚设备，因此确定在孤岛油田的中二区南部单元筛选活性高分子试验区。

孤岛油田中二区南部主要含油层系为上馆陶组，馆3-5含油面积1.8km²，有效厚度22.1m，地质储量958×10⁴t。其中主力层3⁵、4²、4⁴、5³、5⁴发育较好，连片分布，主力层地质储量802×10⁴t，占馆3-5总储量的83.7%，非主力层多以零星或条带状分布，储量156×10⁴t。馆3-4砂层组为曲流河沉积，馆5砂层组为网状河沉积。

根据选区原则，结合地面聚合物配注站的分布及其他先导试验的要求，综合考虑试验区的油藏地质、井网井况、开发状况等因素，选取了中二区南西北部储层发育较好，井网相对独立的馆4砂层组作为先导试验层系。北部与中二区中部接壤（图11-18）。

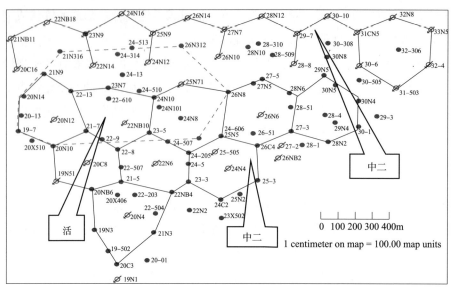

图 11-18　孤岛油田中二南活性高分子先导试验区井位图

试验区含油面积0.87km$^2$，有效厚度12.8m，地质储量193×10$^4$t。设计注聚井6口，影响井组油井22口，中心井6口。中心区域由两个五点法注采井网组成。

### （三）油藏概况

#### 1.地质概况

试验区所在的中二区构造简单且平缓，地层倾角1°左右，油层顶深总趋势从南向北由高到低，落差较小。试验区馆4砂层组埋深1223m，主要含油层系为馆4$^2$、馆4$^4$两个小层，储层大片连通，地质储量190.9×10$^4$t，其储量占试验区总储量的98.9%。油层物性好，属高孔、高渗透、中高黏度的疏松砂岩亲水油藏，渗透率变异系数0.73，孔隙度31.8%，空气渗透率2.95μm$^2$，地下原油黏度73mPa·s，地下原油密度0.805~0.925g/cm$^3$，地层水NaHCO$_3$型，开发初期地层水总矿化度5656mg/L，产出水回注后总矿化度7580mg/L。

试验区油藏饱和压力高、地饱压差小，当前地层压力保持在10~12.5MPa，地饱压力控制在10.4MPa以上，原始油层温度69.5℃，该油藏属于常温常压系统。

#### 2.开发简况

试验区1972年4月投产，1973年5月投入注水开发，1998年1月投入注聚开发，2001年3月转后续水驱，采收率达到53.8%。当前已经进入高含水、高采出程度开发阶段，剩余油零散分布，采油速度低。截至2007年7月，试验区共有油井22口，开井19口，日产油量85.5t，日产液量1867t，综合含水率95.4%，采出程度51.2%；注水井开井6口，日注水量875.1m$^3$，注入压力9.5MPa。

试验区当前地层能量充足，油水井生产状态较好。地层静压为12.02MPa左右，地层压降0.35MPa左右。试验区平均单井日产液量98.3t，最高达到257t，最低为26t，试验区单井平均日注入量204.6m³，最高253m³，最低147m³，反映了试验区高渗透油层充足的供液能力及油水井正常的工作状态，只有个别斜井供液能力较差。注水井最低油压8.3MPa，最高油压10.4MPa，注入情况良好。

## 二、试验方案简介

### （一）前期油藏准备工作

试验井区由于已经进行了聚合物驱开发，油藏状况发生了较大变化，单元存在一些不利于开展活性高分子驱的制约因素，需要通过适当的前期调整工艺措施，对单元当前的状况进行全方位的调整，尽可能消除或减少对活性高分子驱产生的影响，保障预期效果的实现。

调整原则如下：①水井工作为主，油井措施为辅；②缺少注水井点的地方进行油井转注；③水井归位，保证注入井只注目的层；④防止层系之间油水井的窜漏现象，保证作业后封隔器密封；⑤采用适合该油田特点的防砂工艺，提高水井注入能力，恢复油井停产井，提高油井产液量，补充油井采液井点。

试验区水井需要进一步层系细分。试验区包括6口水井，其中有4口井馆3层系仍在注水。本次需要细分，卡封馆3层系，单注馆4，馆3需要注水的井点通过周围报废井利用来补充。另外试验区一口水井在排液，需要转注完善井网。

试验区油井需要进一步归位。归位后中心6口油井形成3口井单采馆$4^2$，2口井单采馆$4^4$，1口井合采馆$4^{2-4}$的井网，周围6口注入井分注馆$4^2$、$4^4$层。另一口网外井（中21X608）由于离水井较近，可作为观察井（图11-19）。

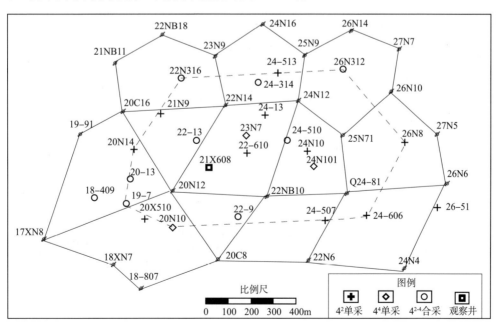

图 11-19 完善后的注采井网图

（二）配产配注

（1）根据目前注水实际情况以及方案优化的最佳注入速度，确定化学剂段塞的注入速度。（2）保持试验区内外注采平衡，井组和试验区注采比均保持在0.9左右，外围水井注采比控制在0.8左右。（3）单井注入强度控制在8m³/（d·m）左右，并根据大孔道发育情况及剩余油分布进行单井配产配注。（4）全区及单井配注不超过其最大注入能力。单井最大注入能力以注聚期间单井最大注入能力为标准，试验区注聚阶段最高启动压力7.3MPa，吸水指数45m³/（d·MPa），平均单井最大日注入量225m³。

根据以上原则，设计活性高分子驱化学剂溶液日注量为960m³。设计全井初期配注量960m³，平均单井日配注量160m³。注入速度0.09PV/a。

（三）注入段塞设计

杀菌剂可视现场试验情况进行注入。在前期方案优化研究的基础上进行活性高分子驱段塞设计（表11-18）。矿场采用两段塞注入方式，前置段塞：0.1PV×1500mg/L活性高分子Ⅰ；主体段塞：0.3PV×1500mg/L活性高分子Ⅱ。注入速度：0.08PV/a。溶液配制方式：清水配制母液，污水稀释注入。

表11-18　活性高分子驱注入方案设计表

| 段塞 | 段塞尺寸/PV | 注入液量/10⁴m³ | 干粉用量/t | 质量浓度/（mg/L） | 用量/PV·（mg/L） | 连续注入时间/d |
|---|---|---|---|---|---|---|
| 一 | 0.1 | 42.32 | 718 | 1500 | 150 | 440 |
| 二 | 0.3 | 126.96 | 2152 | 1500 | 450 | 1323 |
| 合计 | 0.4 | 169.28 | 2870 | 1500 | 600 | 1763 |

第一段塞：前置段塞，1500mg/L活性高分子Ⅰ溶液0.1PV，注入溶液42.32×10⁴m³，注入活性高分子Ⅰ634.8t，折算工业用品为718t（活性高分子的有效含量为88.5%）；第二段塞：活性高分子驱主体段塞，1500mg/L活性高分子Ⅱ0.3PV，注入溶液126.96×10⁴m³，注入活性高分子Ⅱ1904.4t，折算工业用品为2152t。

合计注入溶液169.28×10⁴m³，活性高分子干粉用量2870t，须连续注入1763d。化学剂分年度设计用量如表11-19所示。

表11-19　化学剂分年度投入表

| 项目 | 时间 | | | | | |
|---|---|---|---|---|---|---|
| | 第一年 | 第二年 | 第三年 | 第四年 | 第五年 | 合计 |
| 溶液/10⁴m³ | 35.04 | 35.04 | 35.04 | 35.04 | 29.12 | 169.28 |
| 活性高分子Ⅰ/t | 594 | 124 | | | | 718 |
| 活性高分子Ⅱ/t | | 470 | 594 | 594 | 494 | 2152 |
| 合计干粉/t | 594 | 594 | 594 | 594 | 494 | 2870 |

## （四）增油效果预测

按数模预测综合含水率最大下降到89.2%，提高采收率6.1%，吨活性高分子增油量41t（图11-20）。

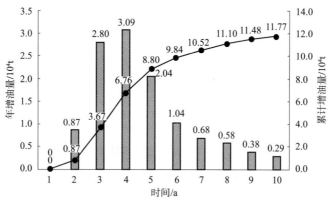

图 11-20　分年度活性高分子增油柱状和曲线图

## 三、试验进展

在注入前，试验区水井进一步层系细分。卡封馆3层系，单注馆4，馆3需要注水的井点通过周围报废井利用补充。2008年12月31日开始注第一段塞，2009年1月1日开始注聚合物，3月2日开始注入高分子，2011年6月1日转入第二段塞。2013年2月试验区东部两口高分子注入井GD2-24N8和GD2-25N71转注水。2013年9月22日全部转为后续水驱。试验区累计注入0.343PV孔隙体积，完成第二段塞的54.3%，完成总设计的85.8%；累计注入聚合物干粉2601.71t，完成第二段塞的58.0%，完成总设计的90.7%（表11-20）。

表 11-20　中二南活性高分子试验区段塞完成情况表

| 段塞 | 项目 | 用量 /PV | 质量浓度 /（mg/L） | 溶液量 /$10^4m^3$ | 干粉 /t | 用量 /PV·（mg/L） | 时间 /d | 实施日期 |
|---|---|---|---|---|---|---|---|---|
| 第一段塞 | 方案设计 | 0.1 | 1500 | 42.32 | 718 | 150 | 440 | |
| | 累计完成 | 0.180 | 1596 | 76.31 | 1353.16 | 287.8 | 821 | 2009.3.2 |
| | 完成 /% | 180.3 | | 180.3 | 188.5 | 191.8 | 186.6 | |
| 第二段塞 | 方案设计 | 0.3 | 1500 | 126.96 | 2152 | 450 | 1323 | |
| | 累计完成 | 0.163 | 1629 | 68.97 | 1248.6 | 265.52 | 823 | 2011.6.1 |
| | 完成 /% | 54.3 | | 54.3 | 58.0 | 59.0 | 62.2 | |
| 合计 | 方案设计 | 0.400 | | 169.28 | 2870 | 600 | 1763 | |
| | 累计完成 | 0.343 | | 145.27 | 2601.71 | 553.29 | 1644 | |
| | 完成 /% | 85.8 | | 85.8 | 90.7 | 92.2 | 93.3 | |

为保证注入质量，认真抓好母液配制方面工作，及时标定下粉频率，清理下粉器，使

干粉流动不受阻，不致结块、停滞现象的发生；对于分散装置出现的机械故障及时维修解决好；还加大巡检力度，防止只冲水不下粉的现象。以上工作有效提高了配制母液浓度的稳定性，黏度逐渐升高，油压升高。转第二段塞时，注入黏度最高上升到154mPa·s，后期稳定在110mPa·s左右，注入压力由7.1MPa上升到10.9MPa，注入压力超过同期注聚最高压力。通过管线解剖，发现部分管内壁结垢严重，部分井油压已逼近污水干压，现场注入困难，经过维护保养，站内油压缓慢下降，至注入结束，油压降至8.5MPa。

## 四、试验效果及主要认识

### （一）试验效果

注入后9个月开始见效，2009年11月，日产油达到见效高峰，日产油量由注入前的50.8t上升到74.5t，上升了23.7t；综合含水率由96.5%最低下降到94.3%，下降了2.2个百分点（图11-21）。至2013年12月采收率提高1.64%，与方案预测存在一定的差距（方案预测到目前增油量为$9.84 \times 10^4$t，提高采收率5.1%）。

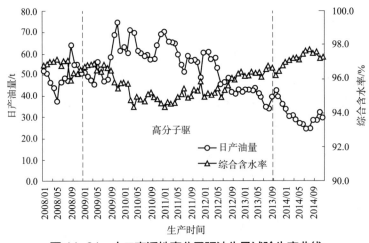

**图11-21 中二南活性高分子驱油先导试验生产曲线**

### （二）见效规律的主要认识

（1）平面上见效井分布较均衡，启动压力上升幅度大的区域油井见效好，证明体系在地下保持了较高的黏度。（2）纵向储层发育好的馆$4^2$层见效早、见效好。试验区中心井大部分馆$4^2$单层生产，储层厚，剩余油相对富集，效果明显。从吸水剖面看，馆$4^2$相对吸水量是馆$4^4$的2倍。（3）中心井见效快，边角井受外围水井影响见效慢。中心井见效时间最短2个月，平均4.2个月（0.029PV）。反映注入液形成了有效封闭段塞后，剩余油可以得到有效驱替；边角井开始见效时间7个月左右（0.05PV），边角井受外围水井影响，见效慢，且含水波动变化。（4）边角井见效的主要是合采或单采馆$4^4$的井。主要原因是注入井合注馆$4^2$、馆$4^4$，馆$4^2$注入流体主要流向中心井区，馆$4^4$注入流体主要流向边角井区。（5）储层水淹程度相对较高是边角井见效差的重要原因。从外围新井测井曲线分析，馆$4^2$层电阻率较低，平均含油饱和度43%，反映该层水淹程度高。尽管对外围水井降低了注水量，但边角井馆$4^2$见效情况也不明显。（6）油井见效后液量波动下降，对应注入井压力波动上升。见效最明显中心井中22-610井液量波动降低了三分之一，验证了室内研究中得出压力波动上升，呈现堵塞突破的循环格局的机理。

（三）见效原因的主要认识

（1）剩余油富集是试验区见效的物质基础。从新井含油饱和度看，试验区剩余油相对富集，为注高分子见效提供了物质基础；中心井区含油饱和度30%~50%，边角井区含油饱和度25%~35%，也是中心井区和边角井区见效差异的一个重要因素。（2）较高的注入浓度是油井受效的重要保障。2009年8~12月注入质量浓度由1546mg/L提高到1750mg/L，中心井日油能力相应地由35.6t上升到57.3t，水井注入浓度提高对应的油井效果比较明显。（3）合理的注采比有利于试验区取得良好效果。注采比较低的中心井区及部分边角井受效较好，在确保中心井受效的前提下，注采比较高的边角井区可适当降水，促进边角井见效。

# 第七节　中一区馆3非均相复合驱油先导开发试验

## 一、试验区基本情况

（一）试验目的

试验的目的是利用流场重整+PPG+聚合物+表面活性剂的加合效应改变液流方向、对油层进行强调、强洗，进一步扩大驱油波及体积、提高驱油效率。

（二）试验区选择

根据试验目的，确定选区原则如下：①试验区有代表性，聚合物驱基本结束，降水增油效果显著，生产特征符合胜利油区聚合物驱的一般开采规律；②油层地质情况清楚，油层发育良好，油砂体分布稳定，连通性好，储层非均质程度适中；③储层流体性质（地层原油黏度、地层水矿化度等）、油层温度适中；④采用常规开发井网，井网和注采系统相对完善，注采对应率和多向受效率高，井况良好，中心受效井多。

孤岛中一区馆3的开发状况好，且聚合物驱的降水增油效果显著，其动态变化规律符

陆相砂岩油藏开发试验实践与认识——以孤岛油田高效开发为例

合胜利油田聚合物驱开发的一般规律，且油层发育好，井网完善，井况良好，没有明显的大孔道窜流，层间干扰不严重，因此确定在孤岛油田的中一区馆3单元筛选复合驱试验区。根据选区原则，结合地面聚合物配注站的分布及其他先导试验的要求，综合考虑聚合物驱试验区的油藏地质、井网井况、开发状况等因素，选取了该试验区（图11-22）。该试验区位于中一区馆3单元的东南部，含油面积$1.5km^2$，地质储量$396 \times 10^4 t$，设计注入井25口，生产井45口。

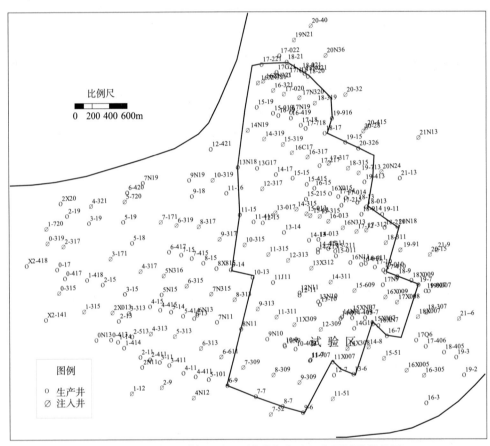

图 11-22 中一区馆 3 聚驱后非均相复合驱先导试验井位图

（三）油藏概况

复合驱油技术可以大幅度地提高原油采收率，但由于驱油体系中各种化学剂产品的性能以及地质条件和经济方面的限制，不是所有的油藏都适合复合驱，特别是在聚合物驱后开展复合驱油试验，其油藏条件更重要。

1. 地下原油黏度

原油黏度大小在很大程度上决定了复合驱是否可行。原油黏度越高，水驱流度比越大，复合驱对流度比的改善越大。但对于油层原油黏度太高的油藏，复合驱对流度比改善的能力是有限的。因此，地下原油黏度的最佳范围为小于60mPa·s。试验区地下原油黏度为46.3mPa·s，适合进行复合驱油试验。

2. 油层渗透率

低渗透油层不宜进行复合驱。这主要是由于低渗透地层会在井眼附近出现高剪切带，而使聚合物降解；而复合驱油体系在驱油过程中形成的任何一种乳化液的流动能力都较低，如果岩石的渗透率太低，形成的乳化液在地层中流动很困难，而且容易受到较大的剪切作用，使其稳定性变差；另外低渗引起复合驱油溶液注入速度太低，影响驱油效果，且方案实施时间延长，而降低经济效益。试验区油层渗透率为$1.5 \sim 2.5 \mu m^2$，聚合物驱的注入速度为0.1PV/a，不会影响驱油体系的正常注入。

3. 渗透率变异系数

渗透率变异系数是表征地层渗透率非均质程度的一个重要指标。渗透率变异系数越大，储层的非均质性越强。复合驱的一个很主要的驱油机理即是调整剖面、提高驱替液的波及体积。但对于渗透率变异系数极高的地层，复合驱油体系将发生窜流现象，而影响到驱油效果。复合驱筛选标准中渗透率变异系数的有利范围为小于0.6。试验区渗透率变异系数为0.538，处于有利范围以内。

4. 地层水矿化度

地层水矿化度，尤其是钙镁离子总质量浓度对复合驱油效果有明显的影响。首先地层水对聚合物黏度有较大影响，矿化度和钙、镁离子等二价离子浓度越高，聚合物黏度越低；地层水对表面活性剂的影响较复杂，当矿化度在一定值范围内时，随着矿化度的增加，体系界面张力下降；超过临界值后，随着矿化度的增加，界面张力上升；同时，钙、镁离子等二价离子能与表面活性剂起离子交换作用，使其沉积在油层的岩石上，从而降低了表面活性剂的浓度，影响驱油效果。因此，地层水矿化度最好控制在10000mg/L以下，钙镁离子的浓度在100mg/L以下。试验区目前地层水矿化度5923mg/L，钙镁离子总质量浓度90mg/L，条件适合。

5. 油层温度

油藏温度太高，会增加表面活性剂与岩石的相互作用，使表活剂的吸附量加大；同时，随温度的增加，聚合物溶液的黏度下降，聚合物的化学及生物降解加重。为保证各种化学剂的应用性能，复合驱要求油层温度小于70℃。试验区目的层原始油层温度为69.5℃，符合复合驱的条件。

6. 剩余油饱和度

剩余油研究以油藏数值模拟结果、密闭取芯井资料为主要依据，结合监测资料、生产动态资料对试验区剩余油分布规律进行深入研究，取得了进一步的认识：（1）平面上，聚合物驱有效地扩大了波及系数，含油饱和度明显降低。水井近井地带和主流线水淹严重，油井间、水井间、油水井排间分流线水淹较弱，剩余油富集，剩余油饱和度为35%~50%。（2）层间上，主力油层因孔隙度和渗透性均较好，油层厚，渗流能力强，井网完善程度高，驱油效果好，剩余油饱和度相对较低，水淹程度高，但主力层剩余可采储量高于非主力层，剩余油储量丰度较高，可采储量绝对数量大，仍是剩余油分布的主体。（3）层内，正韵律厚油层顶部剩余油富集。聚合物驱对正韵律沉积油层驱替效果好，层内剩余油的动用比水驱更充分，油层上、下部位的驱油效率都有明显提高，但层内的差异依然存在。正韵律油层中上部驱油效率较低，剩余油饱和度较高，底部驱替效果好。

综上可以看出，试验区主要油藏参数、流体条件和地层温度皆处于复合驱的最佳范围内，进行复合驱试验是可行的。

### 7. 开发简况

该单元于1971年9月投产，1974年9月投入注水开发，馆3-4合注合采。经过1983年和1987年两次井网调整，形成270m×300m的馆3和馆4分注分采的行列井网。1992年10月和1994年11月分别开展了聚合物驱先导试验和扩大试验，1997年10月结束注聚，降水增油效果十分明显。1999年11月至2000年12月在先导区开展聚驱后LPS试验；2006年12月至2010年10月在先导与扩大区开展二元复合驱试验；2008年11月在扩大区开展馆3微生物驱试验，效果均不理想。

截至2010年9月，试验区共有油井34口，开井31口，日产液量2951.5t，日产油量46.5t，综合含水率98.4%，采出程度50%。共有注水井10口，开井10口，日注水量1936m³，注入压力8.8MPa，累计注水量1766×10⁴m³，注入倍数2.6PV。

## 二、试验方案简介

### （一）井网调整方案

井网调整方案设计考虑的主要因素包括：①注采井网完善；②层系细分可行性；③水平井可行性；④剩余油分布特征；⑤转变液流方向。

根据以上原则部署了调整方式：不细分层系，考虑到剩余油分布特点，减小井距扩大波及体积，根据目前井网井距，平面采用150m×135m行列注采井网，变现在东西向注采井网为南北向注采井网，改变了液流方向，使目前井网条件下的剩余油得到有效驱替。

具体调整是老水井间加密油井，老油井间加密水井，油水井排间正对位置加密新井，隔井转注，由270m×300m斜交行列井网调整为135m×150m正对行列井网，改变了流线方向，变分流线为主流线（图11-23）。调整后，试验区共有注入井15口，油井10口，其中新钻进17口（油井8口，水井9口）。

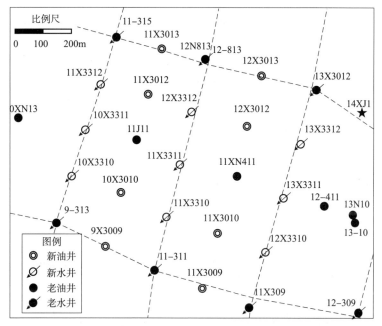

图 11-23　中一区馆 3 非均相复合驱先导试验井网图

井网调整后转复合驱，馆 $3^3$–$3^5$ 合采，根据中心井区数据预测了试验井区 15 年开发指标，先导试验方案年建产能 $6.6 \times 10^4$t，年新增产能 $4.6 \times 10^4$t，15 年末采出程度 60.3%，比不调整的提高 6.5%。

（二）矿场注入方案

通过室内实验研究，筛选了 PPG、表面活性剂和聚合物，并研究了 PPG 与表面活性剂、PPG 与聚合物的相互作用规律，初步设计了适合聚驱后油藏的非均相复合驱油体系：0.3%SLPS+0.1%P1709+1800mg/L PPG7#，该驱油体系能够进一步提高采收率。

根据试验目的层开采现状和水淹特点，充分考虑实际油藏的平面非均质以及高渗透条带的存在，为减缓复合驱油剂在油层中的"指进"和"窜流"，在复合驱主体段塞前设置 PPG 调剖段塞。第一段塞：前置调剖段塞，段塞尺寸 0.05PV，1500mg/L PPG+1500mg/L 聚合物；第二段塞：复合驱主体段塞，段塞尺寸 0.3PV，分别注入化学剂：石油磺酸盐—注入浓度 0.3%；表面活性剂 1709—注入质量分数 0.1%；PPG—注入质量浓度 900mg/L；聚合物—注入质量浓度 900mg/L。

各级段塞的化学剂浓度为平均浓度，在矿场注入过程中，针对各井组的实际情况可适当进行调整，第二段塞根据第一段塞的注入情况调整，但要保证平均的注入浓度达到方案设计。

合计共需注入溶液量 $237.3 \times 10^4$m$^3$，聚合物干粉用量 2599t，石油磺酸盐用量 6102t，表面活性剂 1709 用量 2034t，PPG 用量 2339t，需连续注入 1155d（表 11-21）。

表 11-21　复合驱注入方案设计

| 段塞 | 段塞尺寸/PV | 注入液量/$10^4m^3$ | 石油磺酸盐 | | 表活剂 1709 | | 聚合物 | | PPG | | 连续注入时间/d |
|---|---|---|---|---|---|---|---|---|---|---|---|
| | | | 质量分数/% | 用量/t | 质量分数/% | 用量/t | 质量浓度/(mg/L) | 用量/t | 质量浓度/(mg/L) | 用量/t | |
| 一 | 0.05 | 33.9 | | | | | 1500 | 565 | 1500 | 508 | 165 |
| 二 | 0.3 | 203.4 | 0.3 | 6102 | 0.1 | 2034 | 900 | 2034 | 900 | 1831 | 990 |
| 合计 | 0.35 | 237.3 | | 6102 | | 2034 | | 2599 | | 2339 | 1155 |

各化学剂分年度设计用量如表11-22所示。

表 11-22　化学剂分年度投入表

| 项目 | 时间 | | | | |
|---|---|---|---|---|---|
| | 第一年（半年） | 第二年 | 第三年 | 第四年 | 合计 |
| 溶液/$10^4m^3$ | 33 | 68 | 68 | 68 | 237 |
| 聚合物/t | 565 | 678 | 678 | 678 | 2599 |
| 石油磺酸盐/t | | 2034 | 2034 | 2034 | 6102 |
| 表活剂 1709/t | | 678 | 678 | 678 | 2034 |
| PPG/t | 508 | 610 | 610 | 610 | 2338 |

（三）实施增油效果预测

根据数值模拟预测，中心试验区可提高采收率8.5%，吨聚合物增油量21.2t。试验区可提高采收率6.69%，增产原油量26.5×$10^4$t，当量1吨聚合物增油量26.3t。试验有效期为10年，注入第二年开始见效，第三至第六年为见效高峰期（表11-23、图11-24、图11-25）。

表 11-23　试验区增油效果预测表

| 时间/a | 年提高采收率/% | 累计提高采收率/% | 年增油/$10^4$t | 累计增油量/$10^4$t |
|---|---|---|---|---|
| 1 | 0.00 | 0.00 | 0.00 | 0.00 |
| 2 | 0.75 | 0.75 | 2.99 | 2.99 |
| 3 | 1.17 | 1.92 | 4.63 | 7.62 |
| 4 | 1.57 | 3.50 | 6.23 | 13.85 |
| 5 | 1.48 | 4.98 | 5.88 | 19.73 |
| 6 | 0.89 | 5.87 | 3.53 | 23.26 |
| 7 | 0.46 | 6.33 | 1.81 | 25.07 |
| 8 | 0.22 | 6.55 | 0.88 | 25.95 |
| 9 | 0.10 | 6.66 | 0.41 | 26.36 |
| 10 | 0.04 | 6.69 | 0.14 | 26.50 |

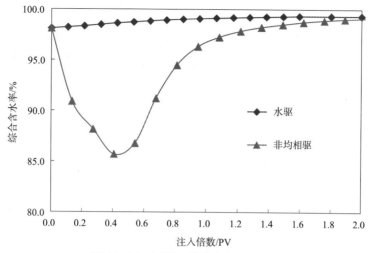

图 11-24　试验区综合含水预测曲线

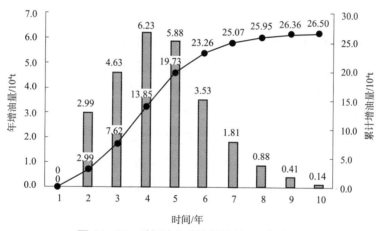

图 11-25　矿场注入方案增油效果预测曲线

## 三、试验进展

2010年3月新井完钻，根据夹层及剩余油分布，优化新油水井射孔井段，实施变密度射孔，7月新井集中投产投注，其中1口井采用光油管注入，14口井采用双管分层注入；试验区于2010年10月31日开始投注聚合物+PPG，采用清水配制母液、污水稀释注入的方案，两级段塞注入方式，2011年11月16日转入第二段塞，2015年12月30日转入后续水驱。第一段塞注入0.05PV，注入液量27.7×10⁴m³，聚合物干粉用量462t，PPG用量462t；第二段塞注入0.3PV，注入液量166.2×10⁴m³，聚合物干粉用量2216t，PPG用量2216t，石油磺酸盐用量3324t，表面活性剂用量3324t。

2015年12月底，已累计注入体积0.38PV，完成设计0.35PV的108.6%；累计注入聚合物干粉量3155t，完成设计2678t的117.8%；累计注入B-PPG2770t，完成设计2678t的

103.4%；完成设计 $10.58 \times 10^4 t$ 的 79.02%（表 11-24）。

表 11-24 段塞设计及完成情况表

| 段塞 | 运行 | 段塞尺寸 /PV | 聚合物质量浓度 / （mg/L） | B-PPG 质量浓度 / （mg/L） | 石油磺酸盐 质量分数 /% | 表活剂 1709 质量分数 /% |
|---|---|---|---|---|---|---|
| 第一段塞 | 设计 | 0.05 | 1500 | 1500 | | |
| | 实际 | 0.08 | 1663 | 1663 | | |
| | 完成 /% | 155 | 111 | 111 | | |
| 第二段塞 | 设计 | 0.3 | 1200 | 1200 | 0.2 | 0.2 |
| | 实际 | 0.3 | 1296 | 1296 | 0.24 | 0.24 |
| | 完成 /% | 100 | 108 | 108 | 120 | 120 |

具体做法如下。

1. 非均相复合驱前精细地质研究，实施流场重整，优化注采压差，为试验成功打下基础

（1）重新进行地层对比，实现了 0.4m 的夹层定量刻画，研究了不同开发时期储层和流体物性的时变规律，建立了体现时变的精细地质模型，揭示了剩余油"普遍分布、局部富集"特征，为实施以改变流线、扩大波及体积为核心的井网调整打下基础。

试验区经过聚合物驱，对于剩余可动油普遍分布区域保持注采井网完善，剩余可动油局部富集区域加密井网转变液流方向，通过 28 个不同井网形式的方案优化，水井间加密油井、油井间加密水井、油水井排间加密新井隔井转注，转井排调流线方案流线转动角达到 60°，由 270m×300m 斜交行列式注采井网转变成 150m×135m 正对行列式注采井网。

（2）优化注采压差。15 口水井平均单井日配注水量 $83m^3$，10 口中心油井平均日配产液量 56.5t，注采比维持在 1.0，保证水线推进速度均衡。同时治理有层系间干扰隐患的老油水井，射开馆 3 的下层系水井，膨胀管补贴 3 口；射开馆 3 的上层系油井，丢封或注灰 3 口；射开下层系的馆 3 油井，丢封或注灰 9 口，降低水驱对试验的影响。

2. 前置段塞阶段，通过整体提浓度和不正常油水井治理，确保段塞均匀推进

（1）浓度整体优化，促使形成高压力梯度变化带。聚驱时，地层压力场分布发生明显改善，在油藏内部形成高压力梯度变化带，在高压力梯度下，可以部分（全部）克服毛细管力，致使盲端剩余油被拉出。针对前置段塞后期油压上升慢，对整体浓度进行调整，浓度由 1500mg/L 上升到 2000mg/L，油压很快由 9.2MPa 上升到 10.0MPa，平面上注入压力普遍上升，单井压力上升 1.4~3.3MPa，平均上升 2.5MPa，段塞形成良好。

（2）治理不正常水井，确保分层注水合格。对出砂水井进行防砂，对管柱堵塞的换管柱或洗井。如中 11X309 井，馆 $3^5$ 初期不吸水，换管柱防砂后完成配注任务。对由于层间差异大造成部分层位不吸水的换分层注聚管柱。

（3）治理不正常油井，确保达到配产配注。对出砂油井重新防砂，对打开程度低的复射孔，对泵效低的检泵。如中11X3010井，2010年7月1日投产后高含水，2011年4月检泵复射孔，产能仍较低，2011年10月21日检泵混排覆膜砂下割缝管才见产能。

通过治理，注入井分层达到配注要求，单井液量达到配产方案。

3.主体段塞阶段，差异化调整，主动培养见效井

通过大量基础资料研究，以开发规律为核心、以动态监测为基础，精细系统分析油藏、井筒状况，实施"调、治、提"差异化注采调整，对异常井进行分析、提出针对性措施、主动培养见效井。

（1）"调"就是对见效较差、油压较低的西北部，整体实施调剖、提浓度措施，使全区油压保持较好。注入前平均压力8.0MPa，提浓度后平均压力上升到9.9MPa，转入第二段塞后压力下降到8MPa，2013年年底平均压力10.6MPa。

（2）"治"就是根据开发规律，对不见效井进行分析，并采取针对性治理措施。如中11X3013井，该井投产以来一直高含水，注聚不见效。分析认为该井底部含水较高，通过填砂韵律层底部、生产韵律层顶部措施后见效，日产油量从0.7t上升到5.9t，综合含水率从99%下降到86.2%。

（3）"提"就是对见效井及时提液稳液，保证注聚增油效果。如中10X3010井投产一年见效甚微，2012年覆膜砂防砂后下光油管提液，日产油量从6.6t上升到13.1t，综合含水率从71.3%下降到63.5%，增油效果明显。

4.注入过程中加强化学剂检测，确保注剂质量达到方案要求

监测PPG质量稳定，方案设计5000mg/L水分散体系黏度大于150mPa·s，弹性模量大于750MPa，检测三次，分散体系黏度平均173mPa·s，弹性模量平均1930MPa。

矿场进行4口井井底黏度取样，平均井底黏度35.0mPa·s，井底黏度保留率56.7%，保留率较高，保证了驱替效果。

表面活性剂质量稳定，界面张力达到$10^{-3}$标准。

通过以上工作，水井注入状况良好，注入压力明显上升，平均单井油压由主体段塞初期的7.9MPa上升到末期的11.2MPa，上了3.3MPa（图11-26）。

# 四、试验效果及主要认识

## （一）试验效果

1.新井投产效果达到预期

8口新井初期日产液量19.0t，日产油量2.5t，综合含水率86.8%。新井的投产效果和见效情况，证实了井网调整设计的思路与方法正确，方案设计指标比较合理。

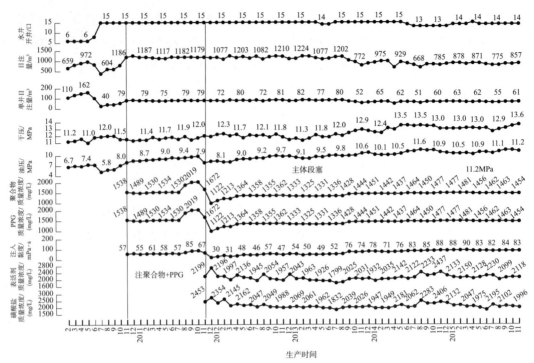

图 11-26　先导试验区注入曲线

**2. 降水增油效果明显**

单元注聚合物8个月后第1口油井见效，2011年年底整体见效，2012年11月达到见效高峰，试验区综合含水率由试验前的97.2%最低下降至2012年12月的90.2%，下降了7.0个百分点，单元日产油量由38t最高上升到136t，上升了98t（图11-27）。至2020年10月项目结束，油井开井14口，日产油量18t，综合含水率97.9%，采收率提高3.8%。较方案预测稍差（方案预测增油量为26.5×10⁴t，提高采收率6.69%），创新研制出非均相复合驱油体系，扩大了波及体积和提高了洗油效率，最大限度地发挥驱油体系的技术优势和驱油效果。

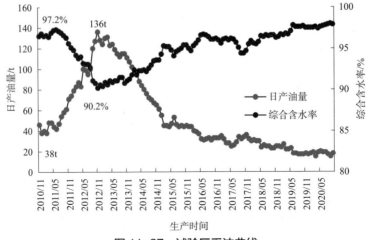

图 11-27　试验区采油曲线

### 3.剩余油富集区见效早、降水增油幅度大

研究表明，已见效新井均位于老油水井排间、油井排，剩余油饱和度较高，见效早，综合含水率下降幅度大，如中12X3012井，综合含水率由试投产初期的92.4%下降至2012年10月的31.3%，下降了61.1个百分点，日产油量由4.7t最高上升到35.6t，上升了30.9t（图11-28~图11-30）。

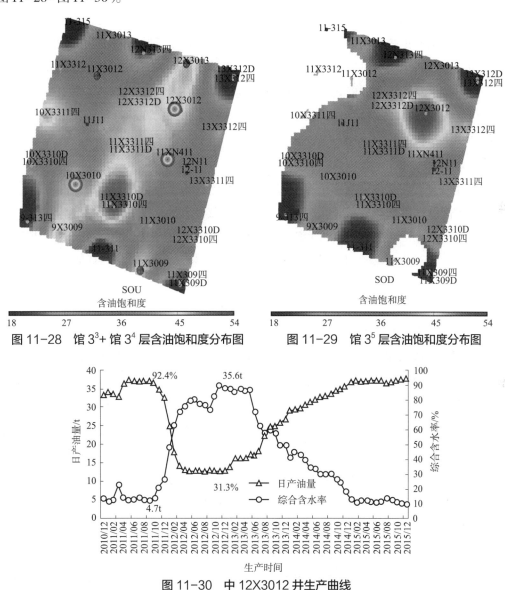

图11-28　馆3³+馆3⁴层含油饱和度分布图　　　图11-29　馆3⁵层含油饱和度分布图

图11-30　中12X3012井生产曲线

### （二）主要认识

#### 1.创新流场重整

注采井网是油田开发的基础，中一区馆3经历两次大的井网调整及聚合物驱，至今流

线固定多年，水线已形成固有通道，难以进一步扩大波及状况，不利于提高油藏采收率。在目前井网条件下进行二元驱，难以提高波及体积，达到理想效果。通过开展井网调整，改变流线方向，再利用复合体系进一步扩大波及体积和提高洗油效率试验，达到提高采收率目的。室内实验还表明，随着井网加密，压力梯度覆盖范围增大，极限驱油效率提高。中一区馆3井网加密调整方案改变了流线方向，变分流线为主流线。

2. 地质模型尺度更精细

原来的井网井距较大，井间储层的预测精度不够，特别是相变较大的区域，老井预测的储层与实际差距大，对以后试验的精细管理造成了不利影响。为此，结合新井测井资料及电成像、核磁共振等监测资料，重新建立了地质模型，隔夹层分布刻画得更加准确，更能体现纵向上储层非均质性，这不仅决定了试验区数模预测的准确程度，还可以为试验中的注采调整提供依据。

3. 剩余油分布规律有新认识

剩余油研究以油藏数值模拟结果、密闭取芯井资料为主要依据，结合监测资料、生产动态资料对试验区剩余油分布规律进行深入研究，取得了进一步的认识：取芯资料试验平均饱和度为35.9%~39.3%，测井解释为44.5%~46.2%，说明中一区馆3聚驱后仍有大量的剩余油赋存于地下。剩余油具有"普遍分布、局部富集"的特点，且较稳定分布的夹层上部剩余油富集，目前的剩余油饱和度普遍在30%以上，分布于油井间、水井间及油水井排间的分流线区域，主要集中在馆$3^3$和馆$3^5$的内部。

4. 取芯井试采表明，单纯水驱开发高含水

为认识注聚后不同含油饱和度井段的出油规律，对试验区3口取芯井进行了试油，综合含水率均高达95%以上。如中14斜检11井（水井排间），2009年3月补孔馆$3^5$下部（取芯解释含油饱和度45.5%），日产液量23m$^3$，综合含水率100%，说明水驱开采厚油层底部高含水。2009年5月补孔馆$3^3$上部5.1m，初期日产液量32m$^3$，日产油量7.7t，综合含水率77%，4个月后综合含水率上升至98%。从取芯井生产情况来看，均呈现高含水（95%~99%），表明目前井网单纯加密难以开采剩余油，需依靠改变液流方向和复合驱进一步扩大波及系数动用这部分剩余油。

5. 矿场试注表明，PPG+聚合物复配体系具有优良的调驱能力

PPG与聚合物复配后，除提高聚合物溶液的耐温抗盐能力外，还产生体系体相黏度增加、体相及界面黏弹性能增强、颗粒悬浮性改善、流动阻力降低的增效作用，大幅度提高聚合物扩大波及体积能力。2009年2月21日在先导试验区中11-311井进行了单井试注PPG试验，5个月后，油压上升到9.7MPa，上升了1.4MPa，与北部二元相比，增加了0.3MPa。根据连续的吸水剖面检测资料反映，纵向吸水剖面明显改善，注入前馆$3^3$层相对吸水量为20.33%，馆$3^4$层相对吸水量为5.55%，馆$3^5$层相对吸水量为74.12%，馆$3^5$层为主要吸水；当前馆$3^3$层相对吸水量为70.92%，馆$3^4$层相对吸水量为3.57%，馆$3^5$层相

对吸水量为38.78%，纵向转变为馆$3^3$层主要吸水。通过单井试注试验可以看出，PPG+聚合物复配体系具有较好的注入能力，并且纵向上具有良好的调整注入剖面作用。

中一区馆3聚合物驱后非均相复合驱先导试验提高采收率方法是可行的，大大增强了孤岛油田转后续水驱油藏进一步提高采收率的信心。2014年7月29日在其西南方向进行非均相复合驱扩大试验，试验区含油面积0.545km$^2$，地质储量165×10$^4$t，采用与先导区相同的注入体系，预测累计增油量16.17×10$^4$t，采收率提高9.8%。至2022年5月采收率提高2.6%。开发效果没达到预期。分析认为，扩大区储层发育及剩余油较先导区差，井距过小，化学剂在储层中的水解增黏作用未充分发挥，极易产生大孔道窜流，达不到驱油效果，150m井距见聚早、失效快。

# 第八节　西区北馆3-4井网互换变流线非均相复合驱开发试验

## 一、试验区基本情况

（一）试验目的

针对纵向多层系油藏流线固定、不同层系间井网形式交错及动用状况差异大的问题，考虑充分利用老井，开展基于纵向多层系井网综合调整的转流线先导试验，探索整装多层系油藏特高含水后期上下层系井网互换转流线技术，达到以下目的，同时对特高含水后期油藏效益开发具有重要的指导意义。为此，确定试验目的如下：①探索基于老井的多层系油藏井网互换变流线的可行性；②探索一类聚驱后油藏现井网条件下非均相复合驱的可行性；③配套工艺技术实现老井换层生产的可行性。

（二）试验区选择

根据试验目的，确定先导试验选区原则如下：①具有较大的储量规模及调整潜力；②层系间动用状况、井网流线差异大；③井网较完善，控制程度高；④老井井况良好，适合换层生产的工艺要求。综上，选取孤岛油田西区北馆3-4层系开展层系变流线提高采收率先导试验。

西区北试验区位于孤岛披覆背斜构造西翼的北部（图11-31），是人为划分的不封闭的开发单元，其北界、西界为孤岛1号大断层遮挡，南界和东界分别与西区馆3-6单元和中一区相邻，油藏埋深1180~1300m，含油面积3.26km$^2$，有效厚度24.2m，地质储量1384.3×10$^4$t。

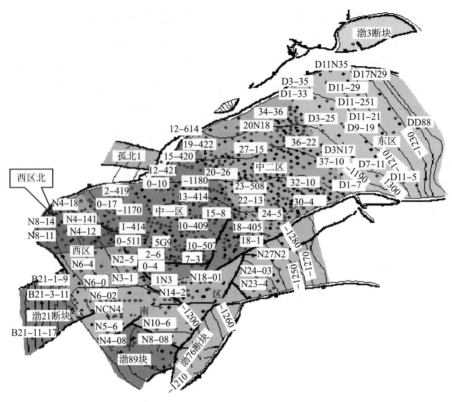

图 11-31　孤岛油田西区北构造位置图

（三）油藏概况

1. 地质概况

西区北构造简单平缓，东高西低，地层倾角 1.5°~2.0°。油藏埋深 1180~1300m，划分 9 个小层，主力层位集中在馆 $3^5$、馆 $4^2$、馆 $4^4$。其中馆 $3^5$、馆 $4^4$ 层全区大面积连通发育，砂厚 10m 以上，馆 $3^5$ 平均有效厚度 8.8m，馆 $4^4$ 平均有效厚度 9.0m。馆 $4^2$ 层大面积发育，连通性好，砂体厚度 7.2m，有效厚度 5.2m。其他非主力小层厚度 2.0~5.0m，大部分呈土豆状或条带状展布，平均有效厚度 1.3~4.3m。

馆 3、4 砂层组为曲流河沉积，储层物性好，方案区馆 3 平均孔隙度为 34.2%，平均渗透率 $3349 \times 10^{-3} \mu m^2$，渗透率级差 1.2，馆 4 平均孔隙度为 33.9%，平均渗透率 $2987 \times 10^{-3} \mu m^2$，渗透率级差 1.03，属高孔高渗透油藏。岩性属岩屑长石砂岩，砂粒间以孔隙—接触式胶结为主，胶结物以泥质为主，黏土含量 8%~10%。

馆 3-4 层间隔层普遍分布，隔层厚度 2~8m，平均厚度 3.4m，隔层发育相对稳定，仅在方案区东部发育砂体连通区，连通面积占方案区面积的 7%。

地面原油黏度在 500~2500mPa·s，地下原油黏度 58~130mPa·s，平面上自东向西逐渐增大，与单元东高西低的构造特点相对应。

地层水以$NaHCO_3$型为主，矿化度平均为$6210mg/L$，方案区原始地层压力为$12.35MPa$，当前地层压力为$10.6MPa$，原油饱和压力为$9.25MPa$，原始地层温度为$69℃$，油藏为常压、常温系统。

2. 开发简况

西区北1973年2月投产，1976年3月反九点井网注水开发，馆3-4合采。1983年全区实施层系细分，上层系利用原井网，同时实施边井转注和油井排加密；下层系在原井网的三角滞留区部署五点法新井网，从而初步形成了两套开发井网。1987—1990年全区进一步分层系实施加密调整，上层系在1987年进一步加密水井，形成正对行列井网；下层系在1990年整体加密，形成正对行列井网。1997年3月注聚开发，2002年4月转入后续水驱。单元开发特点如下。

1）井网形式长期固定，注采流线长期不变

上层系井网至今已有31年未整体调整，下层系井网至今已有28年未整体调整，井网长期固定，注采流线也长期固定。

2）上下两套层系井网交错，流线存在差异

从西区北馆3-4层系叠合井网图（图11-32）可以看出，上层系为北偏西30°行列井网，下层系为北偏东10°行列井网。由于近30年未实施井网整体调整，导致注采流线长期固定，油水井正对方向的主流线相对固定：上层系主流线方向为北偏西120°，下层系主流线方向为北偏西80°，两套层系主流线形成了40°夹角。

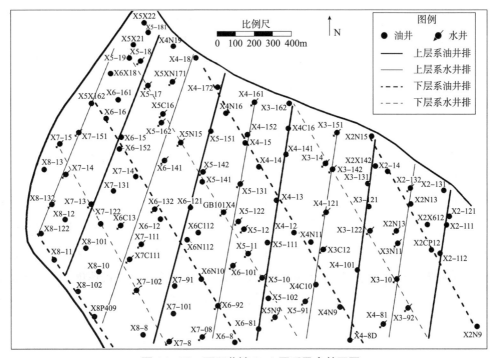

**图11-32　西区北馆3-4层系叠合井网图**

3）两套层系间开发现状存在差异

馆$3^1$-$4^1$层系于1987年建成北偏西30°行列井网，平均排距300m，平均井距175m；馆$4^2$-$4^4$层系于1990年建成北偏东10°行列井网，平均排距200m，平均井距230m。

截至2018年6月，西区北开油井59口，单井日产液量121t，单井日产油量2.1t，综合含水率98.1%，平均动液面335m；开水井42口，单井日注量173m³；全区采出程度52.3%，采油速度0.39%。

其中馆$3^1$-$4^1$层系储量601.0×$10^4$t，开油井26口，开水井22口，综合含水率97.9%，采出程度50.3%，采油速度0.35%，馆$4^2$-$4^4$层系储量770.4×$10^4$t，开油井36口，开水井27口，综合含水率98.2%，采出程度53.1%，采油速度0.40%，全区及分层系开发现状如表11-25所示。

表11-25　西区北分层系开发现状表

| 项目 | 馆$3^1$-$4^1$ | 馆$4^2$-$4^4$ | 西区北合计 |
|---|---|---|---|
| 储量/$10^4$t | 601.0 | 770.4 | 1371.4 |
| 油井总数/开井数/口 | 28/26 | 40/36 | 65/59 |
| 单井日产液量/t | 113 | 126 | 121 |
| 单井日产油量/t | 2.2 | 2.2 | 2.1 |
| 综合含水率/% | 97.9 | 98.2 | 98.1 |
| 动液面/m | 345 | 324 | 335 |
| 水井总数/开井数/口 | 29/22 | 29/27 | 51/42 |
| 单井日注量/m³ | 159 | 181 | 173 |
| 采出程度/% | 50.3 | 53.1 | 52.3 |
| 采油速度/% | 0.35 | 0.40 | 0.39 |

4）两套层动用状况接近，但纵向驱替不均衡

馆$3^1$-$4^1$层系综合含水率97.9%，采出程度50.3%；馆$4^2$-$4^4$层系综合含水率98.2%，采出程度53.1%，两套层系动用状况接近。由于平面上发育高耗水带，纵向上发育高耗水层，单元存在驱替不均衡的问题。以GDX5-131井组为例：在井组整体高含水的情况下，水井吸水剖面测试结果显示馆$4^2$层吸水占比14%，馆$4^4$层吸水占比86%，说明下层为高耗水层（图11-33）；井间示踪剂监测结果显示，主流线方向推进速度明显高于其他方向的，优势方向注入水推进速度20.5m/d，弱势水淹方向注入水推进速度11.5~15.6m/d，优势方向水相渗流速度明显高于弱势水淹方向的，表明耗水严重，该方向存在高耗水带，如图11-34所示。

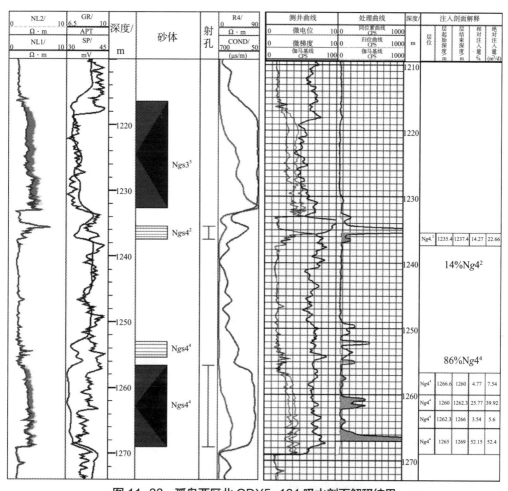

图 11-33　孤岛西区北 GDX5-131 吸水剖面解释结果

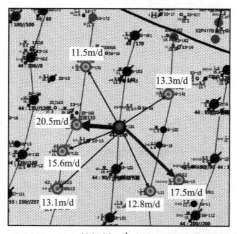

图 11-34　GDX5-131 井组馆 4⁴ 小层平面图及示踪剂监测结果

5）层系间注采强度及水淹状况差异明显，注采强度大的主体部分水淹严重

整体来看，上下层系均在注采强度大的主体部分发育了高耗水带。

陆相砂岩油藏开发试验实践**与认识**——以孤岛油田高效开发为例

从上层系馆$3^1$-$4^1$油井单井日产液量等值图（图11-35）、单井日注量等值图（图11-36）以及单井综合含水率等值图（图11-37）上可以看出，在中部区域（虚线范围内）油井高液高含水，高耗水带发育，其耗水率达67.4m³/t，较层系平均耗水率（16.1m³/t）高。注采主流线（近北东-西南向）方向发育高耗水层带。

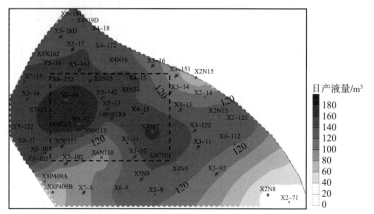

图11-35　馆$3^1$-$4^1$层系单井日产液量等值图

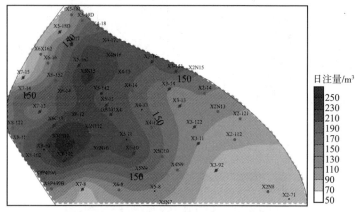

图11-36　馆$3^1$-$4^1$层系单井日注量等值图

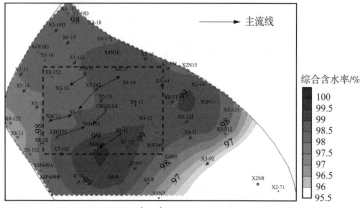

图11-37　馆$3^1$-$4^1$层系单井综合含水率等值图

176

从下层系馆$4^2$-$4^4$油井单井日产液量等值图（图11-38）、单井日注量等值图（图11-39）以及单井综合含水率等值图（图11-40）上可以看出，在北部连片区域（虚线范围内）油井高液高含水率，高耗水带发育，其耗水率达61.1m³/t，较整个层系平均耗水率高，达到5.6m³/t。注采主流线（近北西-东南向）方向发育高耗水层带。

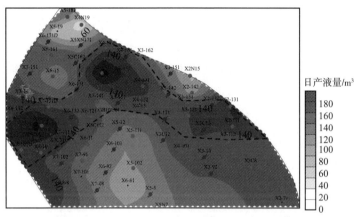

图 11-38　馆$4^2$-$4^4$层系单井日产液量等值图

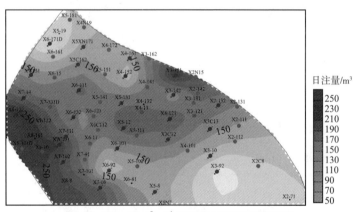

图 11-39　馆$4^2$-$4^4$层系单井日注量等值图

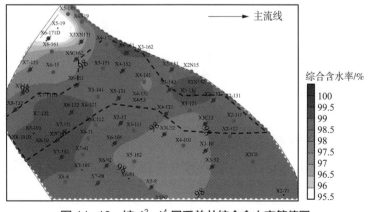

图 11-40　馆$4^2$-$4^4$层系单井综合含水率等值图

## 二、试验方案简介

### (一)变流线调整方案

针对西区北馆3-4层系在开发上主要存在的井网长期未调整导致流线固定高耗水条带发育，以及两套层系间动用状况存在差异的问题，考虑不同层系间井网存在的差异，拟通过层系井网互换的方式变流线，实现西区北馆3-4油藏特高含水后期进一步提高油藏采收率。

层系井网互换的思路是：馆$3^1$-$4^1$层系井网由下层系井网上返，由300m×175m井网转变为230m×200m井网，其示意如图11-41所示；馆$4^2$-$4^4$层系井网由上层系井网下返，由230m×200m井网转变为300m×175m井网，其示意如图11-42所示。井网互换充分利用老井，实现注采流线方向整体转变40°。

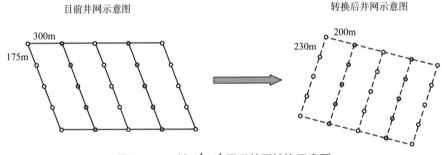

图11-41 馆$3^1$-$4^1$层系井网转换示意图

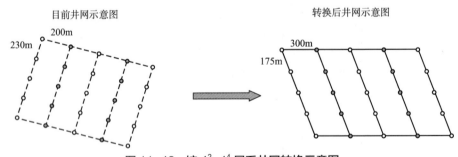

图11-42 馆$4^2$-$4^4$层系井网转换示意图

1. 井网互换的可行性研究

（1）上层系井下返可行性。对全区116口油水井钻遇情况进行统计，发现所有井均钻穿馆4储层，因此上层系井网下返可行。

（2）停产停注井再利用可行性。对停产停注逐井论证，认为存在井况问题关停的15口油水井中，12口可以通过大修扶停后下小套、取换套的方式恢复利用，具体论证结果如表11-26所示。因此停产停注井再利用可行。

表 11-26　西区北停产停注井下步利用情况调查结果表

| 井别 | 井数 / 口 | 大修可扶停井 / 口 | 小修可扶停 / 口 | 可扶停井占比 /% |
| --- | --- | --- | --- | --- |
| 油井 | 6 | 3 | 1 | 66.7 |
| 水井 | 9 | 8 | | 88.9 |

（3）实施效果是否可行。对换层后预期效果进行初步研究，认为，不同层系井网对剩余油具有不同的控制作用，以馆$3^5$层为例，假定利用当前两套井网不加优化直接互换，上层系由图11-43所示井网转换为图11-44所示井网，互换后水井排含油饱和度由35.5%上升至42.8%，油井排饱和度由互换前的44.1%上升至46.4%，流线转变40°，对剩余油有更好的控制作用。

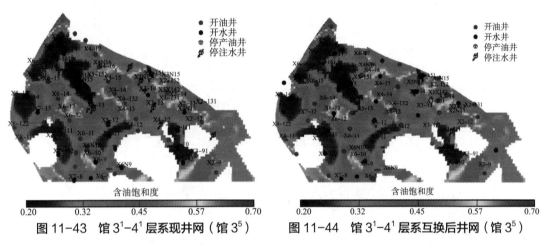

图 11-43　馆$3^1$-$4^1$层系现井网（馆$3^5$）　　图 11-44　馆$3^1$-$4^1$层系互换后井网（馆$3^5$）

因此认为通过上下层系井网互换变流线提高油藏采收率在技术上和预期效果上均是可行的。

在此基础上，提出层系井网互换的部署原则，有以下四点：①考虑上下两套层系井网综合利用调整流线；②依靠机封、射孔、扶停、侧钻等工艺措施调整井网；③考虑不同的井网互换方式，设计油藏调整方案；④调整后要求层系内部实施整体精细分层注水。

根据以上原则，开展不同层系井网互换方式方案设计，并进行指标预测研究。

2.方案设计

措施总工作量89井次，互换后位于原层系老井附近油井侧钻避开高耗水带；套损、套坏井通过大修下小套、侧钻等方式换层生产。其中：馆$3^1$-$4^1$层系利用老井15口，油水井互换44口，油井扶停1口，水井扶停1口，侧钻4口，井网部署如图11-45所示；馆$4^2$-$4^4$层系利用老井11口，互换井42口，扶停1口，大修15口，转抽2口，转注1口，侧钻1口，井网部署如图11-46所示。

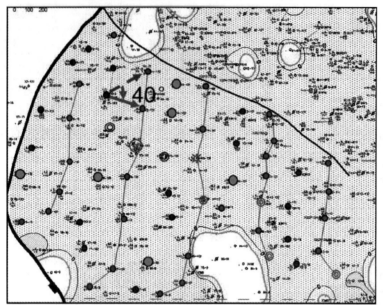

图 11-45　馆 $3^1$-$4^1$ 层系井网部署

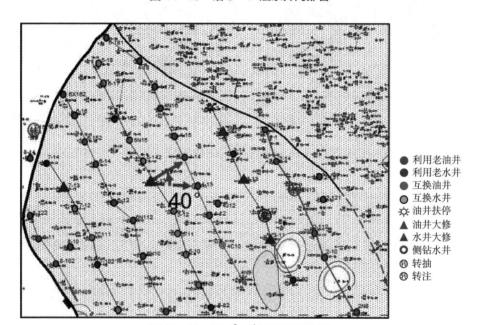

图 11-46　馆 $4^2$-$4^4$ 层系井网部署

3. 指标预测

实施调整时，方案共部署各类油水井措施工作量89口，如表11-27所示。递减参考孤岛水驱油藏改层井年递减率，取值13.6%，计算采收率55.9%，经济评价结果如表11-28所示。

表 11-27　西区北馆 3-4 推荐方案工作量统计表

| 措施项目 | 补孔改层 | 侧钻 | 大修下小套 | 大修打捞 | 小修扶停 | 机封改层 | 转抽 | 合计 |
|---|---|---|---|---|---|---|---|---|
| 油井井数 / 口 | 10 | 4 | 5 | 18 | 1 | 7 | 2 | 47 |
| 水井井数 / 口 | 17 | 1 | 14 | 3 | 1 | 5 | 1 | 42 |

表 11-28　西北区馆 3-4 不同方案指标计算结果

| 方案 | 采收率 /% | 提高采收率 /% | 剩余经济可采储量 / $10^4$t | 剩余储量价值 / 万元 | 剩余经济寿命期 /a | 评价期累计产油量 /$10^4$t |
|---|---|---|---|---|---|---|
| 基础方案 | 53.8 | — | 11.374 | 9.3 | 21.46 | 53.8 |
| 方案一 | 55.9 | 2.1 | 53.937 | 15.5 | 47.07 | 55.9 |

## （二）化学驱矿场实施方案

### 1. 配产配注方案

配产配注原则如下：①考虑条件相似单元注入情况，利用数值模拟，推荐注入速度为 0.07PV/a；②为确保均衡驱替，考虑边水影响的情况下各井组注采比保持在 1.0 左右；③单井配产配注根据各井区剩余储量和目前生产注入能力进行调整；④全区及单井配注不超过其最大注入能力。

目的层系的配产配注方案如下：馆 $3^1$-$4^1$ 层系注入井 27 口，设计日注入量为 2270m³，平均单井日注量 85m³；馆 $4^2$-$4^4$ 层系注入井 24 口，设计日注入量为 2650m³，平均单井日注量 110m³；注采比 1：1，设计上层系馆 $3^1$-$4^1$ 层 37 口油井日产液量为 2700t，平均单井日产液量 73t；设计下层系馆 $4^2$-$4^4$ 层 34 口油井日产液量为 2900t，平均单井日产液量 85t。

### 2. 矿场注入方案

推荐配方：聚合物矿场用耐温抗盐聚合物：Ⅱ型-A1、Ⅱ型-A6；PPG：30~50 目，聚合物与 PPG 用量 2：1，总质量浓度 2400mg/L；活性剂配方推荐：0.27%SLPS+0.13%ST1-1A3、0.27%SLPS+0.13%GDX-2、0.2%SLPS+0.2%GDX-3；活性剂与原油间界面张力：$10^{-3}$mN/m；注入方案：在室内实验、数值模拟及方案优化研究的基础上，根据方案区开采现状，采用清水配制母液、产出水稀释注入的注入方式。

前置段塞：0.10PV×（2000mg/L 聚合物 +1000mg/L PPG）；主体段塞：0.40PV×（1600mg/L 聚合物 +800mg/L PPG+2000mg/L 表活剂 +2000mg/L 石油磺酸盐）。

| 段塞 | 段塞尺寸 / PV | 注入液量 / $10^4$m³ | 聚合物 | | PPG | | 表面活性剂 | | 连续注入时间 /d |
|---|---|---|---|---|---|---|---|---|---|
| | | | 质量浓度 /（mg/L） | 用量 /t | 质量分数 /% | 用量 /t | 质量分数 /% | 用量 /t | |
| 一 | 0.10 | 111 | 2000 | 2473 | 1000 | 1113 | | | 521 |
| 二 | 0.40 | 445 | 1600 | 7915 | 800 | 3562 | 4000 | 17808 | 2086 |
| 合计 | 0.50 | 556 | | 10388 | | 4675 | | 17808 | 2607 |

表中化学剂浓度为平均浓度，在矿场注入过程中，针对各井组的实际情况可适当进行

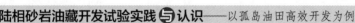

调整，但要保证平均注入浓度达到方案设计要求。

上层系馆$3^1$-$4^1$层共需注入溶液量$557 \times 10^4 m^3$，聚合物干粉用量$1.04 \times 10^4 t$（有效含量90%），表面活性剂用量$1.78 \times 10^4 t$，PPG$0.5 \times 10^4 t$（表11-29）。

表11-29　上层系馆$3^1$-$4^1$层矿场注入方案设计

| 段塞 | 段塞尺寸/PV | 注入液量/$10^4 m^3$ | 聚合物 | | PPG | | 表面活性剂 | | 连续注入时间/d |
|---|---|---|---|---|---|---|---|---|---|
| | | | 质量浓度/(mg/L) | 用量/t | 质量分数/% | 用量/t | 质量分数/% | 用量/t | |
| 一 | 0.1 | 111 | 2000 | 2473 | 1000 | 1113 | | | 521 |
| 二 | 0.4 | 445 | 1600 | 7915 | 800 | 3562 | 4000 | 17808 | 2086 |
| 合计 | 0.5 | 556 | | 10388 | | 4675 | | 17808 | 2607 |

总共需要注入8年时间，如表11-30所示。

表11-30　上层系馆$3^1$-$4^1$层化学剂分年度投入表

| 时间 | 第1年（90天） | 第2年 | 第3年 | 第4年 | 第5年 | 第6年 | 第7年 | 第8年 | 合计 |
|---|---|---|---|---|---|---|---|---|---|
| 溶液/$10^4 m^3$ | 19 | 78 | 78 | 78 | 78 | 78 | 78 | 70 | 557 |
| 聚合物/t | 427 | 2046 | 1385 | 1385 | 1385 | 1385 | 1385 | 989 | 10388 |
| PPG/t | 213 | 900 | 693 | 693 | 693 | 693 | 693 | 99 | 4675 |
| 活性剂/t | 0 | 0 | 3116 | 3116 | 3116 | 3116 | 3116 | 2226 | 17808 |

下层系馆$4^2$-$4^4$层共需注入溶液量$714 \times 10^4 m^3$，聚合物干粉用量$1.33 \times 10^4 t$（有效含量90%），表面活性剂用量$2.28 \times 10^4 t$，PPG$0.6 \times 10^4 t$（表11-31）。

表11-31　下层系馆$4^2$-$4^4$层矿场注入方案设计

| 段塞 | 段塞尺寸/PV | 注入液量/$10^4 m^3$ | 聚合物 | | PPG | | 表面活性剂 | | 连续注入时间/d |
|---|---|---|---|---|---|---|---|---|---|
| | | | 质量浓度/(mg/L) | 用量/t | 浓度/% | 用量/t | 浓度/% | 用量/t | |
| 一 | 0.1 | 143 | 2000 | 3171 | 1000 | 1427 | | | 521 |
| 二 | 0.4 | 571 | 1600 | 10148 | 800 | 4566 | 4000 | 22832 | 2086 |
| 合计 | 0.5 | 714 | | 13319 | | 5993 | | 22832 | 2607 |

总共需要注入8年时间，如表11-32所示。

表11-32　下层系馆$4^2$-$4^4$层化学剂分年度投入表

| 时间 | 第1年（90天） | 第2年 | 第3年 | 第4年 | 第5年 | 第6年 | 第7年 | 第8年 | 合计 |
|---|---|---|---|---|---|---|---|---|---|
| 溶液/$10^4 m^3$ | 25 | 100 | 100 | 100 | 100 | 100 | 100 | 90 | 715 |
| 聚合物/t | 547 | 2624 | 1776 | 1776 | 1776 | 1776 | 1776 | 1268 | 13319 |
| PPG/t | 274 | 1153 | 888 | 888 | 888 | 888 | 888 | 127 | 5994 |
| 活性剂/t | 0 | 0 | 3996 | 3996 | 3996 | 3996 | 3996 | 2854 | 22834 |

## 三、试验进展

方案实施按照"强化整体部署，精细过程管理，油水井间干扰最小"的原则，规划沿断层由北向南整体推进，先水井后油井，先低含水区后高含水区，先下层系后上层系；上下层系同时，高低含水区同时考虑。

2018年10月开始矿场实施，2019年12月，先导试验层系互换变流线油水井工作量全部实施完成。2020年1月实施第一次注水产液结构调整，2020年12月配注站、注聚设备、工艺管线等已配套完善，2021年2月第一批注聚井投注，2021年10月最后一批注聚井投注完成。具体做法如下。

（一）层系井网互换变流线阶段

1. 精准描述调控高耗水带，夯实层系井网互换基础

地质描述上做到精细三维构型地质建模，实现构型与相对高渗透段的精细刻画；精确刻画高耗水层带控制下的剩余油分布，层内储层构型控制研究，有构型与无构型饱和度分布差异较大，有构型控制顶部饱和度增加5.8个百分点，高饱和度段厚度增加2.2m（图11-47、图11-48）。精准调控高耗水层，注水方向由逆侧积层方向改变为顺侧积层方向，改变驱替机制，实现油井增效。

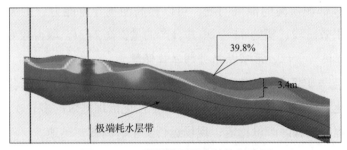

图11-47　常规模型剩余油饱和度图

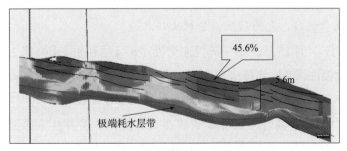

图11-48　构型模型剩余油饱和度图

2. 配套低成本工艺技术，做实层系井网互换关键

老油田井网互换，要保持井网完善，井网转换必须有井，即充分利用老井，具体改进技术如下。

1）大修换井底技术

试验区治理33口套损井，其中油井12口，水井21口。实施后，平均单井日产液量

下降27.8t，平均单井日产油量上升2.7t，取得了良好的增油效果，而且一口大修换井底的费用是90万元，而投产一口新井费用500万元，侧钻一口井费用200万元，有效降低了成本。

2）高效封堵卡封技术

单元上下层系的互换，最重要的是那些封上采下的老井，利用高效封堵卡封技术保证上转下的井封得住、卡得死，实现层系不乱、注采不窜。共实施7井次，其中油井4口，日产液量下降270t，综合含水率下降1.6%；水井3口，套压全部降为0，且单井费用较换井底降至20万元，作业周期也由35d降至10d。有效降低了成本，缩短了周期。

3）定向侧钻技术

针对储层平面剩余油、高耗水层带差异分布与老井井点位置固定局限的问题，应用定向侧钻技术。实施了3口定向大修、5口侧钻。

4）水力喷砂避水驱油射孔+酸化氮气逐级返排技术

水力喷砂技术优点是射孔深度大，2.5m形成喇叭状渗流通道除污、解堵；酸化返排技术优点是溶解泥浆、高泥钙等清洗井筒附近地层。以上技术解决油层泥浆污染、双层套管难沟通、油层顶部泥质高的油藏问题，可以提高油藏导流能力，扩大低耗水区波及范围，2020年促效引效阶段，实施4口，单井日产油量提高2~3t，取得较好效果。

3. 一体化管理运行管理，落实层系井网互换保障

先导试验研究与矿场实施过程中，通过项目组系统化管理，统筹各技术系统的各部门实现现场有序化运行，局部稳效–整体引效–个性化治理提效的多轮次矢量化注采调整，实现井网转换过程中试验区产量稳定，现场运行安全、高效、迅速。

（二）非均相复合驱阶段

1. 作业地面同步运行，先易后难，分批次转注聚

2021年2月6日~4月15日，第一批投注聚投注8-4站和8号南泵房25口井；4月15日~5月28日，第二批投注聚8号北泵房21口井，仅1口边部套变井协调大修后投注聚。

2. 注聚井提水、高液高含水井降液，弥补转化过程中能量损失

转注聚过程中，作业换管柱、注聚管线碰头和保作业关井注入量减小，地层能量下降，按照配产配注对局部高液井降液。用水补亏空，通过局部降黏提水，高液量高含水井降液。实施8口注聚提水，7口油井降液，实施后第一批投注井区的东南部能量保持均衡。

3. 分批次注采调配提浓度促见效

通过主动的注采调配恢复转注聚过程中地层能量损失，提浓度保证前置段塞质量促见效，优化注采调配，强化注入井的浓度和注入量管理，确保均衡驱替，防止局部窜进。

4. 注入井实时跟踪

对油压上涨不明显注入井进行调剖，促进油压上涨，确保均衡驱替；西区北上层系实

施调剖井6口、下层系实施5口。同时按照配产配注方案，油水井联动调整，保证均衡驱替、均衡见效。

## 四、试验效果及主要认识

### （一）试验效果

#### 1. 井网互换变流线效果好

西区北馆3-4上下层系井网互换形成了"地质精准描述、工艺技术配套、矿场精细管理"一体化的做法，通过调整流线、培养流线，直至新的流线形成，开发水平提升，"降水增油"明显。互换前后对比，日产液量由6289t下降到5701t，下降了588t，日产油量由123t上升到172t，上升了49t，日注水量由6549×10⁴m³下降到5107×10⁴m³，下降了1442×10⁴m³。单元累计减少无效液量65.7×10⁴m³，无效注水量54.8×10⁴m³（图11-49）。单元开发效益提升，"降本增效"显著。互换前后对比，耗水率由516m³/t下降到33.5m³/t，吨油运行成本由735元下降到552元，吨油耗水下降1/3，运行成本降低1/4，取得较好的开发效果。

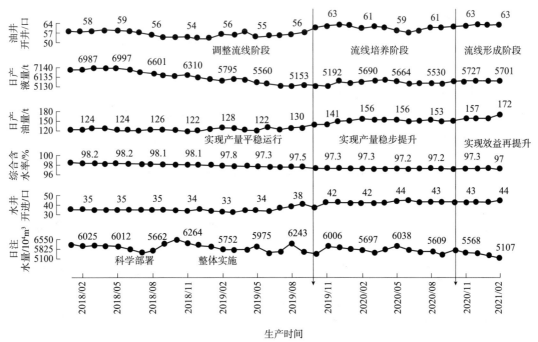

图 11-49　西区北馆 3-4 单元月度开发曲线

#### 2. 非均相复合驱初步见效

1）注入情况

2021年12月，已注入0.051PV，完成前置段塞的51.3%（表11-33）。

表 11-33　试验区注入情况统计表

| 段塞 | 运行 | 段塞尺寸/PV | 注入液量/10⁴m³ | 聚合物 质量浓度/(mg/L) | 聚合物 用量/t | 聚合物 注入量/PV·(mg/L) | B-PPG 质量浓度/(mg/L) | B-PPG 用量/t | 石油磺酸盐 质量分数/% | 石油磺酸盐 用量/t | 表活剂1709 质量分数/% | 表活剂1709 用量/t | 连续注入时间/d |
|---|---|---|---|---|---|---|---|---|---|---|---|---|---|
| 第一段塞 | 设计 | 0.1 | 253.0 | 2000 | 5623 | 200.0 | 1000 | 2530 | | | | | 521 |
| | 实际 | 0.051 | 128.4 | 1820.1 | 2595.8 | 93.4 | 881.7 | 1257.5 | | | | | 328 |
| | 完成百分数 | 51.3 | 50.7 | | 46.2 | 46.7 | | 49.7 | | | | | |
| 第二段塞 | 设计 | 0.4 | 1012 | 1600 | 17991 | 640.0 | 800 | 8096 | 0.2 | 20240 | 0.2 | 20240 | 2086 |
| | 实际 | | | | | | | | | | | | |
| | 完成百分数 | | | | | | | | | | | | |
| 合计 | 设计 | 0.5 | 1265.0 | 1661.4 | 23614.0 | 830.7 | 747.6 | 10626 | 0.2 | 20240 | 0.2 | 20240 | 2607 |
| | 实际 | 0.051 | 128.4 | 1799.9 | 2595.8 | 92.4 | 871.9 | 1258 | | | | | 328 |
| | 完成百分数 | 10.3 | 10.1 | | 16.3 | 11.1 | | 11.8 | | | | | 12.6 |

注入浓度、注入黏度及日注入量都按设计指标运行，注入质量较好。注入油压逐步上升，初期注入压力7.4MPa，2021年12月平均油压9.2MPa，油压平均增幅1.8MPa。油压上升主要集中于层系互换后形成新流线区域，经过调剖后馆$3^1$-$4^1$井网上升面积区域更大。转注聚后纵向吸水剖面得到改善，如GDX7-13井，转注聚前，2020年11月28日测馆$4^2$、馆$4^4$相对吸水量分别91.9%、8.1%，注聚后，2021年11月27日测馆$4^2$、馆$4^4$相对吸水量分别33.1%、66.9%，层间差异改善效果明显改善。

2）采出情况

试验区注聚半年后有10口油井初步见效，日产油量由20t上升到35t，综合含水率由97.4%下降到95.5%（图11-50）。

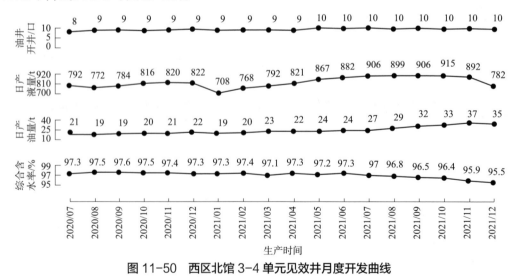

图 11-50　西区北馆 3-4 单元见效井月度开发曲线

见效井主要在以下部位。一是断层边部受效：受构造的控制，断层高部位剩余油相对富集，层系互换后断层边部、砂体边部等剩余油富集区，在转注聚后优先见效，尤其是层系互换后形成新流线的井区。二是层系互换流线转变超40°受效：层系互换后流线转变超40°形成了新流线，见效井主要位于油水井排间或水井排间，而原油水井排间弱流线区域和非主力层为剩余油富集区。下层系转上层系水井排间，层系互换在小层形成新流线，转注聚后，油井见效快。受注采影响，位于原油水井排间非主流线相对弱驱区域。水井上返，形成新流线；油井上返至油井排间，形成新流线；上层系转下层系油水井排间，层系互换在小层形成新流线。这些新流线上油井见效早。

（二）主要认识

依托国家科技重大专项和中石化重大先导试验，在孤岛西区北馆3-4开展了层系井网互换流线转型的探索，取得了显著成效。

1.精准描述调控高耗水层带是水驱开发转型的核心

特高含水期以来，随着地质研究以及剩余油认识精度的不断深化，带来了油藏开发理念的转变，从而指导油田开发技术创新与突破。"九五"进入特高含水期，地质研究精细到小层，"水淹严重、高度分散"的开发理念就是对剩余油进行"控水稳油"，相应的开发技术是"注采完善、局部加密、堵水调剖"；"十五"到"十一五"前期，地质研究精细到韵律层，对剩余油的认识是"总体分散、局部集中"，开发理念是"局部挖潜"，相应的开发技术"层系井网重组、厚层顶部水平井挖潜、细分韵律层"等；"十一五"中后期至今，进入特高含水后期，地质认识精细到侧积层，对剩余油的认识是"普遍分布，差异富集"，相应的开发理念是"保持井网完善"，开发技术是"矢量调整、变流线调整、层系互换技术"等，通过井网的转换，改变流线调控高耗水以挖潜增效。怎么描述高耗水控制下的剩余油，以及如何调控高耗水，地质上要做到"三精"，即精细三维构型地质建模，精确刻画高耗水层带控制下的剩余油分布，精准调控高耗水层待改善开发效果。

2.配套低成本工艺技术是水驱开发转型的关键

1）攻关配套了大修换井底技术

试验区老井套损严重，单元井网完善，制约老油田开发转型。工艺上攻关配套大修换井底技术，套损老井修复以后，支撑了层系井网互换，实现井网不欠。

2）攻关配套了新型封堵剂封口+卡封的工艺技术

单元上下层系的互换，最要紧的是那些封上采下的老井。工艺方面改进堵剂和封堵工艺，实现"三高一大"：封堵层强度高，承受压力15MPa以上；稳定性高，寿命达10年以上；成功率高，100%。封堵层厚度大，稳定团结体厚18cm以上。高效封堵后配套卡封双保险保证寿命大于15年。实现层系不乱、注采不窜。

3）配套定向大修、侧钻技术

井网互换后流线转变40°，受老井位置的局限，少量井仍然处于极端耗水层带中。针对储层平面剩余油、高耗水层带差异分布与老井井点位置固定局限的问题，应用定向大修、侧钻技术，提高老井利用率，同时实现"最大限度恢复储量动用、挖潜剩余油，转井网调流线"。

4）配套水力喷砂避水驱油射孔+酸化氮气逐级返排技术

动态监测以及数值模拟结果表明厚油藏中下部水淹严重发育极端耗水，剩余油在顶部差异富集，顶部物性差泥质含量高，再加上换井底后的固井污染。油藏上需要避开底部极端耗水，射开并有效驱动顶部剩余油。射孔井段考虑极端耗水以上油井避射2/3、水井避射底部1/2，采用避水驱油水力喷砂射孔，有效控制了高耗水，提升了开发效益，同时节约了成本。

3. 项目一体化管理运行是水驱开发转型的保障

保障先导试验研究与矿场实施的平稳高效运行，需要技术、现场、注采管理三方面的一体化管理，技术层面涉及多个系统，现场层面涵盖众多的部门，注采管理层面要平衡局部与整体。三方面怎么管理，如何运行，才能保障效果的同时平稳高效？主要做到了以下几点。

1）成立项目组系统化管理

成立局层面先导试验项目组，油田领导挂帅，厂院结合，分工精细、职责明确。项目组主要职责是统一思想凝聚共识，油藏、监测定方案，不同系统定人员，先导管理定制度。建立例会制度强化管理，月度例会，优化顺序、优化动力、优化措施，科学部署精细管理；季度例会，评价效果、评价流线、评价指标，分类评价总结经验为推广奠定基础。

2）现场有序化运行

成立现场运行项目组，充分保障作业现场高效有序化运行。做好四个优化：主要实施作业工作量顺序优化，措施大修、小修动力配置优化，区域统筹措施提速提效优化，单井重点工序联合监督交底优化，达到生产运行高效平稳。

3）多轮次矢量化调整

井网调整前/中/后期，加强油藏动态监测，为层系井网不同阶段的多轮次矢量化调整提供依据。实施前，落实设计吸水剖面、分层流量、饱和度监测等测试，落实单元平面、纵向高耗水层带分布特征；实施中，设计定点测压、产吸剖面等测试，落实调整过程中层间系数及采出状况改善情况；实施后，设计示踪剂测试、产吸剖面等测试，落实井网调整后高耗水层带调控效果。这样，在转井网过程中，完善一块调配一块，保证调配稳效。转井网完成后，整体矢量注采优化引效，整体引效后进行个性化治理再提效。

西区北先导试验的成功证明：地质是核心，工艺是关键，管理是保障，这一体化的做法是老油田特高含水后期利用老井实现低成本效益开发的必由之路。稳步推进聚驱后井网重组+非均相复合驱技术，进一步提高采收率。"十四五"期间，投入水驱转非均相复合驱项目7个，覆盖地质储量6026×10⁴t。

# 第四篇

# 稠油热采开发

热力采油是稠油、超稠油储量高效动用和提高采收率的重要手段。目前孤岛油田热力采油方法主要包括蒸汽吞吐、蒸汽驱、化学蒸汽驱等多种开发方式。

稠油油藏蒸汽吞吐开发方式是依靠注入油藏的热能降低原油黏度，并加速天然能量的利用。即注入有限的热能后，加速消耗油藏天然能量将原油采出，而且是单井注入蒸汽又采出原油，基本上不产生井间驱替作用。随着油藏中弹性能量的消耗，主要是油层压力的衰减，产油量大幅度降低，而最终结束有效开采。因此，蒸汽吞吐开采属一次开采方式。由于孤岛油田稠油处于稀油与边底水之间的油水过渡带，受注入水和边底水双重水侵影响提供能量，蒸汽吞吐开采周期较长，因此，孤岛油田热采井以蒸汽吞吐为主。

蒸汽吞吐开采之后，油井间会存在大片尚未动用的剩余油，纵向上也存在未动用或动用程度低的油层段。因此，为提高原油采收率，挖掘石油资源潜力，提高原油产量及整体开发效益，需要向选定的注入井连续注入蒸汽、热水或其他驱替剂，向油藏补充大量的热能及驱替能，形成注入井至采油井的驱油系统。2008年开始根据不同油藏条件、流体类型和技术条件，分别开展了封闭断块蒸汽吞吐转蒸汽驱、水驱转蒸汽驱、稀油与边底水之间的油水过渡带蒸汽吞吐转化学蒸汽驱等先导试验。由于稠油油藏采收率偏低，继续实施规模工作量的潜力较小，急需转换开发方式，考虑环保要求，重点开展了东区北部馆3-4普通稠油油藏蒸汽吞吐后化学驱先导开发试验和中二区北部馆5稠油降黏复合驱先导开发试验，稠油热采转化学驱已经成为高含水阶段稠油开发的新一代主导技术。

本篇分为"热采机理与发展历程""蒸汽吞吐先导开发试验""蒸汽驱先导开发试验""稠油热采转化学驱开发试验"共四章，重点分析了热力采油开发机理，系统总结了蒸汽吞吐、蒸汽驱、蒸汽驱转化学驱等三个方面7个重大开发试验项目的基本情况、方案、实施、成果及认识。

# 第十二章　热采机理与发展历程

## 第一节　热力采油机理

### 一、蒸汽吞吐采油机理

蒸汽吞吐采油又叫周期性注汽或循环注蒸汽采油方法，简言之，就是对稠油油井注入高温高压饱和蒸汽，将油层中一定范围内的原油加热降黏后，回采出来，即"吞"进蒸汽，"吐"出原油。通常，注入蒸气的数量按水当量计算，每米油层注入70~120t蒸汽，注入几天至几周；注入蒸汽的干度要高，井底蒸汽干度要求达到50%以上；注入压力（温度）及速度以不超过油层破裂压力为上限。关井焖井时间只几天，然后开井采油。一般情况下，在第一周期吞吐时，由于油层压力保持在原始压力水平，开井回采时都能够自喷生产一段时间，因而峰值产量较高。当不能自喷时，立即下泵转抽，该阶段持续时间从几个月到一年以上不等，这也是蒸汽吞吐生产原油的主要时期。随着采油时间的延长，由于油层中注入热量的损失及产出液带出的热量，被加热的油层逐渐降温，流向近井地带及井底的原油黏度逐渐升高，原油产量逐渐下降，当产量降到经济极限产量时，该周期生产结束，重新进行下一周期的蒸汽吞吐作业。

蒸汽吞吐作业的过程可分为注汽、焖井及回采三个阶段，其主要机理如下。

1. 具有加热降黏作用

稠油的突出特性是对温度非常敏感，可由黏度-温度曲线看到。当向油层注入250~350℃高温高压蒸汽和热水后，近井地带相当距离内的油层和原油被加热。虽然注入油层的蒸汽优先进入高渗透层，而且由于蒸汽的密度很小，在重力作用下，蒸汽将向油层顶部超覆，油层加热并不均匀，但由于热对流及热传导作用，注入蒸汽量足够多时，加热范围逐渐扩展，蒸汽带的温度仍保持井底蒸汽温度。蒸汽凝结带，即热水带的温度虽有所下降，但仍然很高。这样形成的加热带中的原油黏度将由几千到几万mPa·s降低到几mPa·s，原油流向井底的阻力大大减小，流动系数呈几十倍地增加，油井产量必然增加许多倍。

**2. 加热后油层弹性能量的释放**

对于压力较高的油层，油层的弹性能量在加热油层后充分释放出来，成为驱油能量。而且，受热后的原油产生膨胀，一般在200℃时体积膨胀10%左右，油层中如果存在少量的游离气，也将溶解于热原油中。即使一般稠油油藏的原始气油比很低，加热后溶气驱的作用也很大，这也是重要的增产机理。在第一周期，油层后加热，放大压差生产时，弹性能量、溶气驱及流体的热膨胀等发挥了相当重要的作用。

**3. 回采过程中吸收余热**

当油井注汽后回采时，随着蒸汽加热的原油及蒸汽凝结水在较大的生产压差下采出，带走了大量热能，但加热带附近的冷原油将以极低的流速流向近井地带，补充到降压的加热带。由于吸收油层、顶盖层及夹层中的余热而将原油黏度降低，因而流向井底的原油量可以增加。尤其对于普通稠油（黏度在10000mPa·s内），在油层条件下本来就具有一定的流动性，当原油加热温度高于原始油层温度时，在一定的压力梯度下，流向井底的速度加快。但是，对于特稠油（黏度为10000~50000mPa·s），非加热带的原油进入供油区的数量要少，超稠油（黏度大于50000mPa·s）则更困难。

**4. 边水的影响**

具有边水的稠油油藏，在蒸汽吞吐采油过程中，随着油层压力下降，边水向开发区推进驱油。在前几轮吞吐周期，边水推进在一定程度上补充了压力，即驱动能量之一，有增产作用。但一旦边水推进到生产油井，综合含水率迅速增加，产油量受到影响，尤其极不利于后期的蒸汽驱开采，应控制边水推进。

从总体上讲，蒸汽吞吐开采属于依靠天然能量开采，但人工注入一定数量蒸汽并加热油层后，产生了一系列强化采油机理，主要是原油加热降黏的作用。

## 二、蒸汽驱开采机理

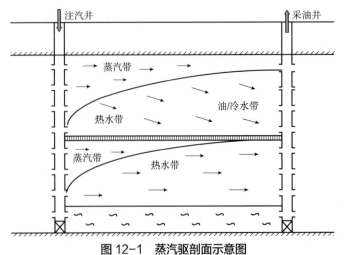

图12-1 蒸汽驱剖面示意图

蒸汽驱是一种驱动式开采，通过向注入井连续注入高干度蒸汽，一方面加热油层，降低原油黏度；另一方面升高地层压力，补充能量，使原油从生产井中产出。注入的蒸汽由注入井推向生产井过程中，由于重力分离作用，蒸汽向油层顶部超覆，热水将进入油层下部（图12-1），同时会在地层中形成几个不同的区带：蒸汽区、凝结热水区、油带及冷水带以及原始油层带，事实上这些区带无明显的界限。

由于每个区带的驱替机理不同，注入井与生产井之间的油饱和度也不同，原油饱和度分布取决于其热特性，蒸汽带中的残余油饱和度因经受的温度最高而降至最低，其饱和度不取决于原始含油饱和度，而取决于温度与原油的组分。在蒸汽温度下，原油中部分轻质馏分受到蒸汽的蒸馏作用，在蒸汽带前沿形成溶剂油带或轻馏分油带。在热凝结带中，这种轻馏分油带从油层中能抽提部分原油，形成了油相混相驱替作用。同时热凝结带的温度较高，使原油黏度大大降低，受热水驱扫后的油饱和度远低于冷水驱的。由于蒸汽带及热水带不断向前推进，将可动原油驱扫向前，热水带前面形成了原油饱和度高于原始值的油带及冷水带，此处的驱油形式与水驱的相同。在油层原始区，温度和油饱和度仍是原始状态，在生产井附近，由于已经过多周期蒸汽吞吐作业，油饱和度降低，水饱和度大幅度增加，吞吐阶段的回采水率越低，转汽驱启动后初期生产井的排水时间越长。

蒸汽吞吐后转汽驱，一般要经历三个过程：汽驱启动阶段、热流体控制阶段以及蒸汽腔推进到生产井后的阶段。汽驱启动阶段是把蒸汽吞吐部分加热的地层进一步扩大到注采井间热连通的阶段，这个阶段因注采井距的大小及转汽驱前吞吐周期的长期而异，一般数月到十几个月，这一阶段的日产油量和生产油汽比都比转驱前吞吐阶段的低；热流体控制阶段是井间热连通后至注入的蒸汽推进到生产井之前的时期，这个阶段日产油量超过蒸汽吞吐时的日产油量，生产油汽比也在提高，这个阶段一般需要数年；在蒸汽腔推进到生产井后，生产井受到汽淹的影响，日产油量明显下降，此外，由于要调整注汽井的注汽量或干度，生产井的产量会受到进一步的影响。

对于适合汽驱的油藏，要实现成功的汽驱，在汽驱的三个不同阶段，必须同时满足四个条件：合理的注汽速度、合理的井底蒸汽干度、合理的注入压力和地层压力及合理的注采比。

## 三、热化学蒸汽驱开采机理

热化学蒸汽驱就是在蒸汽驱过程中添加泡沫体系和驱油剂，同时达到提高波及系数和驱油效率的双重目的。

### 1.高温驱油剂进一步提高驱油效率

蒸汽驱过程中可以通过降低油水界面张力及残余油饱和度以提高驱油效率。高温驱油剂为具有高效性能的表面活性剂，当驱油剂通过多孔介质时，会在孔道表面上形成稳定的吸附层（具有微米级的水动力学尺寸，与岩石的平均孔喉半径接近），并由于水动力学捕集和机械捕集作用，岩石的界面张力降低，使更多的残余油参与流动。图12-2为界面张力对油水相对渗透率的影响，图中曲线分别为热水驱（120℃）和不同界面张力油水相对渗透率曲线，由图12-2可以看出：驱油剂的加入明显降低了残余油饱和度，增大了两相流动区；界面张力越低，两相流动区越大，残余油饱和度越低，等渗点所对应的含水饱和度越高，说明岩石向水湿方向偏转。因此，驱油剂的加入能够有效提高原油采收率。

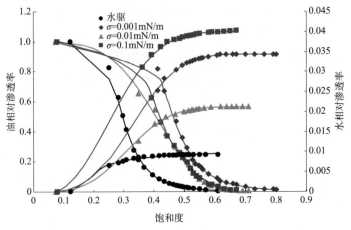

图 12-2　驱油剂对油水相对渗透率的影响曲线（120℃）

数值模拟研究也表明，在井筒附近，添加驱油剂的蒸汽驱比常规蒸汽驱受效范围加大，呈现顶部大底部小的梯形分布，剩余油饱和度明显降低，纵向上各韵律层的动用程度也比蒸汽驱高。室内单管模型实验显示，相同温度条件下，驱油剂辅助蒸汽驱比蒸汽驱驱油效率高 5.7~12.1 个百分点，但随着注入温度的增加，提高幅度在降低，这也表明驱油剂主要是提高蒸汽冷凝带驱油效率。在双管模型中，在蒸汽驱中加入驱油剂，低渗透管和高渗透管驱油效率都有一定程度的提高，表明驱油剂提高了驱替介质能够波及的驱油效率。因此，驱油剂在化学蒸汽驱作用下进一步提高蒸汽、热水、冷油带尤其是热水-冷油带的驱油效率。

2. 高温泡沫剂调堵实现均匀驱替

在汽驱过程中添加泡沫剂，注入 $N_2$ 生成泡沫，可以大幅度提高蒸汽前缘的稳定性，达到大幅度提高波及系数的目的。泡沫是一种高黏度流体，降低了驱替剂的流度。泡沫具有"堵大不堵小"的功能，即泡沫优先进入高渗透大孔道，逐步形成泡沫堵塞，使高渗透大孔道中渗流阻力增大，迫使驱替剂更多地进入低渗透小孔道驱油。同时，泡沫还具有"堵水不堵油"作用，即泡沫遇油消泡、遇水稳定，实验结果显示当残余油饱和度高于一定值时，泡沫体系难以形成较高的封堵压差，高温临界油饱和度为 0.25，低温时临界油饱和度为 0.30（图 12-3），

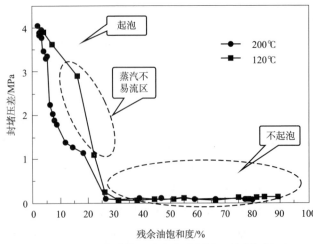

图 12-3　残余油饱和度同泡沫封堵压差之间关系

因此在蒸汽驱过程中加入泡沫体系，可以发挥选择性封堵的作用，有效地防止蒸汽的突进，扩大有效加热体积。

开展了双管模型下泡沫蒸汽驱驱油实验，自蒸汽泡沫复合驱开始后，高渗透管和低渗透管的驱油效率增幅都不大，直至高渗透管的驱油效率达到一定程度，高渗透管内产生大量的稳定泡沫，封堵了高渗透管内蒸汽形成的窜流通道，使高渗透管内蒸汽的渗流阻力增加，从而增大了填砂管两端的压力差，使蒸汽得以转向而进入低渗透管，低渗透管的驱油效率大幅度提高，从而大幅度提高了波及系数。数值模拟和物理模拟也表明，由于高温泡沫剂的选择性封堵作用，储层纵向上和平面上蒸汽温度场发育较均匀，蒸汽波及体积得到有效扩大。

在上述研究基础上，确立了"蒸汽驱为基，泡沫剂辅调，驱油剂助驱，热剂协同增效"的热化学蒸汽驱技术思路，即采用高干度锅炉、高效隔热技术降低地层压力，提高井底蒸汽干度，针对"整体富集、条带水淹"的高含水期剩余油分布规律，采用泡沫体系封堵优势渗流通道、采用水平井注采井网扩大蒸汽波及体积、采用高温驱油剂提高驱油效率，以加合增效提高热化学蒸汽驱效果。

# 第二节  热采发展历程

孤岛油田稠油主要为普通稠油，油层黏度 300~1000mPa·s，总储量近 $10 \times 10^8$t，主要位于孤岛油田背斜构造侧翼，纵向上分布于稀油与边底水之间的油水过渡带，平面上围绕孤岛油田呈环状分布，属边际稠油油藏，投资经济风险和技术难度大。90年代初孤岛油田已进入特高含水期，为实现油田产量接替，并提高储量动用率，积极寻求新技术开发稠油油藏。按照"先肥后瘦、先易后难、先试验后扩大、高速、高效"的原则，1992年在中二区北部馆5开辟热采先导试验区，对油层较厚、储层物性较好的馆5稠油环最先进行蒸汽吞吐开采，后扩大到馆3-4稠油环、馆6稠油环及馆5-6稠油环，形成一定的热采规模。随着稠油热采深入，由于受注入水和地层水双重水侵影响，馆5-6热采区逐步进入高含水（85%）、多轮次吞吐（平均7个周期）开发阶段，面临着产量递减速度加快、周期综合含水率上升加快等严峻形势，一方面开展热采老区井网加密调整，先后对馆5稠油环老区进行了200m反九点法一次井网加密，对馆6稠油环则采取水平井联合直井优化布井，进一步提高老区采收率，同时强化热采区水侵综合治理，抑制综合含水率上升，进一步改善老区开发效果；另一方面，为了保持稠油热采的高产稳产，通过强化孤岛油田周边滚动勘探开发，先后在孤岛油田周边新建热采产能块，积极寻找新的热采资源，弥补热采老区产量递减，进一步扩大稠油热采规模，从而形成了具有孤岛特色的稠油热采逐步扩张的配套开发模式。2006年，稠油储量达到 $7709 \times 10^4$t，年产油量突破百万大关。

随着热采程度的不断深入，热采开发面临的问题越来越复杂，难度越来越大，现有的问题是：油藏埋深大、压力高、干度低、热水区宽，储层非均质性强、高含水等易造成汽窜及热水窜，无论是继续吞吐热采还是吞吐转蒸汽驱，都将影响热采效果。研究认为蒸汽驱仍是蒸汽吞吐后首选的接替方式，在封闭断块实施孤气九蒸汽吞吐转蒸汽驱开发试验，在宽热水区实施中二区北部馆5稠油蒸汽吞吐转热化学驱先导开发试验，同时在中二区中部馆5热采区附近实施水驱转蒸汽驱开发试验，均取得一定的效果。

高轮次吞吐开发实践也表明，孤岛稠油开发主要矛盾已由流动性不足转变为地层能量不足，而蒸汽驱为降压开采（采注比大于1），开发方式需由"传热降黏"向"传质补能"转变。故而开展了注聚补能化学驱研究，在稠油热采高含水区开展了"东区北馆3普通稠油油藏蒸汽吞吐后转化学驱"先导开发试验。按"驱替相增黏、油相降黏"的技术思路开展了中二区北部馆5稠油降黏复合驱先导开发试验。试验都初见成效，证明了普通稠油高轮次吞吐后转化学驱是可行的，确立了化学驱作为孤岛稠油高轮次吞吐后进一步提高采收率的主要技术方向。

# 第十三章　蒸汽吞吐先导开发试验

## 一、试验区基本情况

### （一）试验目的和意义

孤岛油田进入特高含水期开采阶段，面临资源接替、产量接替和技术接替三大难题。随着"稀油"水驱转注聚三次采油开发，5000多万吨常规开发效果差的过渡带稠油开发也逐步提到议事日程。为盘活这部分资产，急需开展稠油油藏注蒸汽吞吐有效开发工业化矿场试验，探索经济有效的开发途径。通过一系列的热采技术攻关，力争形成一套适合稠油油藏的开发配套技术，提高厚度仅3~10m的边底水、薄层、疏松砂岩"稠油储量"动用程度，对孤岛油田稠油油藏规模开发具有重大的指导意义。

### （二）试验区选择

根据试验目的，确定选区原则如下：①优选油层厚度较大、产量较高并具有一定代表性的区块；②已有一定量的开发井完井资料，对油藏认识相对清楚的区块；③区块距离边底水300~400m。根据以上原则，决定在油藏条件较好的中二区北部馆5开辟试验区进行注蒸汽吞吐热采开发试验。

### （三）油藏概况

1. 地质特征

1) 构造特征

中二区北部位于孤岛披覆背斜构造北翼中段，构造简单且平缓，地层北倾，地层倾角2°左右，北部为孤岛背斜构造北界Ⅰ号大断层（图13-1）。

2) 储层地质特征及油层物性

中二区北部馆5砂层组为河流相正韵律沉积，渗透性好，胶结疏松。馆5砂层组储层平均孔隙度36%，平均空气渗透率2035 × $10^{-3}$μm²，原始含油饱和度40.6%，纵向上馆$5^3$砂层比馆$5^4$层的厚，渗透性也比馆$5^4$层好。馆$5^3$层平均单层砂层厚度7.4m，平均空气渗透率$2031×10^{-3}μm^2$，馆$5^4$层平均单层砂层厚度4.8m，平均空气渗透率$981×10^{-3}μm^2$。岩性以粉细砂岩、细砂岩为主，胶结物以泥质为主，泥质含量7.5%，碳酸岩含量1.1%，胶结类型以接触式、孔隙–接触式为主，粒度中值0.13mm，馆$5^3$粒度中值0.10mm，分选系数1.68，分选中等。

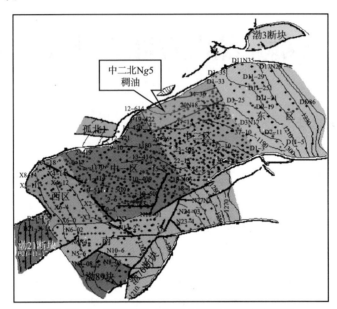

图13-1 孤岛油田中二区北部馆5稠油位置图

油层埋藏深度1300m，馆$5^3$层油水界面1318m，馆$5^4$层的1316m。

3）流体性质

中二北馆5原油黏度高、密度大、凝固点高。根据试油资料，中二区北部馆5稠油地面原油黏度3000~15000mPa·s，地面原油密度0.98~1.0g/cm$^3$，常规条件下基本不能正常生产。凝固点为1~2℃，含硫2.68%，地层水总矿化度4900~6500mg/L，氯离子质量浓度2700~3600mg/L，水型为$NaHCO_3$型。

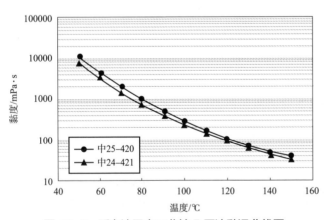

图13-2 孤岛油田中二北馆5原油黏温曲线图

原油黏度随油层埋藏深度增加而增大，馆5砂层组油层中深大于1295m，其地面原油黏度超过3000mPa·s。平面上原油黏度分布也基本与构造等深线一致，构造越深油越稠。原油黏度对温度的敏感性较强，中25–420井和中24–421井原油黏温曲线表明温度每升高10℃原油黏度减小至原来的1/2，对注蒸汽热采有利（图13-2）。

2. 特稠油储量

中二区北部馆5稠油集中分布在馆$5^3$、馆$5^4$两个含油小层的构造低部位，往上为馆5稀油，往下为边水。油层连通性好，大片连通。馆$5^4$以下均为水层。

馆$5^3$层稠油区含油面积3.184km$^2$，平均有效厚度6.0m，地质储量294.2×10$^4$t；稀油区含油面积1.025km$^2$，平均有效厚度8.5m，地质储量136.8×10$^4$t；馆$5^4$层稠油区含油面积1.978km$^2$，平均有效厚度2.7m，单储系数15.4，地质储量82.3×10$^4$t。馆$5^3$、馆$5^4$两层稠油区合计含油面积4.03km$^2$，平均有效厚度6.1m，地质储量376.5×10$^4$t。

馆$5^3$层稠油储量主要集中在砂层厚度10m以上的区域，稠油储量245.9×10$^4$t，占83.6%，砂层厚度5~10m的稠油储量47.2×10$^4$t，占16.1%，砂层厚度小于5m的稠油储量极少，只有1.1×10$^4$t，占0.4%。馆$5^4$层砂层厚度薄，均小于10m，其中砂层厚度5~10m的稠油储量46.6×10$^4$t，占56.6%，砂层厚度小于5m的稠油储量35.7×10$^4$t，占43.4%。馆$5^3$、馆$5^4$累计砂层厚度小于5m的储量36.8×10$^4$t，占9.8%，5~10m的储量93.8×10$^4$t，占24.9%，大于10m的储量245.9×10$^4$t，占65.3%。

3. 试验井区油层动用及常规井开采生产情况

1）油层动用情况

热采前射开中二区北部馆5砂层组的井有32口，其中稠油区18口，稀油区14口。32口井中曾经单采过馆5（主要为馆$5^3$层）的井10口，除在稀油区的中27-418井正常生产外，都因油稠不出或高含水改层，生产时间较短，一般三个月至一年。10口单采井中处于稠稀油边界区的有3口井，生产一年左右，均高含水。

2）常规井开采生产情况

由于中二北馆5油稠流动性差，为了探索常规条件下稠油生产途径，采取射开油层的同时射开其下面一层水层的方法，进行以水引油降低原油黏度的开采试验，并投注五点法井网周围4口注水井，保持能量水驱开采。于1988年4月分别投产中31-416井（射开馆$5^3$、馆$5^4$稠油层的同时射开下部馆$5^5$、馆$6^3$水层）、中31-418井（射开馆$5^3$、馆$5^4$稠油层的同时射开下部馆$5^6$水层）。两口井投产综合含水率较高，有一定产能，但由于油稠产能较低，生产不正常，生产过程中经常砂卡或断光杆。中31-416井初期日产液量32.7t，日产油量13.6t，综合含水率58.4%。由于油稠驱油效率低，加上射开水层辅助，投产后第三个月综合含水率就上升到90%左右，最高达98%，取样化验地面脱气原油黏度（50℃）为10180mPa·s。中31-418井初期日产液量49.6t，日产油量3.0t，综合含水率94.1%，之后含水一直在95%左右，取样化验地面脱气原油黏度（50℃）为3216~8866mPa·s。

由于中二区北部馆5原油黏度大，油水黏度比大，"以水引稠"的常规方法开采稠油是不可行的。

4. 单井蒸汽吞吐试采情况

为了探索孤岛油田稠油热采的可行性及注蒸汽吞吐开采的动态特点，1991年8月选择了中25-420和中24-421井进行活动锅炉注蒸汽吞吐试采试验。注汽参数是根据油层物性、活动锅炉性能确定的。注汽压力13.0~14.0MPa，注汽温度280~310℃，注汽干度61.9%~75%，注汽速度7t/h，平均周期注汽量2152t。注汽隔热引进应用了采油工艺研究院研制的隔热管、井下热胀补偿器、注汽封隔器等井下配套工具，形成了适合孤岛稠油热采的注汽工艺，保证了中二区北部稠油蒸汽吞吐试验的顺利开展。

中25-420井1991年8月注蒸汽22d，累计注汽量2205t，焖井两天，9月2日开始出油，日产液量25t，日产油量3.7t，综合含水率85.2%，原油密度1.004g/cm³，原油黏度10722mPa·s。9月15日进干，4d后不供液，经大修拔绕丝，重新绕丝防砂，11月17日进干正常生产，1992年1月29日因出砂严重关井，大修拔绕丝，覆膜防砂后生产。此井生产过程中反映出两个问题；一是受中24-419井注入水的影响，注入蒸汽的热损失大，除自喷的几天温度较高外，一开抽井口温度便降至40℃左右；二是由于油稠出砂严重，防砂周期短，第一次防砂基本不成功，第二次防砂至关井也只生产了68.3d。

中24-421井1991年8月注蒸汽17d，累计注汽量2098t，焖井两天，9月22日放喷出水带油花，至10月14日油水不出。经大修拔绕丝，重新绕丝防砂后，同年11月16日进行正常生产，日产液量53.4t，日产油量46.1t，综合含水率13.7%，井口温度77℃。正常生产至1992年3月，原油密度0.9909g/cm³，原油黏度7731mPa·s。该井由于距注水区远，油层不含水，注汽热效率较高，油层温度比中25-420井下降慢，生产情况也比中25-420井的好，油汽比达2.43，产能较高。

两口井注蒸汽吞吐后，虽然生产不是很正常，但都具有较高产能，且油汽比较高，说明只要能防好砂，孤岛油田稠油注蒸汽热采是可行的。

## 二、试验区方案简介

### （一）方案部署原则

①稠油区注蒸汽开采，稀油区立足注水开发，井网统一部署；②为提高注入蒸汽的热效率，热采区避开边水300~400m，距注水井排300m；③采用200m反九点规则井网；④方案整体部署，分步实施，从西部厚度较大的地区向东部推进，1992年选靠近中24-421的中24-535井组注蒸汽吞吐开采。

### （二）方案部署及指标预测

热采区避开边水300~400m，离开注水区300m，含油面积2.1km²，地质储量254.3×10⁴t。其中馆5³含油面积2.1km²，地质储量235.6×10⁴t；馆5⁴含油面积0.45km²，地质储量18.7×10⁴t。

采用200m×283m反九点法井网，利用固定锅炉注汽，整体部署，分步实施，部署新井40口，井网密度19.1口/km²，单井控制储量6.4×10⁴t，建成年产油能力8.0×10⁴t（图13-3）。

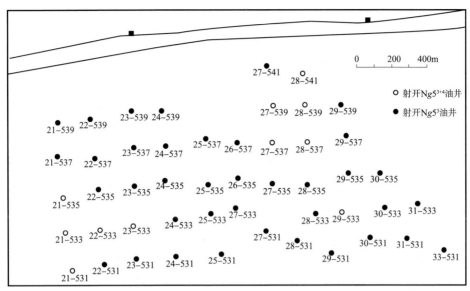

图 13-3　中二北馆 5 稠油热采先导区井位图

（三）实施要求

①钻井过程中避免泥浆漏失污染油层，下 7in 套管，预应力完井，水泥返至地面；②新井先期防砂，注汽吞吐开采；③"蒸汽吞吐"是稠油开采的一项新技术，为了摸索经验，要强化动态监测系统，取全取准注汽、焖井、热采三个阶段的第一性资料。

## 三、方案实施及效果

考虑资金问题，决定 1992 年先实施 1 个井组（中 24-535 井组）共 8 口井（新井 7 口）。到 1992 年 9 月，试验井组完钻 7 口井，采用酚醛树脂覆膜砂防砂后注汽，放喷后下绕丝投产，平均生产周期 260d，单井日产油量 16.8t，热采见到较好效果。其余 33 口井 1993 年年底全部完钻。到 1994 年 3 月，开井 38 口，单元日产油量由投产初期的 110t 上升到 590t，综合含水率由 60.7% 下降为 50.5%。统计结束第一周期的吞吐井 22 口，平均周期生产天数 188.6d，平均周期注汽量 2350t，周期产油量 3569t，周期产水量 2417t，油汽比 1.52，平均单井日产油量 18.9t，综合含水率 40.3%；结束第二周期的井 10 口，平均周期生产天数 195.2d，平均周期注汽量 2287t，周期产油量 3207t，周期产水量 2653t，油汽比 1.4，平均单井日产油量 16.4t，综合含水率 45.2%。中二区北部馆 5 热采试验取得成功，拉开了孤岛油田稠油热采的序幕。

## 四、主要认识

（一）原油产量变化规律认识

特点主要表现为"三类三段式"。油井依其驱动能量不同可划分为三类：①纯弹性开采（一类），其特征为降压开采，无边底水能量补充，周期结束早；②先弹性后水侵驱动（二类），其特征为先降压开采，后有边、底水能量补充，周期生产时间延长；③纯水侵驱动（三类），其特征为边、底水能量十分充足，周期生产时间很长，日产油量较低，含水很高。

截至1996年3月，全区纯弹性井5口，先弹性后水侵驱动的井23口，纯水侵驱动的井10口。

油井生产过程依其日产油和日产水量及综合含水率的变化，可划分为三段，即吐水阶段、相对高产阶段和产量递减阶段。（1）吐水阶段：地层中注入蒸汽后，由于井筒和地层的热损失和热扩散等，使得蒸汽在井底大部分变为热水，因此，井筒附近含水饱和度增加，开井后，井筒附近的水首先被排出，因此，此阶段生产特征主要表现为生产时间短、产油量较低，综合含水率较高。（2）相对高产阶段：吐水阶段完成后，地层中被加热的原油开始大量被采出。若此时是纯弹性开采，则此阶段产油量高，综合含水率低，高产期稳产时间长，成为周期中主要采油阶段；若此时是纯水侵驱动开采，则此阶段虽然日产油量较高，但生产时间很短，产量很快降低。先弹性后水侵驱动开采类型的油井介于前二者之间。（3）产量递减阶段：高产阶段完成后，由于径向热传导，上、下盖层的传热所造成的热损失以及采出的油层液体带走了一部分热量，因此，被加热油层体积、温度逐渐下降，导致地层中原油黏度回升，流动阻力增大，蒸汽激产的效果逐渐减弱，产量进入递减阶段。若此时是纯弹性开采，则此阶段生产时间较短，产量递减较快，周期结束早。若此时是纯水侵驱动开采，即有地层水能量补充，则此阶段产量递减较缓，并能维持在一个中低水平生产较长一段时间，有的井甚至一个周期能连续生产900d以上，阶段产油量占本周期产量的比例增大，甚至成为这类井主要采油阶段。先弹性后水侵驱动开采油井，也是介于前二者之间。

统计38口吞吐井47个周期，有39个周期均有明显的"三段式"，各类井各阶段所占比例如表13-1所示。

表 13-1　三种类型典型井周期内不同阶段产量对比表

| 油井类型 | 统计井数/口 | 吐水阶段 | | | | 相对高产阶段 | | | | 产量递减阶段 | | | |
|---|---|---|---|---|---|---|---|---|---|---|---|---|---|
| | | 生产时间/d | 平均日产油量/t | 综合含水率/% | 阶段产油与周期生油比/% | 生产时间/d | 平均日产油量/t | 含水率/% | 阶段产油与周期生油比/% | 生产时间/d | 平均日产油量/t | 综合含水率/% | 阶段产油与周期生油比/% |
| 纯弹性 | 5 | 18 | 21 | 40 | 10 | 107 | 30 | 10 | 83 | 20 | 15 | 20 | 6.9 |
| 先弹性后水侵 | 23 | 53 | 5 | 84 | 12.7 | 185 | 23 | 58 | 65.9 | 168 | 7 | 90 | 21.3 |
| 纯水侵驱动 | 10 | 6 | 3 | 92 | 1.9 | 12 | 20 | 60 | 13.4 | 386 | 5 | 90 | 84.7 |

（二）地层水侵入对开采效果的认识

1. 水侵方式

边底水侵入方式比较复杂，受馆$5^3$、馆$5^4$内外油水界面、构造位置高低、射孔位置、亏空量大小等多种因素影响，表现出水侵方式不同的3个区，如图13-4所示。

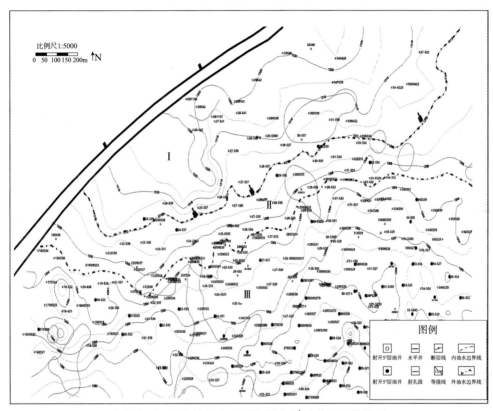

图13-4 孤岛油田中二区北部馆$5^4$砂体顶面构造图

Ⅰ区：馆$5^4$外油水边界以北的底水区，此区馆$5^3$边水很小，主要是馆$5^4$的纯水区，区内近一半的热采井馆$5^3$与馆$5^4$无隔层，以底水锥进方式为主，以馆$5^3$的边水侵入为辅。Ⅱ区：馆$5^4$内、外油水边界之间的油水过渡区，馆$5^4$纯水区的底水主要沿馆$5^3$中部的高渗透带及构造的"沟槽"部位和亏空大的部位推进。区内油井主要射开馆$5^3$，避射馆$5^4$，因此，主要是构造与亏空的影响，即处于构造"沟槽"部位的井见地层水早，综合含水率上升快。因此，认为此区以边水推进为主，底水锥进为辅。Ⅲ区：馆$5^3$、馆$5^4$的纯油区，无底水，但此区部分油井综合含水率却很高，这主要是边水沿构造"沟槽"部位和亏空大、压力低的部位侵入造成的，因此，此区的水侵方式是以边水推进的方式侵入。

2. 地层水侵入对开采效果的影响

1）位于构造低部位的井，易见地层水

如中21-531井位于构造顶部，但处于"沟槽"部位，因此，见水较早，无水采油期为262d，无水采油量为7735t，而且见水后，综合含水率上升很快，从1994年4月到6月2个月内，综合含水率由12%猛增至70%。而与其相邻的井中22-531井，处于"梁上"，构造位置仅高1m，但此井综合含水率上升速度较慢，1993年8月投产，至1995年9月，综合含水率只有30%~40%，且无水采油期较长为325d，无水采油量较高为9584t。

2）避射厚度小，且射孔底界与油水界面之间无隔层者，易见地层水

射孔底界与油水界面间无隔层者，即使避射厚度达到6m左右，其无水采油量也较少，一般在1000t左右，最多的只有3000t。

3）射孔底界与油水界面间有隔层，避射厚度小者，易见地层水

对比中25-535与中26-535井这2口构造位置相近，射开厚度相近，且射孔底界与油水界面间均有2.0m左右隔层的井，中25-535井避射厚度2.7m，中26-535井避射厚度达10m，其无水采油量相差很大，中25-535井无水采油量为1213t，中26-535井无水采油量高达到9804t。

4）射孔底界与油水界面间隔层大于3m，且总避射厚度大于5m时，无水采油量较高

此类井无水采油量最低为3000t左右，大部分井均为4000~7000t。

综合以上分析可知，地层水侵入后，采油井含水上升快，无水采油期缩短，无水采油量减少，若在射孔时采取一些相应措施，将避射厚度增大，则可延缓地层水的侵入。因此，建议类似条件的油井其射孔可考虑如下原则：①若射孔底界与油水界面间有8m以上的隔层，则总避射厚度在5m以上；②若射孔底界与油水界面间无隔层，或隔层较薄，则在保证有一定射开厚度生产的情况下，避射厚度越大越好。

（三）吞吐注采参数初步优化

注蒸汽吞吐试验的注汽参数是根据油层物性、活动锅炉性能确定的。为了提高注汽开发效果，1994年模拟研究了井口注汽参数对注汽效果的影响，开始优化注汽参数。研究表明，注汽时尽量提高注汽速度和注汽干度，降低注汽压力，提高蒸汽的井底干度，减少热损失，增加油井产量。经过优化，确定注汽速度10~15t/h，注汽干度大于等于70%，注汽压力12~15.5MPa，焖井时间3~5d。之后大规模推广的热采井都是以此参数作为参考。

（四）完善防砂技术

先导试验实施后，随着稠油油藏的注汽开发，高温水蒸气对油层冲击力变强，对岩石结构破坏作用加大，加上注汽和生产液流方向不同，传统的防砂工艺不能满足生产需要，导致油井大量出砂。采油厂开发研究了耐高温涂敷砂防砂工艺，引进应用了热采绕丝筛管防砂，形成了耐高温涂敷砂热采绕丝筛管复合防砂工艺，成为热采稠油井主导防砂工艺。

# 第十四章　蒸汽驱先导开发试验

## 第一节　孤气9块转间歇蒸汽驱先导开发试验

### 一、试验区基本情况

#### （一）试验目的

孤岛热采稠油已实现了规模化、效益化、科学化开发，但是其可持续发展后劲不足，其中一个重要因素是多轮次吞吐后提高采收率技术储备不足。为攻关"高轮次、高压降"断块稠油油藏蒸汽吞吐中后期转常规蒸汽驱提高采收率技术，2008年在孤岛油田孤北孤气9块实施蒸汽驱先导开发试验。

#### （二）选区依据

孤气9块含油面积$0.6km^2$，石油地质储量$256 \times 10^4t$。断层封闭性好、边底水能量弱，开发过程中逐渐形成地层亏空大、地层压降大状况，蒸汽吞吐开发采出程度低、采收率低。该断块符合蒸汽驱条件，因此将孤气9作为孤岛油田蒸汽驱的首个试验田（图14-1）。

#### （三）油藏概况

##### 1.地质概况

孤气9块位于孤岛油田北部，构造上属于孤岛披覆背斜的北翼，是一个被断层复杂化的断阶区，主要含油层段是馆陶组第三至第四砂层组，储层为河流相沉积，砂体时空分布复杂，再加上断层的切割，使得储层的非均质性更加严重，油水分布十分复杂。

孤气9块馆3-4砂层组属河流相曲流河沉积，渗透性好，胶结疏松，非均质性强，岩性以粉细砂岩及细砂岩为主，胶结类型为孔隙接触式。孤气9断块主力小层为馆$3^2$、$3^3$、

$3^5$、$4^2$、$4^3$。平均渗透率$1529 \times 10^{-3} \mu m^2$，平均孔隙度34%，原始含油饱和度62%；地面脱气原油黏度（50℃时）为8000~27000mPa·s，油藏平均埋深1227~1336m，油水界面为1313m，为一具有弱边底水的高孔、高渗透、高泥质含量的构造-岩性稠油油藏。

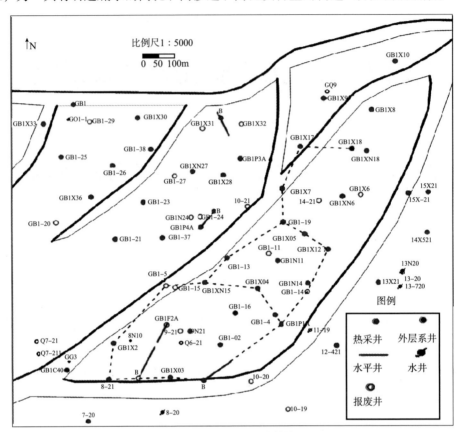

图14-1 孤气9断块井位图

## 2. 开发简况

1994年投入开发以来，一直采用注蒸汽单井吞吐开发，周期生产状况主要受地层压力制约，具有平均日产油量高，周期生产天数短等特点。

截至2008年1月平均生产3.6周期，平均周期生产天数182d，平均日产油量9.0t，平均周期综合含水率62.7%，单元油汽比0.54，回采水率0.90。平均单井周期产油量为1641t，仅为孤岛油田馆5稠油环单井周期产油的29.6%（表14-1）。

孤气9块地层能量的主要来源是地层弹性产出和注入蒸汽。原始地层压力12.7MPa，至2008年1月，地层压力6.5MPa，累计压降6.2MPa，累计亏空$60.0 \times 10^4$t（图14-2）。孤气9块地层弹性产率为$9.5 \times 10^4 m^3$/MPa，边底水水侵量为$1.1 \times 10^4$t，水侵系数为$0.01 \times 10^4 m^3$/（mPa·s），表明孤气9基本无水侵。

表 14-1　孤气 9 块周期生产状况表

| 周序 | 吞吐井次/口 | 天数/d | 周期产油量/t | 周期产水量/t | 周期注汽量/t | 周期含水率/% | 平均日产油量/t | 油汽比 | 回采水率 |
|---|---|---|---|---|---|---|---|---|---|
| 1 | 25 | 186 | 1599 | 1502 | 2500 | 48.4 | 8.6 | 0.64 | 0.60 |
| 2 | 21 | 219 | 1777 | 1900 | 2965 | 51.7 | 8.1 | 0.60 | 0.64 |
| 3 | 13 | 185 | 2727 | 3221 | 3527 | 54.2 | 14.7 | 0.77 | 0.91 |
| 4 | 11 | 227 | 1992 | 3300 | 3531 | 62.4 | 8.8 | 0.56 | 0.93 |
| 5 | 11 | 162 | 1066 | 1658 | 3055 | 60.9 | 6.6 | 0.35 | 0.54 |
| 6 | 8 | 152 | 1461 | 5732 | 3370 | 79.7 | 9.6 | 0.43 | 1.70 |
| 7 | 7 | 132 | 1215 | 7029 | 3063 | 85.3 | 9.2 | 0.40 | 2.29 |
| 8 | 6 | 128 | 921 | 2633 | 3119 | 74.1 | 7.2 | 0.30 | 0.84 |
| 9 | 4 | 100 | 458 | 2038 | 3473 | 81.7 | 4.6 | 0.13 | 0.59 |
| 小计 | 106 | 182 | 1641 | 2763 | 3057 | 62.7 | 9.0 | 0.54 | 0.90 |

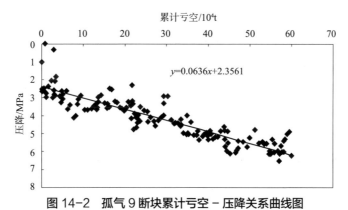

图 14-2　孤气 9 断块累计亏空－压降关系曲线图

截至 2008 年 1 月，共有热采井 29 口，开井 13 口，单元日产油量 43t，平均单井日产油量 3.3t，综合含水率 73.5%，平均动液面 927.1m，采出程度 11.9%，累计注汽量 $33.0 \times 10^4$t，累计油汽比 0.92t/t。

3. 储量动用状况

孤气 9 块平面、层间储量动用不均衡，平面储量动用状况受投产时间制约，断块南部投入开发早，井区采出程度大于 25%，断块中部及北部投产时间晚，采出程度低于 15%，截至 2008 年 1 月，平均单井控制剩余地质储量高达 $7.6 \times 10^4$t。层间上，孤气 9 块主要开发层系为馆 $4^2$ 和馆 $4^4$，两层系地质储量累计 $140.2 \times 10^4$t，占单元地质储量 62.3%；累计产油量 $23.3 \times 10^4$t，占单元累计产油量 75.2%，虽然采出程度最高但剩余地质储量仍高达 $116.0 \times 10^4$t，占单元剩余地质储量 60.1%（表 14-2），下步仍然是挖潜主力层。

表 14-2 孤气 9 断块馆 3-4 层系主力小层储量动用状况表

| 层位 | 面积 / km² | 有效厚度 / m | 地质储量 / 10⁴t | 射开油井数 / 口 | 射开油层厚度 /m | 分小层累计产油量 /10⁴t | 分小层采出程度 /% | 分小层剩余地质储量 /10⁴t |
|---|---|---|---|---|---|---|---|---|
| 3³ | 0.31 | 4.0 | 22.7 | 3 | 6.0 | 1.34 | 5.9 | 21.4 |
| 3⁴ | 0.15 | 3.0 | 8.8 | 1 | 2.5 | 0.05 | 0.5 | 8.8 |
| 3⁵ | 0.23 | 5.3 | 23.5 | 3 | 12.3 | 1.32 | 5.6 | 22.2 |
| 4² | 0.58 | 7.0 | 77.8 | 21 | 105.0 | 11.80 | 15.2 | 66.0 |
| 4³ | 0.57 | 6.0 | 62.4 | 20 | 87.9 | 11.50 | 18.4 | 50.9 |
| 4⁴ | 0.20 | 7.5 | 28.2 | 12 | 45.1 | 4.93 | 17.5 | 23.3 |
| 合计 | 2.04 | 5.80 | 223.4 | 60 | 258.8 | 30.94 | 13.8 | 192.6 |

4. 开发状况综合评价

1）自然递减大、产量递减大

"十五"以来，孤气 9 块自然递减率持续高于 30% 运行，稳产难度大；在 2005 年 12 口新钻井产量补充下，单元产量递减率仍高达 20%，稳产难度较大。

2）采收率低，采出程度低

截至 2008 年 1 月，孤气 9 块采收率 14.8%，可采储量采出程度高达 80.0%，油田可持续发展后劲不足。

综上所述，孤气 9 块平面层间储量动用状况不均衡，主力开发层系馆 4²、馆 4³ 仍然是下步挖潜主要方向；断块边底水不活跃，累计亏空大、地层压降大决定了周期生产时间短，周期产量低，常规吞吐开发方式采收率低，有必要转换开发方式。

## 二、试验方案简介

### （一）孤气 9 蒸汽驱可行性研究

蒸汽吞吐转蒸汽驱必须具备以下条件：①吞吐井间初步建立热连通；②油藏压力较低以便提高井底蒸汽干度及发挥蒸汽在油层内驱油作用，但是油藏埋深较大时，油藏压力需要稳定于保障油层正常供液能力基础上；③吞吐末期油层内剩余油饱和度在 50% 以上。从油藏地质参数、开发参数、井网井况以及不同开采方式下数值模拟结果对汽驱可行性进行论证。

1. 蒸汽驱筛选标准

从油藏地质参数来看，除原油黏度和油藏埋深偏高外，其余参数对蒸汽驱均比较有利（表 14-3）。

表 14-3 孤气 9 块油藏筛选评价表

| 对比参数 | | 筛选标准 | 本块参数 | 评价 |
|---|---|---|---|---|
| 油藏参数 | 原油黏度 /mPa·s | ≤ 10000 | 6000~14000 | 偏高 |
| | 油层深度 /m | 150~1400 | 1300 | 偏深 |
| | 油层厚度 /m | ≥ 10 | 14 | 适宜 |
| | 净总比 | ≥ 0.5 | 0.79 | 好 |
| | 孔隙度 | ≥ 0.2 | 0.32 | 好 |
| | 渗透率 | ≥ 0.3 | 0.5~1.0 | 好 |
| | 气水侵 | 无 | 基本未水侵 | 适宜 |
| 开发参数 | 油层压力 /MPa | 3~7 | 5~6 | 适宜 |
| | 油层温度是否连通 | 井间有连通 | 有 | 适宜 |
| | 含油饱和度 | ≥ 0.5 | ≥ 0.5 | 适宜 |

下面着重分析孤气 9 块"三场"(压力场、温度场、剩余油饱和度场)分布状况。

(1)压力场分布状况,孤气 9 块平面压降不均衡,南部地层压力略高于北部的,但单元平均地层压力为 5.2~6.5MPa,满足油藏筛选标准。同时地层压力不至于过低,有利于高油藏埋深(1300m)下供液能力保障。(2)温度场分布状况,矿场实践证明孤气 9 块蒸汽吞吐加热半径一般为 80~150m,2005 年孤北调整方案实施后井距为 80~200m,单井吞吐能够建立井间热连通。2006 年 8 月实施间歇蒸汽驱先导开发试验,先导区位于孤气 9 断块中部,含油面积 0.06km²,地质储量 60×10⁴t,开发层系馆 4²⁻⁴,油井 4 口,采出程度 21.5%。2006 年 8 月 5 日对 GB1X12 注汽,注汽压力 15.5MPa,历时 29d,注入蒸汽量 5215t,周围相距 85~190m 的 3 口井均受效明显,单井日增油量 7~17t,平均有效期 180d,累计增油量 3500t,阶段油汽比 0.67。(3)剩余油饱和度场分布状况,2004 年 11 月起对孤气 9 块实施综合调整,新钻井 12 口,新井资料为剩余油饱和度场分析提供充分证据。除靠近断块西部砂体尖灭区部分,新钻井主力层馆 4² 剩余油饱和度值均高于 60%,孤北 1-斜 04 井馆 4² 剩余油饱和度高达 80%。新钻井馆 4³ 层剩余油饱和度平面分布不均衡,单元南部高于 60%,单元北部偏低,但也高于 50%。蒸汽吞吐后期主力层剩余油饱和度值高于 50%,利于转蒸汽驱。

总而言之,孤气 9 块"三场"状况满足蒸汽驱要求。

2. 井网井况分析

2005 年孤北调整方案实施后孤气 9 块形成了 3 个相对完善的反九点法井网。2008 年 1 月总井 29 口,开井 13 口,停产井 16 口,其中仅有 1 口井(孤北 1-平 2)套变无法修复,其余均能够恢复生产。主力层系为馆 4²、馆 4³,网上井仅有孤北 1-斜 18 井生产上层(已灰封馆 4²⁻⁴),其余油井全部生产主力层系馆 4²⁻³。孤气 9 块井网井况较好,满足蒸汽驱需要。

3. 不同开发方式数值模拟研究分析

选择孤气 9 块中北部对转蒸汽驱和吞吐到底两种开发方式进行了数模指标预测(表

14-4），从预测结果来看，转蒸汽驱与吞吐到底相比，采出程度提高5.6个百分点（按数模区地质储量$86.3 \times 10^4$t计算）。

表14-4　不同开发方式的开采指标对比

| 布井方式 | 注汽速度/（t/h） | 注采比 | 时间/d | 年 | 累计产油量/$10^4$t | 累计产水量/$10^4$t | 平均单井日产油量/t | | 累计注汽量/$10^4$t | 采出程度/% | 采油速度/% | 油汽比 |
|---|---|---|---|---|---|---|---|---|---|---|---|---|
| | | | | | | | 峰值 | 末期 | | | | |
| 反九点 | 8.0 | 0.8 | 2190 | 6 | 15.4 | 40.5 | 12.8 | 4.2 | 39 | 17.8 | 2.2 | 0.22 |
| 吞吐到底 | | | 2190 | 6 | 10.5 | 18.6 | 13.1 | 2.5 | 10 | 12.2 | 1.5 | 0.25 |

综合油藏地质参数、开发状况、井网井况以及不同开采方式下的数模预测结果认为，孤气9块实施蒸汽驱可行的。

## （二）方案设计

### 1. 开发原则

①整体考虑实施蒸汽驱；②以馆$4^2$、馆$4^3$为主要开发对象，含油面积$0.53km^2$，动用储量$127.6 \times 10^4$t；③在发挥蒸汽驱潜力的同时，合理利用边水能量。

### 2. 开发层系划分

根据地质研究成果和油藏工程分析，孤气9块馆$4^2$、$4^3$小层具有以下特点：①储量集中，约占总地质储量的70%；②平面分布稳定，连通性好，隔层小；③剩余油饱和度56%左右，满足汽驱标准要求；④实际生产层位多集中在$4^2$、$4^3$层。

故本块汽驱的目的层为$4^2$、$4^3$，注汽井只对这两个层注汽，采油井在射开这两个层的同时，可兼顾射开其他小层。

### 3. 蒸汽驱开发井网

该井网的设计基于以下几点考虑：①利用现有井网，北部两个反五点直井井网与南部一个由三口直井与两口水平井组成的井组；②生产井均处于注汽受效第一线，原1-15井报废，但该井所在部位油层厚度、控制面积都比较大，吞吐效果好，应钻1口更新井作为生产井；③利用边水能量；④提高油水过渡带储量动用程度。

利用老井12口，打更新井1口（1-更15），大修恢复井1口（1-11），共14口。其中注汽井3口，采油井9口，另外两口老井中的中9-21作为温度观察井，中8-191井作为压力观察井。

### 4. 矿场方案

1）蒸汽驱配产配注

根据数模优化的结果和配产配注原则，方案的单井日配产配注量多在40t以上，而当前的日产液量几乎在30t以下，相差较大，考虑到实施时初期液量达不到配产要求，因此在汽驱开始的前6个月，降低配产量，适当提高注采比。

2）矿场方案开采指标预测

孤气9块最佳井网方式为两个不规则反九点法（图14-3），井网分别125~200m 和180~300m，试验区含油面积0.31km²，石油地质储量102×10⁴t，目的层馆4²-4³⁺⁴，采注比为1.2、注汽速度为8t/h，开发方式为先吞吐再转蒸汽驱。

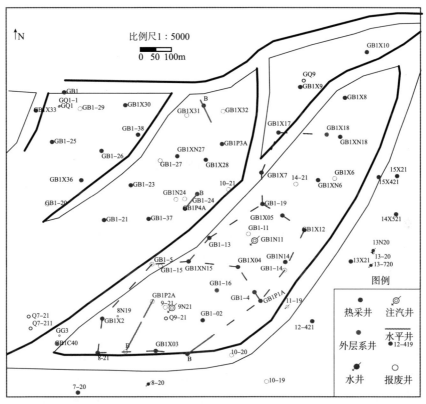

图 14-3　孤北孤气9稠油断块蒸汽驱先导试验井位图

综合直井和水平井前五年的产能，按16.5%年递减率，给出了矿场方案六年的开采指标（表14-5），汽驱阶段六年累计产油量16.3×10⁴t，累计注汽量67.3×10⁴t，采出程度8.9%，加上吞吐阶段，采出程度16.0%（按地质储量183.6×10⁴t计算）。

表 14-5　矿场方案分年开采指标预测

| 时间/年 | 年注汽量/10⁴t | 年产油量/10⁴t | 年产水量/10⁴t | 平均单井日产油量/t | 平均单井日产液量/t | 综合含水率/% | 年油汽比 | 采油速度/% | 采出程度/% |
|---|---|---|---|---|---|---|---|---|---|
| 第一年 | 11.2 | 4.0 | 6.5 | 14.6 | 24.0 | 61.7 | 0.36 | 2.2 | 2.2 |
| 第二年 | 11.2 | 3.3 | 10.0 | 12.1 | 37.0 | 75.2 | 0.29 | 1.8 | 4.0 |
| 第三年 | 11.2 | 2.8 | 11.2 | 10.3 | 41.4 | 80.0 | 0.25 | 1.5 | 5.5 |
| 第四年 | 11.5 | 2.3 | 12.2 | 8.4 | 45.1 | 84.1 | 0.20 | 1.3 | 6.7 |
| 第五年 | 11.4 | 2.1 | 13.2 | 7.8 | 48.9 | 86.3 | 0.18 | 1.1 | 7.9 |
| 第六年 | 10.9 | 1.8 | 15.2 | 6.7 | 56.3 | 89.4 | 0.17 | 1.0 | 8.9 |
| 合计 | 67.4 | 16.3 | 68.3 | | | | | | 8.9 |

5. 方案实施要求

1）工作量

共实施6口井，其中，中1-11井大修恢复做注汽井，中1X18、中1X17补孔馆4³，中1-13井补孔馆4²、4³，同时封堵馆5。中14-21封堵馆4⁴，钻中1-更15井作为汽驱阶段生产井。

2）汽驱实施及取资料要求

①注汽井驱前测压；②中9-21井作为温度观察井，汽驱前半年每月测一次，以后每季度测一次；③中8-191井作为压力观察井，每月测一次压力；④其他资料按规定录取。

## 三、试验实施

蒸汽驱前完善注采井网可以保障蒸汽向各方向均衡推进，扩大蒸汽波及体积，保证蒸汽驱效果。由于地层压降较大造成停产井较多，2008年1月总井29口，仅开井13口。16口停产井中有10口井是因地层能量不足不供液而关井，其余6口均因为套变关井。蒸汽驱井组中9-更21井组和孤北1-更11井组的井层对应率分别为70%和60%，蒸汽驱开展前实施油井工作量7井次，其中新钻井1口（GB1N14），扶长停井6口，完善后的井网注采对应率基本达到100%，为扩大蒸汽波及体积创造了良好条件。

2008年5月开始，先后对孤北1-更11和中9-更21两个井组开展了间歇汽驱试验，具体情况如下。

2008年5月20日至7月2日，孤北1-更11井组首先开始实施蒸汽驱先导开发试验，平均注汽速度8.4t/h，注汽干度71.2%，注汽压力13.3MPa，累计注汽量8706t，影响井组油井5口，取得了较好的开发效果。汽驱前后相比，井组日产液量由汽驱前79t上升至186t，日产油量由26t上升至77t，平均动液面由汽驱前923m回升至749m，累计增油量4000t。

2008年9月2日，扩大规模，孤北1-更11井组和中9-更21井组两个井组同时进行注汽，平均注汽速度分别为7.1t/h、5.6t/h，注汽干度分别为71.1%、71.0%，注汽压力分别为9.1MPa、9.3MPa。至2008年10月26日结束，累计注汽量分别为7415t、8298t，影响油井12口。汽驱前后相比，日产液量由110t上升至214t，日产油量由38t上升至92t，平均动液面由892m回升至798m，累计增油量超过6000t。

2009年2月11日，中9-更21井组和孤北1-更11井组同时进行注汽，2009年7月23日停止注汽，蒸汽驱井组日产液量由汽驱前的98t上升至汽驱后高峰值334t，井组日产油量由汽驱前的44t上升至汽驱后高峰值122t，动液面由汽驱前的890m上升至汽驱后高峰值614m，截至2009年12月底，累计注汽量8.67×10⁴t，累计产油量3.2×10⁴t，阶段油汽比0.4，累计增油量1.97×10⁴t。

2015年3月对孤北1-更11井注汽井进行检换隔热管过程中，发现该井套变严重且地层坍塌，为安全起见，对该井进行注灰封井。同时，为保证注汽效果，2016年5月24日，孤北1-更11井临井孤北1-斜05井进行间歇汽驱，2018年9月孤北1-更11井替代井孤北1-更B11井注汽投产，进行间歇汽驱。2020年7月14日，从经济效益方面考虑，注汽井全部停注。

## 四、试验效果及主要认识

### （一）试验效果

#### 1.增油效果显著

自2008年5月以来，蒸汽驱井组日产液量由蒸汽驱前的147t最高增加至蒸汽驱后的624t，日产油量由蒸汽驱前的50t最高增加至蒸汽驱后的127t，综合含水率由蒸汽驱前的66.0%最低降至蒸汽驱后的55.2%，动液面由蒸汽驱前的855m最高增加至蒸汽驱后的680m。

方案设计前六年阶段产油量$16.3 \times 10^4$t，实际产油量$19.14 \times 10^4$t，好于指标设计。至2020年7月注汽井停注，油井开井14口，日产液量367.9t，日产油量78.9t，综合含水率78.6%，累计注汽量$89.57 \times 10^4$t，汽驱阶段产油量$28.46 \times 10^4$t，油汽比0.31（图14-4）。

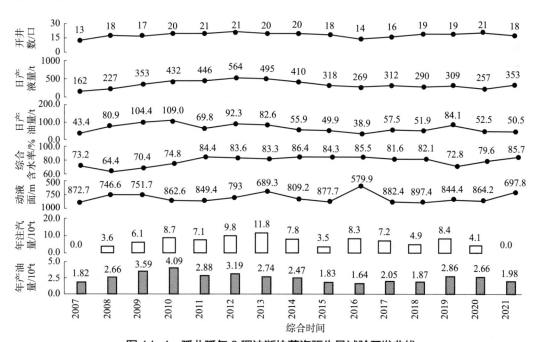

图14-4　孤北孤气9稠油断块蒸汽驱先导试验开发曲线

2. 完善了蒸汽驱注采调整技术

蒸汽驱注采调整技术以保障蒸汽向各方向均衡推进，扩大蒸汽波及体积为目的。蒸汽驱注采调配技术主要是针对蒸汽驱过程中出现的平面开发矛盾，立足储层非均质性、注采井距开展的动态调整，主要原则如下：①对位于高渗透条带的油井降低生产参数，控制液量，防止汽窜发生；②对储层物性相对较差油井进行酸化压裂，同时放大生产压差，提高蒸汽利用程度。

精细油藏描述结果表明，孤北 1 地区主要为曲流河沉积，主力层馆 $4^2$、馆 $4^3$、馆 $4^4$ 均为北东向河道侧向叠置拼合而成，河道方向储层物性明显优于垂直河道方向的，储层非均质性较强。静态特征决定动态特征，注采井间关联程度差异较大，蒸汽驱后平面矛盾逐渐显现，孤北 1-更 11 井组 2008 年 9 月 1 日注汽后，位于主河道方向的 GB1-19 于 9 月 6 日即明显见效，日产液量由汽驱前 30t 上升至 50t，综合含水率由 86.0% 下降至 70.0%，而同一井组中垂直主河道方向的 GB1X05、GB1X04 均无见效趋势。为了解决平面矛盾，下调了 GB1-19 井的生产参数，该井的日产液量也随之下降至 32t，同时放大垂直河道方向油井的生产压差，加速了 GB1X05、GB1X04 的见效，GB1X05、GB1X04 的日产液量分别上升了 10t 和 12t，有效地扩大了蒸汽波及体积。

受地面注汽能力的限制，GB1N11 井组和中 9-更 21 井组采用两相流量计同时注汽，由于 GB1N11 井组平均单井日产油量 $2.0 \times 10^4$t，平均注采井距 150m，而中 9-更 21 井组投产时间较晚，平均单井日产油量不足 $1.0 \times 10^4$t，注采井距 250m，因此井间热连通程度不同，井组见效状况差异较大。2008 年 9 月 1 日注汽后 10d，GB1N11 井组日产量即由 32t 上升至 52t，而中 9-更 21 井组注汽后 30d 仍然没有见效趋势，决定通过加大注汽量促进中 9-更 21 井组见效，2008 年 9 月 29 日将 GB1-更 11 井组的日注汽量由 144t 下调至 100t，同时将中 9-更 21 井组的日注汽量由 144t 上升至 188t。加大注汽量后 10d，中 9-更 21 井组出现明显见效趋势。

（二）主要认识

蒸汽驱是蒸汽吞吐开发的有效接替方式，能够显著改善开发状况。开展蒸汽驱可行性分析及蒸汽驱注采参数优化是蒸汽驱调整的基础。孤气 9 块蒸汽驱受效主要受微构造、储层非均质性、注采连通影响，以配产配注为基础、以储层非均质性研究为参照的注采调整能够有效扩大蒸汽波及体积，改善蒸汽驱开展状况。

另外，多油层笼统注汽，层间非均质性必然导致层间动用状况差异，有必要开展分层注汽；储层平面非均质性决定了高渗透条带的存在，为防止汽窜有必要探索先期调剖技术；注汽井井口蒸汽干度为 63% 左右，井底蒸汽干度不足 30%，有必要引进汽水分离器提高井口蒸汽干度，井筒中使用隔热油管减少热损失。

# 第二节　中二区北部馆5转热化学驱蒸汽驱先导开发试验

## 一、试验区基本情况

### （一）试验目的

对于油藏埋深大、压力高、干度低、热水区宽，储层非均质性强、高含水等特性的稠油油藏实施蒸汽驱极易造成汽窜及热水窜，影响蒸汽驱开发效果，如果在实施蒸汽驱的同时，一方面添加高温泡沫剂，实现动态调整蒸汽推进方向，使蒸汽尽可能地均匀驱替；另一方面添加驱油剂提高热水带的洗油效率，也就是采用化学蒸汽驱的方式，则能实现中深层高压蒸汽驱。以实现该类油藏采收率的大幅度提高，其先导试验意义非常重大，主要目的有以下四点：①探索高压、高含水稠油油藏化学蒸汽驱提高采收率的可行性；②形成化学蒸汽驱的优化研究技术；③形成化学蒸汽驱提高采收率配套技术；④大幅度提高采收率，试验区采收率达到50%以上。

### （二）试验区选择

根据试验目的，确定选区原则如下：①试验区处于吞吐中后期，代表性强，试验具有普遍推广意义；②油层连通较好，有效厚度大于8m；③剩余油饱和度在40%以上，蒸汽驱有一定的物质基础；④一次加密井较集中，拥有完整的注采井网，井组内套变少，可利用的老井多；⑤资料相对齐全（包括一定数量取心井）。

在孤岛油田所有稠油热采区块中，中二区北部馆5稠油单元是开发最早（1992年11月开始注蒸汽开发）、区块储量最大（面积4.6km$^2$，地质储量$1028 \times 10^4$t）、生产规模最大（共投产井120口）、井网最完善（2000年以后共加密46口）的区块。因此，本次先导项目的目标区块选定为孤岛油田的中二区北部馆5稠油热采区。

在对油藏地质及开发综合分析评价的基础上，结合上述选区原则，确定了本次先导试验的试验区，共8个试验井组，包括4个大反九点法井网，井网为141m×200m；4个小反九点法井网，井网为100m×141m。试验目的层为馆5$^3$，井组含油面积0.758km$^2$，地质储量$179 \times 10^4$t（图14-5）。

选择井距目的如下。

1. 探索现有一次加密井网（141m×200m）化学蒸汽驱的适应性

中二区北部馆5一次加密（141m×200m）基本完成，以现有井网为基础，探索评价该井网条件下转化学蒸汽驱提高采收率的程度；目前，胜利油田有 $3000 \times 10^4$t 左右的地质储量采用的是 141m × 200m 的井网，评价该类井距化学蒸汽驱效果，指导此类储量的汽驱开发。

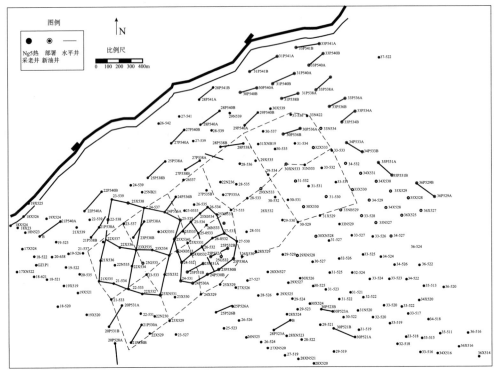

**图 14-5 先导试验区位置图**

2. 评价小井距（100m×141m）化学蒸汽驱的适用性

中二区北部馆5已有两个井组完成了二次加密（100m×141m），实践证明，井距越小，蒸汽驱采收率越高，但高昂的钻井及配套成本也增加了投资风险，因此，本次选择小井组开展先导试验，目的在于评价小井距化学蒸汽驱的适用条件，评价不同油价的适应性，达到挑战稠油极限采收率的目的。

（三）试验区概况

1. 地质简况

中二北馆5稠油单元位于馆5稠油环主体部位，孤岛披覆背斜构造北翼，北部为孤岛1号大断层，西邻中一区馆5稠油，东与中二中馆5稠油相接，南邻中二中馆5常规水驱单元，含油面积 4.6km²，地质储量 $1028 \times 10^4$t。该区构造为南西高北东低，地层倾角 1°~3°。

砂层组单一，主力含油小层为馆 5³、馆 5⁴，单元平均砂层厚度 10.2m，储层属河流相正韵律沉积，储层非均质性强，内部夹层发育，岩性以细砂岩为主，胶结类型为孔隙接触式。平均孔隙度35.7%，原始含油饱和度60.1%，原始油藏温度为70℃，平均空气渗透率$2762 \times 10^{-3} \mu m^2$。

地面脱气原油黏度（50℃时）4000~15000mPa·s，地面脱气原油密度0.9847~0.9958g/cm$^3$，平面上与构造一致，由南向北增大，纵向上原油黏度伴随构造深度的增加而增大。油藏平均埋深1300m，油水界面为1313.0m，边底水活跃，生产中水侵严重。中二区北部馆5为一具有边底水的构造–岩性稠油油藏。

2. 开发简况

中二区北部馆5单元从1988年4月开始采用"以水带稠"和"以稀带稠"常规方法开采，1991年8月开始探索稠油热采的可行性，1992年9月实施稠油热采开发，1997年开始对中二区北部馆5进行井网加密，将200m×283m反九点法井网对角之间加密成141m×200m五点法井网。为增加储量动用程度，至2008年，随着水平井开发技术的成熟，在中二区北部馆5储层建筑结构研究指导下，开展水平段离油水界面极限距离和隔夹层的空间展布研究，在北部高含水、低采出程度区域和南部受注入水影响弱水侵区实施直井、水平井联合开发。至2008年年底，油井总井121口，开井100口，日产油量364t，综合含水率86.8%，年产油量12.73×10$^4$t，采出程度33.55%，采收率37.2%。累计注汽量115.27×10$^4$t，油汽比2.18t。单井吞吐周期平均为3~4，最大为9周期，地层压力7~8MPa。

其中大井组馆5$^3$含油面积0.50km$^2$，地质储量121×10$^4$t，井网为141m×200m，投产热采井29口，报废井5口，上返2口，开井20口，日产油量71.9t，日产液量516t，综合含水率86.1%，采出程度28.6%。

小井组馆5$^3$含油面积0.26km$^2$，地质储量58×10$^4$t，井网为100m×141m，投产热采井17口，报废井1口，预计上返1口，开井16口，日产油量32.5t，日产液量353t，综合含水率90.8%，采出程度29.1%。

3. 试验区剩余油分布

利用距投产井不同距离井的新钻井测井二次解释成果、取心井分析资料，研究了距生产井不同距离的纵向剩余油分布规律。

1）蒸汽波及带（距吞吐井23m）纵向剩余油分布

位于试验区的中23–斜535井于1993年11月完钻，1994年1月注汽投产，注汽量2410t，1995年12月上返，上返前生产两年，累计产油量6191t。该井上返后，1995年12月在该井东南方23.5m处完钻了1口更新井中23–斜更535井。对比这两口井的测井二次解释成果，目的层馆5$^3$的自然电位由中23–斜535井的"箱形"变为中23–斜更535井的"钟形"，其主要原因是中23–斜535井投产两年，其附近油层顶部受其注入蒸汽的超覆作用影响，顶部油层动用状况远好于底部油层，导致顶部剩余油明显降低（图14–6）。

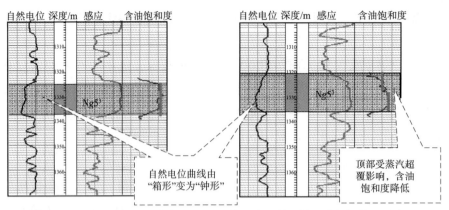

图 14-6　中 23- 斜 535 井与中 23- 斜更 535 井测井二次解释结果对比图

2）热水波及带（距生产井 70~100m）纵向剩余油分布

2002 年试验区完钻了 1 口密闭取芯井中 25- 检 533 井。该井距离附近老井中 25-533 井 72m，完钻时，中 25-533 井已吞吐 4 个周期，累计产油量 $3 \times 10^4$t。

据该井岩心饱和度分析结果（表 14-6），该井纵向上动用不均衡，上部水洗程度低而底部水洗程度高。上部水洗程度低表明距生产井 70m 左右的距离已经不存在注入蒸汽的超覆作用，底部水洗程度高说明底部可能受注入蒸汽冷凝后的高温热水驱扫过。

表 14-6　中 25- 检 533 井馆 $5^3$ 层含油饱和度分析结果统计表

| 分段号 | 样品号 | 厚度 /m | 孔隙度 /% | 渗透率 /$10^{-3} \mu m^2$ | 油饱和度 /% | 驱油效率 /% | 水洗综合评价 |
|---|---|---|---|---|---|---|---|
| 1 | 145–159 | 2.59 | 33.1 | 2815 | 47.0 | 31.1 | 见水 |
| 2 | 160–183 | 3.00 | 36.6 | 6453 | 50.0 | 28.8 | 见水 |
| 3 | 184–213 | 3.53 | 38.7 | 5079 | 55.6 | 30.1 | 见水 |
| 4 | 214–217 | 0.39 | 37.2 | 7900 | 54.9 | 40.1 | 水洗 |
| 5 | 218–228 | 1.38 | 36.9 | 5192 | 52.3 | 32.2 | 见水 |

3）热水未波及带（距离生产井 100m 以上）纵向剩余油分布

2008 年年初，试验区完钻了 12 口加密井，其中既有一次加密井，也有二次加密井，其与老井距离分别约为 140m 和 100m。据对加密井测井二次解释成果，无论是二次加密井还是一次加密井（图 14-7、图 14-8），其纵向上含油饱和度变化较小，表明距生产井 100m 以上后，纵向上剩余油均差异小。

数值模拟结果表明（图 14-9），馆 $5^3$ 各时间单元从上到下动用程度逐渐增大，剩余储量主要集中原始储量较大的馆 $5^{32}$，其次是馆 $5^{33}$；馆 $5^4$ 虽然没有射孔，但由于区内部分区域没有隔层，造成馆 $5^{41}$ 的储量在边底水作用下，通过无隔层区域，驱替到馆 $5^3$ 而得到动用。

上述研究表明：纵向剩余油分布规律受距离生产井距离的影响。近井地带受蒸汽超覆的影响，顶部剩余油饱和度低；蒸汽超覆区外，受冷凝热水的影响，底部剩余油饱和度低；远井地带蒸汽和热水均未能波及，基本未受影响。

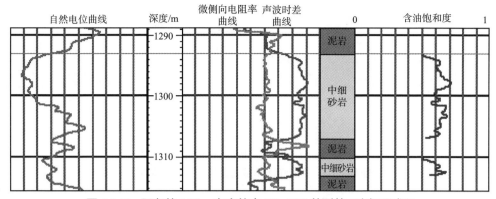

图 14-7　距老井 100m 左右的中 26-532 井测井二次解释成果

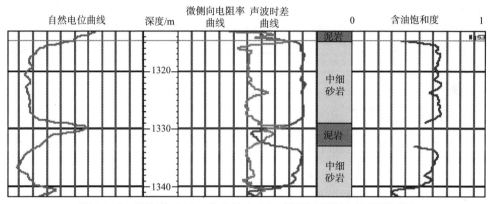

图 14-8　距老井 140m 左右的中 23- 斜 534 测井二次解释成果

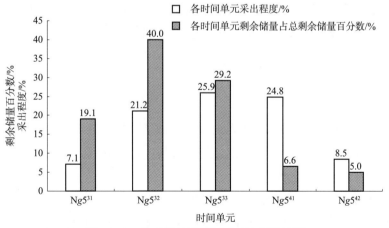

图 14-9　各时间单元储量动用情况柱状图

　　研究了距生产井不同距离剩余油分布规律，根据试验区取芯井测井二次解释成果及取芯井实际取芯资料，剩余油饱和度与平面上距生产井的距离有明显关系，随着与生产井距离的增加，剩余油饱和度逐渐上升（图14-10），当与生产井距离大于70~80m时，饱和度变化趋缓，处于热水波及带。

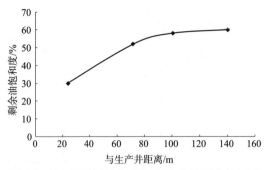

**图 14-10　剩余油饱和度与距生产井距离关系图**

通过数值模拟研究，模型区北部的大部分区域和南部的少部分区域剩余油饱和度较高，剩余油饱和度在0.56以上，中间部位饱和度相对较低。对馆$5^3$各时间单元而言，馆$5^{31}$动用程度低，剩余油饱和度较高，尤其GD2-27-530和GD2-26N533以南，剩余油饱和度在0.56以上，中间部位略低；馆$5^{32}$剩余油饱和度较高，大部分在0.49以上，馆$5^{33}$剩余油饱和度相对较低。

## 二、试验方案简介

中二区北部馆5稠油油藏埋深大、压力高、干度低、热水区宽，储层非均质性强、高含水等易造成汽窜及热水窜，油藏实施蒸汽驱，将影响蒸汽驱的效果。为此，确定了"高干度蒸汽、热化学复合驱"进一步提高采收率技术思路如下：①采用高干度锅炉和高效井筒隔热提高井底蒸汽干度；②添加高温泡沫剂，实现动态调整蒸汽推进方向，使蒸汽尽可能地均匀驱替；③添加驱油剂提高热水带的洗油效率，也就是采用蒸汽驱+驱油剂+起泡剂+$N_2$化学蒸汽驱的方式，实现中深层高压蒸汽驱。

### （一）高地层压力条件下蒸汽驱可行性

#### 1. 配套高干度注汽锅炉

高干度注汽锅炉的流程在原有的锅炉流程上做了改进，蒸汽出口增设了汽水分离器，由汽水分离器分离出的高干度蒸汽回到过热段对其进行过热后，温度达到460℃左右，注入井的过热蒸汽干度可以达到99%。

#### 2. 地面等干度分配、计量、调节一体化装置

以四通为主要元件组成了一个分相式流量分配测量一体化装置，对蒸汽起到分配、分离作用，并且在流量调节过程中基本上不影响其干度的高低，具有很好的干度调节能力和稳定性。分配蒸汽干度范围20%~90%，一体化装置分配到各支管的蒸汽干度差值小于6%，蒸汽调节阀调节蒸汽流量的范围为3~11t/h。

#### 3. 高效井筒隔热工艺

注汽管柱采用$4\frac{1}{2}$ in高真空隔热油管、利用隔热衬套、隔热补偿器等对注汽管柱热点

进行隔热；利用耐高温长效封隔器密封油套环空。采用的高真空隔热油管及其配件视导热系数仅为0.0068W/（m·℃）。

上述提高井底蒸汽干度措施实施后，在注汽速度为5t/h条件下，井底蒸汽干度可达到50%以上，满足化学蒸汽驱要求。

（二）井网调整方案

在剩余油分布研究及方案优化的基础上，结合现场井网井距的实际情况，采用反九点法井网，利用水平井注汽和生产的大小两种井距，分别为141m×200m和100m×141m，共8个汽驱井组，含油面积0.772km²，地质储量184×10⁴t，总井数50口，其中新钻井10口，其中水平井4口。设计总进尺1.6×10⁴m，其中直井进尺0.84×10⁴m，水平井进尺0.76×10⁴m。大井组新钻井4口，生产井3口，观察井1口；小井组新钻井6口，生产井4口，注汽井2口。大小井组共有注汽井8口，采油井42口（图14-11）。由于采出程度主要受采油井长度影响，注汽井长度影响相对较小，推荐注汽水平井长度为150m。

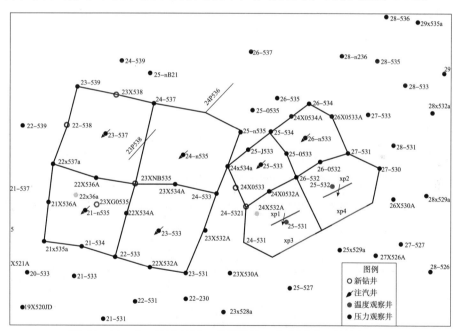

图 14-11　中二区北部馆 5 化学蒸汽驱先导试验区井位部署图

（三）矿场注入方案

1. 开发方式

蒸汽驱+驱油剂+起泡剂+$N_2$。

2. 转驱时机

（1）转蒸汽驱时机：由于新钻井压力高，约10MPa，故完钻后吞吐一年，降低地层压力（约7MPa），老井压力下降缓慢，采用边部井继续提液生产，预计一年后压力可降到6~7MPa，基本满足蒸汽驱条件，实施蒸汽驱。

（2）蒸汽驱后转化学蒸汽驱时机：大井距汽驱12个月时转化学蒸汽驱阶段采出程度最高，小井距汽驱6个月时转化学蒸汽驱消耗表活剂量最低，效果最好。

（3）注驱油剂时机：驱油剂应在注泡沫体系对高温低饱和区域进行封堵以后注入，提高高饱和油区的驱油效率。

3. 注采参数

（1）采注比：大于1.2。

（2）泡沫剂注入参数：起泡剂浓度0.4%，气液比在1左右，既能保证有效地封堵，又能节约注入量，折算地面条件气液比约为70。泡沫剂用量相同时采用多段塞注入的驱替方式，大、小井距氮气与起泡剂段塞注30d停90d注入效果相对较好。

（3）驱油剂注入参数：驱油剂浓度为0.5%；驱油剂段塞注入20d；驱油剂注入频率1个段塞/年。

（四）配产配注

1. 配注

（1）水平井注汽速度：为保证井底蒸汽干度和控制气窜，注汽速度推荐6t/h。（2）蒸汽驱阶段配注：依据蒸汽驱的合理注采强度计算，按照注汽强度1.6~2.0t/（d·ha·m）（1ha=10⁴m²）配注，大井组注蒸汽速度约6.6t/h；小井组注蒸汽速度约5.05t/h。各井组注入参数如表14-7所示。（3）化学蒸汽驱阶段：根据推荐的最佳气液比1.0，计算大井组注氮速度为2112Nm³/h，小井组注氮速度为1615Nm³/h，起泡剂质量分数为0.4%，驱油剂质量分数为0.5%，各井组注入参数详见表14-8。

表 14-7　蒸汽驱阶段单井配注数据表

| 井组 | 注汽井号 | 注汽速度/（t/h） |
|---|---|---|
| 大井组 | 23-537 | 7.4 |
| | 24-n535 | 6.5 |
| | 23-533 | 6.2 |
| | 22-n535 | 6.4 |
| | 平均 | 6.6 |
| 小井组 | 25-533 | 4.0 |
| | 26-n533 | 4.2 |
| | xjp1 | 6.0 |
| | xjp2 | 6.0 |
| | 平均 | 5.05 |

表 14-8　化学蒸汽驱阶段配注表

| 井组 | 注汽井号 | 注汽速度 /（t/h） | 注氮速度 /（Nm³/h） | 起泡剂浓度 /% | 驱油剂浓度 /% |
|---|---|---|---|---|---|
| 大井组 | 23-537 | 7.4 | 589 | 0.4 | 0.5 |
| | 24-n535 | 6.5 | 518 | 0.4 | 0.5 |
| | 23-533 | 6.2 | 494 | 0.4 | 0.5 |
| | 22-n535 | 6.4 | 512 | 0.4 | 0.5 |
| | 平均 | 6.6 | 2112 | | |
| 小井组 | 25-533 | 4.0 | 320 | 0.4 | 0.5 |
| | 26-n533 | 4.2 | 335 | 0.4 | 0.5 |
| | xjp1 | 6.0 | 480 | 0.4 | 0.5 |
| | xjp2 | 6.0 | 480 | 0.4 | 0.5 |
| | 平均 | 5.05 | 1615 | | |

2. 配产

依据上述原则，采注比取 1.4，先分井组配产，最后按单井合计，并依据目前产液量及泵的产液能力，对部分单井进行了液量的校正。该方式中大井组日产液量为 1196t，单井最高日配液量为 95t；小井组日产液量为 876t，单井最高日配液量为 140t。

（五）实施增油效果预测

1. 小井距

水平井日产油能力确定依据：数模预测水平井第一周期平均日产油量为 14t；试验区内已投水平井产能：2 口水平井的分别为 10t 和 8t（仅射开 100m）。综合考虑，确定 2 口水平井第一周期平均日产油量为 12t。

直井日产油能力确定依据：数模预测直井第一周期平均日产油量为 8t；试验区内 2008 年新投井产能 6t/d。综合考虑，确定新投直井第一周期平均日产油量为 7t。

2. 大井距

数模预测直井第一周期平均日产油量为 9t；试验区内 2008 年新投井产能为 7t/d。因此综合考虑，确定新投直井第一周期平均日产油量为 8t。

递减率：周期递减率取值 16%~20%。

综合时率：大小井距先吞吐 1 年后转汽驱，其中大井距汽驱一年后转化学驱，小井距气驱半年后转化学驱；依据本块实际生产参数，吞吐井综合时率取 0.75；汽驱阶段综合时率为 0.82。

3. 预测指标

先导试验井组采出程度 28.8%；方案实施后，吞吐 + 汽驱阶段产油量 $45.26 \times 10^4$t，采出程度达到 53.4%，比吞吐到底累计增油量 $33.2 \times 10^4$t，采收率提高 18.1%（表 14-9）。

### 表 14-9 中二北馆 5 先导试验区开发指标预测表

| 年份 | 生产井/口 | 注汽井/口 | 注汽量/10⁴t | 注氮气量/10⁴Nm³ | 起泡剂量/t | 驱油剂量/t | 产油量/10⁴t | 产水量/10⁴t | 综合含水率/% | 油汽比/(t/t) | 采出程度/% | 采油速度/% | 平均单井日产油/t |
|---|---|---|---|---|---|---|---|---|---|---|---|---|---|
| 目前 | 37 | | | | | | 3.42 | 28.7 | | | 28.8 | 1.86 | 3.5 |
| 2009 | 45 | | 10.6 | | | | 4.07 | 34.5 | 89.4 | 0.38 | 31.0 | 2.21 | 3.7 |
| 2010 | 37 | 8 | 22.1 | | | | 4.91 | 40.3 | 89.1 | 0.22 | 33.7 | 2.67 | 4.4 |
| 2011 | 37 | 8 | 33.6 | 421 | 729 | 182 | 7.75 | 47.8 | 86.0 | 0.23 | 37.9 | 4.22 | 7.0 |
| 2012 | 37 | 8 | 33.6 | 587 | 1017 | 254 | 8.80 | 48.8 | 84.7 | 0.26 | 42.7 | 4.79 | 7.9 |
| 2013 | | 8 | 33.6 | 587 | 1017 | 254 | 7.14 | 48.1 | 87.1 | 0.21 | 46.6 | 3.89 | 6.4 |
| 2014 | 37 | 8 | 33.6 | 587 | 1017 | 254 | 5.80 | 46.5 | 88.9 | 0.17 | 49.7 | 3.16 | 5.2 |
| 2015 | 37 | 8 | 33.6 | 333 | 576 | 144 | 4.52 | 44.1 | 90.7 | 0.13 | 52.2 | 2.46 | 4.1 |
| 2016 | 21 | 4 | 19.0 | 0 | 0 | 0 | 2.27 | 24.8 | 91.6 | 0.12 | 53.4 | 1.24 | 3.6 |
| 合计 | | | 219.7 | 2514.96 | 4354.91 | 1089.09 | 45.26 | 334.80 | | | | | |

其中大井组方案实施后，阶段产油量27.34×10⁴t，采出程度达到51.6%，比吞吐到底累计增油量19.6×10⁴t，采收率提高16.2%（表14-10）。

### 表 14-10 中二区北部馆 5 先导试验区大井组开发指标预测表

| 年份 | 生产井数/口 | 注汽井/口 | 注汽量/10⁴t | 注氮气量/10⁴Nm³ | 起泡剂量/t | 驱油剂量/t | 产油量/10⁴t | 产水量/10⁴t | 综合含水率/% | 油汽比/(t/t) | 采出程度/% | 采油速度/% | 平均单井日产油量/t | 平均单井日产液量/t |
|---|---|---|---|---|---|---|---|---|---|---|---|---|---|---|
| 目前 | 22 | | | | | | 2.21 | 17.1 | 88.6 | | 28.6 | 1.82 | 3.8 | 29 |
| 2009 | 25 | | 6.0 | | | | 2.20 | 19.4 | 89.8 | 0.37 | 30.8 | 2.20 | 3.5 | 29 |
| 2010 | 21 | 4 | 12.5 | | | | 2.76 | 22.6 | 89.1 | 0.22 | 33.1 | 2.28 | 4.4 | 40 |
| 2011 | 21 | 4 | 19.0 | 166 | 288 | 72 | 4.50 | 27.6 | 86.0 | 0.24 | 36.8 | 3.72 | 7.1 | 51 |
| 2012 | 21 | 4 | 19.0 | 333 | 576 | 144 | 5.15 | 27.4 | 84.2 | 0.27 | 41.1 | 4.26 | 8.2 | 52 |
| 2013 | 21 | 4 | 19.0 | 333 | 576 | 144 | 4.22 | 27.3 | 86.6 | 0.22 | 44.5 | 3.49 | 6.7 | 50 |
| 2014 | 21 | 4 | 19.0 | 333 | 576 | 144 | 3.46 | 26.1 | 88.3 | 0.18 | 47.4 | 2.86 | 5.5 | 47 |
| 2015 | 21 | 4 | 19.0 | 333 | 576 | 144 | 2.77 | 25.2 | 90.1 | 0.15 | 49.7 | 2.29 | 4.4 | 44 |
| 2016 | 21 | 4 | 19.0 | | | | 2.27 | 24.8 | 91.6 | 0.12 | 51.6 | 1.88 | 3.6 | 43 |
| 合计 | | | 133 | 1497 | 2592 | 648 | 27.34 | 200 | | | | | | |

小井组方案实施后，阶段产油量17.93×10⁴t，采出程度达到57.7%，比吞吐到底累计增油13.6×10⁴t，采收率提高21.8%（表14-11）。

### 表 14-11 中二区北部馆 5 先导试验区小井组开发指标预测表

| 年份 | 生产井数/口 | 注汽井/口 | 注汽量/10⁴t | 注氮气量/10⁴Nm³ | 起泡剂量/t | 驱油剂量/t | 产油量/10⁴t | 产水量/10⁴t | 综合含水率/% | 油汽比/(t/t) | 采出程度/% | 采油速度/% | 平均单井日产油量/t | 平均单井日产液量/t |
|---|---|---|---|---|---|---|---|---|---|---|---|---|---|---|
| 目前 | 15 | | | | | | 1.21 | 11.6 | 90.5 | | 29.1 | 1.94 | 3.1 | 28 |
| 2009 | 21 | | 4.60 | | | | 1.87 | 15.1 | 89.0 | 0.41 | 32.1 | 2.98 | 3.8 | 27 |

续表

| 年份 | 生产井数/口 | 注汽井/口 | 注汽量/10⁴t | 注氮气量/10⁴Nm³ | 起泡剂量/t | 驱油剂量/t | 产油量/10⁴t | 产水量/10⁴t | 综合含水率/% | 油汽比/(t/t) | 采出程度/% | 采油速度/% | 平均单井日产油量/t | 平均单井日产液量/t |
|---|---|---|---|---|---|---|---|---|---|---|---|---|---|---|
| 2010 | 17 | 4 | 9.57 | | | | 2.15 | 17.8 | 89.2 | 0.22 | 35.5 | 3.43 | 4.4 | 39 |
| 2011 | 17 | 4 | 14.54 | 255 | 441 | 110 | 3.25 | 20.1 | 86.1 | 0.22 | 40.7 | 5.18 | 6.4 | 46 |
| 2012 | 17 | 4 | 14.54 | 255 | 441 | 110 | 3.65 | 21.4 | 85.4 | 0.25 | 46.5 | 5.82 | 7.2 | 49 |
| 2013 | 17 | 4 | 14.54 | 255 | 441 | 110 | 2.92 | 20.8 | 87.7 | 0.20 | 51.2 | 4.66 | 5.7 | 47 |
| 2014 | 17 | 4 | 14.54 | 255 | 441 | 110 | 2.34 | 20.3 | 89.7 | 0.16 | 54.9 | 3.73 | 4.6 | 44 |
| 2015 | 17 | 4 | 14.54 | | | | 1.75 | 18.9 | 91.5 | 0.12 | 57.7 | 2.79 | 3.4 | 40 |
| 合计 | | | 86.89 | 1018 | 1763 | 441 | 17.93 | 134 | | | | | | |

## 三、试验进展

### （一）强化汽驱前井控治理，保障蒸汽驱安全开展

为了保障化学蒸汽驱矿场实施过程中的安全生产，对曾经射开蒸汽驱层系馆5³的老井详细落实管柱、射孔、套变、灰封等情况，最终摸排出曾射开过目的层未注灰的停产井9口、曾射开过目的层未注灰有安全隐患的上层系生产井5口，共14口井均进行了注灰封井。

### （二）化学蒸汽驱前井网完善

2009年完钻新井11口（含4口水平井），平均单井钻遇油层11.9m/1层，已投产新井10口，峰值单井日产液量48.4t，单井日产油量11.1t，综合含水率77.0%；12月份单井日产液量31.8t，单井日产油量8.9t，综合含水率72.1%，累计产油量5896t。完成RFT压力测试3口。

### （三）化学蒸汽驱矿场实施及效果

小井距4个井组新钻井吞吐半年后转化学蒸汽驱，大井距4个井组新钻井吞吐一年后转化学蒸汽驱。注入过程中蒸汽连续注入，泡沫剂和驱油剂采取段塞式注入，其中泡沫剂的注入方式为注30d停90d，驱油剂段塞长度为20d，1年注一个段塞。泡沫剂浓度0.5%，驱油剂浓度为0.3%，气液比1.0（地下），采注比大于1.2t/t。

小井组于2010年10月19日转蒸汽驱，2011年9月转化学蒸汽驱，2019年6月结束试验，完成16段塞化学剂注入，累计注泡沫剂量806t，驱油剂量195.3t，阶段注汽量97.91×10⁴t，阶段产油量17.29×10⁴t，累计增油量12.87×10⁴t，累计油汽比0.18，提高采出程度21.9%；大井组于2011年3月22日转蒸汽驱，2012年6月转化学蒸汽驱，2019年5月结束试验，完成20段塞化学剂注入，累计注泡沫剂量1489.8t，驱油剂量228.5t，阶段注汽量124.24×10⁴t，阶段产油量17.54×10⁴t，累计增油量14.73×10⁴t，油汽比0.14，阶

段提高采出程度13.0%。

实施过程中主要完成以下工作。

**1. 提液保采注比**

当采注比为1.0~1.2t/t时，是热水驱向蒸汽驱的过渡阶段，蒸汽带不断扩展，因此，低液井治理尤为重要，蒸汽驱前期对热连通程度低的低液井采取注汽、防砂、检泵、调参等提液措施，温度场不断扩大、蒸汽带有效扩展。至2014年8月，共实施99井次，其中大井组41井次、小井组58井次，同时对低液停产井进行治理，通过转周防砂等措施治理11口井，恢复日产液量365.4t，日产油量33.4t。治理后大井组平均单井日产液量达到42t（设计49t），小井组平均单井日产液量38t（设计43t），采注比达到方案设计，为1.2t/t。

**2. 调堵保均衡**

实施化学驱调堵措施，防止蒸汽突破、保障驱替均衡。

（1）根据方案设计和生产动态不断优化化学段塞。第一阶段4个井组按照方案设计转化学蒸汽驱，2012年根据转化学蒸汽驱后，部分生产井套压上升快的实际，进行了化学驱段塞的重新优化。第二阶段注入段塞优化为连续注蒸汽、降低氮气用量、提高泡沫剂和驱油剂用量，保证发泡效果。第三阶段驱替后期优化大剂量调剖段塞，防止蒸汽突破，实现氮气、泡沫剂、驱油剂三项同时混注。第四阶段优化驱油剂段塞，提高驱油效果。在氮气泡沫剂注入后，间隔10d后再增加一个驱油剂段塞，通过化学调堵，蒸汽腔推进速度均衡，汽窜井综合含水率下降。

（2）调剖过程中高温井控液，降低注汽速度，保障调剖效果。根据井口温度，调参降液7井次，降注汽速度2口井。如中24平530井，2013年6月日产油量2.0t，井口温度达到100℃，通过调剖限液，8月底井口温度降到56℃左右，日产油量上升到5.0t以上，持续2个月。

（3）通过优化段塞和强化管理，化学蒸汽驱发挥调驱作用。根据蒸汽驱平面受效状况，2011年9月开始先后对各个井组实施化学蒸汽驱段塞，对于汽驱受效不明显井，化学蒸汽驱阶段产量持续上升，蒸汽在该方向得到加强，温度场不断扩大，各向驱替更均衡。到2014年年底大小井组累采注比均达到1.3t/t。推进速度变异系数由1.68下降到0.13。

**3. 监测保跟踪**

主要是取全取准动态资料，保障跟踪调整及时到位。

（1）建立各项动态资料日度台账，便于日跟踪、周分析、月调整。台账包括：动液面、温度套压、示功图、硫化氢等。利用这些资料，相关人员定期召开月度例会，就中二区北部馆5化学蒸汽驱进展情况及下步工作安排开展分析、讨论。

（2）及时监测注入生产状况，为分析调整提供依据。通过注入井井底压力、温度、蒸汽干度及隔热管温度等四参数测试监测注汽质量，监测表明注汽压力降低，热损失较小，井底干度高，注汽质量好。通过示踪剂监测了解蒸汽的流动方向及推进速度，明确注采对应关系，描述储层非均质性，定量研究大孔道与蒸汽驱汽窜关系。观察井实时监测的温度、压力实现生产动态对比，如大井组吞吐阶段降压低产，热连通阶段升压高产，驱替阶段降压降产，大井组观察井监测的温度、压力与生产动态基本吻合。及时录取不同汽驱阶段生产井化验资料，如水分析加密取样，主要化验矿化度和氯根离子含量变化，不同时间取样结果发现，汽驱后见效井矿化度下降，未受效井矿化度无变化。还监测化学剂质量，井口取样驱油剂产品质量检测结果基本达到方案设计要求。

（四）配套保干度

研究推广高干度注汽工艺配套技术：（1）研制高干度注汽锅炉，与常规锅炉相比，在结构上增加了汽水分离器、过热段、喷水减温器核心装置，保证出口蒸汽干度达99%。（2）研制高效地面保温工艺，地面热损失降低56%。蒸汽驱试验要求全程保干，提高热效率。地面输汽管线研制了钛陶瓷保温材料，管线热损失降低62%；研制隔热型支座，热损失降低80%。井筒研制隔热接箍、强制解封封隔器，配套高真空隔热管、隔热补偿器；实现全密闭无热点注汽工艺，$1km^2$热损失率由9%降到5%。通过以上工艺，锅炉出口干度达到98%，井口干度评价为77%，井底干度达到52.2%，保证了注汽效果。

（五）除硫保安全

部分井测出高浓度$H_2S$气体，影响安全生产和作业。根据$H_2S$产生机理，进行多节点除硫，地面上在孤六联合站投入运行干法脱硫技术，实现出口$H_2S$浓度为零；井筒在油套环空加脱硫剂处理，实现$H_2S$质量浓度降至安全临界质量浓度$30mg/m^3$以下；井口安装套管气除硫撬装装置，该装置主要由负压装置、高效混合反应器、三相分离器、气体压缩机等部件组成，其中高效混合反应器是装置的核心。实施后，井口硫化氢质量浓度由最高的$90000mg/m^3$降至$10mg/m^3$以下。

（六）间歇注汽保效益

2015年1月，试验区油汽比降至0.09t/t，为提高经济效益，需优化合理注汽速度，深化热水驱机理研究及矿场实施效果评价。研究表明，蒸汽驱后停注驱油剂且间歇注汽经济性好，最终采收率不会降低。主要原因是驱油剂提高波及区域的驱油效率随着温度升高，作用降低，而2015年5月小井距井组的平均油藏温度高达126℃，驱油剂受效幅度下降。因此，从提高采收率和经济效益方面研究，提出以下工作建议：蒸汽驱后转间歇蒸汽驱；具体时间为注蒸汽一月，停一月，注汽速度不变；间歇蒸汽驱期间，停注驱油剂和泡沫体系。2016年12月，化学蒸汽驱转低速、间歇驱替阶段，提高已注热量利用，遏制产量递减，进入稳产阶段，开发效果得到改善（图14-12）。

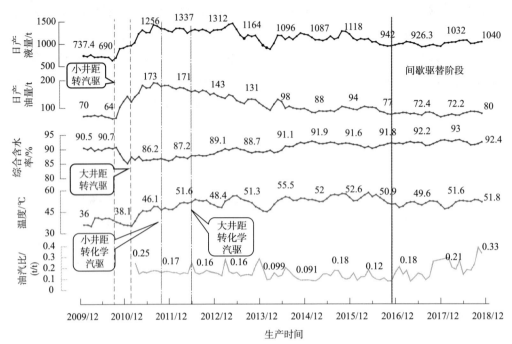

图 14-12　试验区生产曲线

## 四、试验效果及主要认识

### （一）试验效果

通过孤岛油田中二区北部馆5稠油热化学蒸汽驱配套技术研究，创新形成了以下系列配套技术。

1. 蒸汽驱注采参数优化技术

通过优化注汽参数设计，促进蒸汽腔的形成，开展以权重体积为主平面、单井参数优化，降低油藏压力，有效扩大蒸汽腔的波及范围。

2. 稠油热化学驱技术

通过研究"提干分压增容、热剂接替助驱、深部智能调控"的稠油热化学驱机理，发明了耐高温的高效泡沫剂和驱油剂，实施化学调堵技术，均衡扩大蒸汽腔。在平面和纵向上采用氮气泡沫封堵，抑制高渗透水淹条带窜进，改善波及状况，优化化学剂注入参数，注入高温驱油剂，提高驱油效率。

3. 蒸汽驱动态差异化调整技术

矿场实施过程中，以井组配产配注为基础，以动态监测资料研究为参照，通过研发稠油热化学驱数值模拟软件，完善蒸汽驱不同生产阶段"排""引""调"技术，保障蒸汽均衡推进并提高油汽比。"排"：吞吐阶段水侵前缘提液排水控制水侵速度。"引"：

热连通阶段吞吐"引"效，促进蒸汽腔形成。"调"：调整生产参数，保障蒸汽驱均匀推进。

4. 蒸汽驱油井举升配套技术

针对蒸汽驱油井卡泵问题，研究推广了耐高温、防卡抽油泵；完善并推广了耐高温、防 $H_2S$ 腐蚀光杆及井口密封器；研制推广了油润滑扶正器，解决了高含水引起的偏磨问题；研究推广了汽驱油井密闭作业防漏失管柱，提高了生产效率。

（二）主要认识

中二区北部馆5热化学驱蒸汽驱先导试验实践证明：蒸汽驱能够大幅度提高采收率，但中后期汽窜严重、套损井比例高，平衡油价高；长期耐高温高压的完井、管杆及低成本脱硫除硫等配套工艺尚不成熟，规模推广难度大。

高轮次吞吐开发实践也表明，孤岛稠油的主要开发矛盾发生了转变：由流动性不足转变为地层能量不足，蒸汽驱为降压开采（采注比大于1），开发方式需由传热降黏转向传质补能。

# 第三节　中二中馆5水驱稠油转蒸汽驱先导开发试验

## 一、试验区基本情况

（一）试验目的

目前国内外尚未开展中深层水驱普通稠油转蒸汽驱开采的相关报道，在这类油藏开展水驱后转蒸汽驱先导试验，预期达到以下目的：①探索深层普通稠油油藏水驱后转蒸汽驱提高采收率的可行性；②形成水驱后转蒸汽驱的优化研究技术；③形成普通稠油油藏水驱后转蒸汽驱提高采收率配套技术；④为胜利油田稠油热采产量稳定提供技术支撑。

（二）试验区选择

胜利油田水驱普通稠油转热采筛选原则如下：①试验区有代表性，具较好的推广前景；②油藏埋深小于1400m；③目前综合含水率低于90％；④目前剩余油饱和度大于50％；⑤有效厚度大于8m；⑥地层条件原油黏度100~400mPa·s。

中二区中部馆5各项油藏参数基本满足蒸汽驱条件（表14–12），仅地层压力略偏高，但随着注水井的停注、外围井加大排液量以及新打热采井吞吐降压，地层压力有望较快降至蒸汽驱理想压力。

陆相砂岩油藏开发试验实践与认识——以孤岛油田高效开发为例

表 14-12　蒸汽驱油藏条件筛选评价表

| 对比参数 | | 筛选标准 | 试验区参数 | 评价 |
|---|---|---|---|---|
| 油藏参数 | 原油黏度 /mPa·s | ≤ 10000 | 2000~10000 | 适宜 |
| | 油层深度 /m | 150~1400 | 1300 | 偏深 |
| | 油层厚度 /m | ≥ 10 | 14 | 适宜 |
| | 净总比 | ≥ 0.5 | 0.79 | 好 |
| | 孔隙度 | ≥ 0.2 | 0.32 | 好 |
| | 渗透率 /μm² | ≥ 0.3 | 1.2~1.8 | 好 |
| | 气水侵 | 无 | 基本未水侵 | 适宜 |
| 开发参数 | 油层压力 /MPa | ≤ 5 | 6.5~7.8 | 偏高 |
| | 油层温度是否连通 | 井间有连通 | 有 | 适宜 |
| | 含油饱和度 | ≥ 0.45 | 0.45 | 适宜 |

（三）油藏概况

1. 地质概况

中二区中部位于孤岛披覆背斜东倾部位的中二区中部，南为孤岛油田二号大断层，北部、东部分别为中二北、中二中东区。试验区位于中二区中部的中部，稠、稀油接合部以北（图 14-13）。

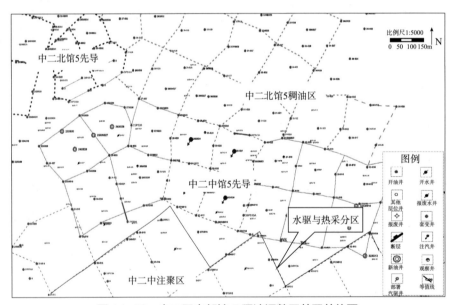

图 14-13　中二区中部馆 5 稠油调整区井网井位图

试验区总体构造形态为由南西向北东倾没的背斜侧翼，地层倾角 1°~3°，构造平缓，局部表现为一些微小的起伏变化。其中馆 $5^3$ 油层顶面构造埋深为 1268~1280m。各小层顶面构造形态在纵向上具有一定的继承性，构造形态大致相同。

中二区中部馆 5 砂层组为砂质辫状河沉积。砂层组黏土含量平均 4.6%，泥质含量平均为 3.3%。岩性胶结疏松，胶结类型以孔-基和接触式为主，胶结物以泥质为主。储层平均孔隙度35.8%，平均渗透率4987.9×10⁻³μm²，属于高孔、高渗透储层，储层物性较好。无速敏、弱–中等水敏、中等程度的盐敏、弱–中等偏强酸敏、弱–中偏弱碱敏。

中二区中馆5试验区内未见到油水界面，为纯油区，边水分布于试验区以外的东北部（图14–14）。

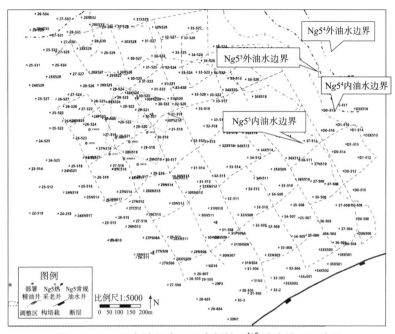

**图14-14　孤岛油田中二区中部馆5⁴⁺⁵油水边界示意图**

馆5³小层是3个小层中的主力含油小层。有效厚度一般为6~10m，平均6.9m。馆5⁴小层有效厚度一般为2~4m，平均3.8m。馆5⁵小层是3个小层中有效厚度最薄的一个层，一般为2~4m，平均有效厚度只有2.9m。

地面脱气原油密度为0.9713~0.9914g/cm³，平均为0.985g/cm³；50℃时，馆5³小层原油黏度为2000~5000mPa·s，馆5⁴⁺⁵原油黏度为3000~10000mPa·s。原油性质的变化主要受深度、构造的控制。纵向上原油黏度随油层中深增加而增大；同一层位，高部位原油较稀、低部位原油较稠，即平面上由南向北，原油黏度逐渐增大。平均含硫量2.62%，凝固点平均为4.63℃。

地层水性质：总矿化度一般5000~15000mg/L，平均8800mg/L；水型为NaHCO₃型。

2. 开发状况

中二区中馆5试验区1982年8月投产，1985年9月注水，1992年1月实施强注强采，注水量和采液量大幅度增加，综合含水率也居高不下，日产油量整体呈递减趋势。2003年5月，关停部分水井，注水量减小，同时受邻近井区注聚合物的影响，西南部油井日产油量上升，综合含水率下降，但全区生产动态变化不明显，仍为高含水采油。2004年5月，投产一批新油井，采用吞吐方式开发，日产油量较高，综合含水率低，因此，先导试验区日产油量上升，综合含水率下降，采油速度也有较大提高。

截至2009年1月，中二区中馆5试验区油井总井35口，其中常规油井21口，开井5口；热采油井14口，开井12口，注水井4口，全部停注。常规油井日产油量11.8t，平均单井日产油量2.2t，综合含水率90.9%；热采井日产油量63.4t，平均单井日产油量4.4t，综合含水率79.0%，采出程度达27.66%；水井累计注水量285.5×10⁴t，累计注采比0.85（表14-13）。

表14-13 中二中馆5试验区开发现状表

| | 地质储量 /10⁴t | 总井/口 | 开井/口 | 日产液量/t | 日产油量/t | 单井日产油量/t | 综合含水率/% | 采油速度/% | 采出程度/% | 累计产油量/10⁴t | 累计产水量/10⁴t |
|---|---|---|---|---|---|---|---|---|---|---|---|
| 常规油井 | 137 | 21 | 5 | 129.7 | 11.8 | 2.2 | 90.9 | 1.6 | 27.7 | 37.9 | 296.3 |
| 热采井 | | 14 | 12 | 301.9 | 63.4 | 4.4 | 79.0 | | | | |
| 水井 | 总井/口 | | | 开井/口 | | | 累计注水量/10⁴t | | | | |
| | 4 | | | 0 | | | 285.5 | | | | |

中二区中部馆5原油黏度上稀下稠，且馆5³油层连通状况好，在注水开发阶段，试验区注水井注水层位和采油井生产层位以馆5³为主，2004年后的新井吞吐主要针对动用程度较差的馆5⁴⁺⁵。

1）含水状况

馆5综合含水率主要受注入水影响，随着注水井依次停注，综合含水率有所降低，目前中二区中部大部分常规生产的老井均高含水关井，正常生产的老井一般综合含水率也在90%以上。2004年后的新井位于试验区北部，生产层位主要是馆5⁴⁺⁵，受注水井影响相对较小，综合含水率为60%~85%，比老井综合含水率低。

2）压力状况

从动液面和地层压力曲线上看，中二区中部馆5试验区注水开发阶段地层能量保持较好，地层压力基本不下降，动液面也保持在400m以上，后期随着注水井关停，注水量减少，地层压力开始下降，到2005年6月地层压力约10MPa，压降2.2MPa，动液面降到600m左右。试验区2008年7月补测一批压力资料和2009年1月新打井的RFT测压资料反映当前地层压力为6.5~7.5MPa（图14-15），压降5MPa左右，北部井比南部井压力相对低1MPa左右，馆5³比馆5⁴⁺⁵低1MPa左右。地层压力降低，为下步转蒸汽驱奠定了基础。

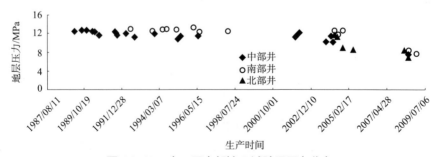

图14-15 中二区中部馆5试验区压力分布

3. 剩余油分布

各小层动用程度不均，馆$5^3$层剩余储量相对较多。依据数值模拟计算结果，到2008年6月试验区累计产油量$37.0 \times 10^4$t，采出程度26.4%，剩余储量$103.1 \times 10^4$t，其中馆$5^3$累计产油量$20.7 \times 10^4$t，采出程度27.9%，剩余储量$51.4 \times 10^4$t，剩余储量相对较多，占总剩余储量的49.9%；馆$5^4$累计产油量$10.3 \times 10^4$t，采出程度23.6%，剩余储量$32.0 \times 10^4$t，占总剩余储量的31.0%；馆$5^5$累计产油量$6.0 \times 10^4$t，采出程度23.5%，剩余储量$19.7 \times 10^4$t，占总剩余储量的19.1%（表14-14）。

表14-14  试验区各时间单元剩余储量统计表（2008年6月）

| 层位 | 地质储量/$10^4$t | 累计产油量/$10^4$t | 采出程度/% | 剩余储量/$10^4$t | 占剩余储量/% |
| --- | --- | --- | --- | --- | --- |
| $5^{31}$ | 12.8 | 3.1 | 24.0 | 9.7 | 9.4 |
| $5^{32}$ | 31 | 8.3 | 26.8 | 22.7 | 22.0 |
| $5^{33}$ | 28.3 | 9.3 | 32.9 | 19.0 | 18.4 |
| 小计 | 72.1 | 20.7 | 27.9 | 51.4 | 49.9 |
| $5^{41}$ | 13.4 | 2.8 | 21.1 | 10.6 | 10.3 |
| $5^{42}$ | 28.9 | 7.5 | 26.0 | 21.4 | 20.8 |
| 小计 | 42.3 | 10.3 | 23.6 | 32.0 | 31.0 |
| $5^5$ | 25.7 | 6.0 | 23.5 | 19.7 | 19.1 |
| 合计 | 140.1 | 37.0 | 26.4 | 103.1 | 100 |

从各时间单元看，采出程度馆$5^{33}$最大，其次是馆$5^{32}$、馆$5^{42}$、馆$5^{31}$、馆$5^5$，最小的是馆$5^{41}$，而剩余储量最多的是馆$5^{32}$，其次是馆$5^{42}$、馆$5^5$、馆$5^{33}$、馆$5^{41}$，最少的是馆$5^{31}$。

各时间单元剩余油饱和度较高。从剩余油饱和度场图（图14-16~图14-19）可以看出，试验区各时间单元剩余油饱和度均大于45%，其中馆$5^4$、馆$5^5$剩余油饱和度大于55%，剩余油饱和度较大。

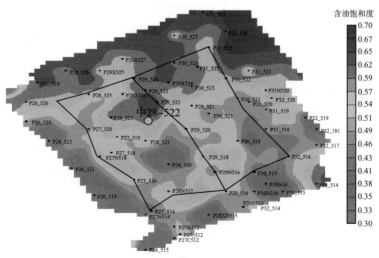

图14-16  馆$5^{32}$层剩余油饱和度场

陆相砂岩油藏开发试验实践与认识——以孤岛油田高效开发为例

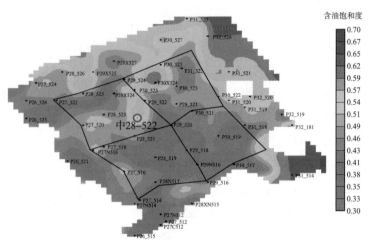

图 14-17 馆 $5^{33}$ 层剩余油饱和度场

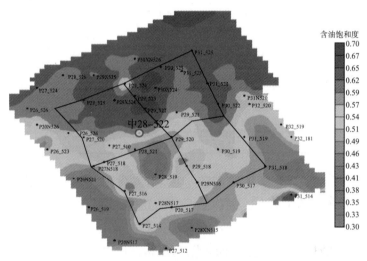

图 14-18 馆 $5^{42}$ 层剩余油饱和度场

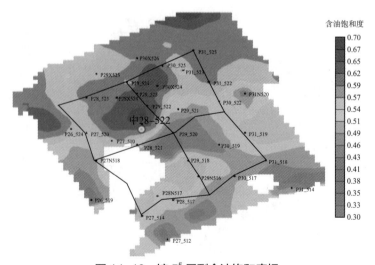

图 14-19 馆 $5^5$ 层剩余油饱和度场

1）原油黏度高的区域剩余油饱和度高

依据试验区各时间单元剩余油饱和度场图，东北部井组由于原油黏度较高，水驱效果差，剩余油饱和度高，剩余油饱和度大于60%，剩余油相对富集，而靠近注聚区的西南部井组原油黏度较低，水驱效果相对较好，且受邻近井区注聚合物影响，动用程度高，剩余油饱和度低，一般为45%~50%。

2）水驱次主流线上剩余油饱和度较高

沿试验区中28-523水驱井组主流线和次主流线各切一个水驱结束时的剩余油饱和度场剖面（图14-20、图14-21）。从剖面来看，位于水驱井组主流线上的中28-521井，各小层剩余油饱和度明显低于位于次主流线上的中29-520井的，该井与注水井之间剩余油较富集。

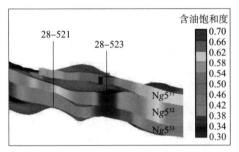

图14-20　水驱主流线剩余油饱和度场

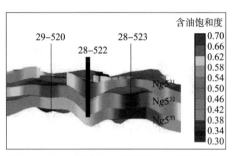

图14-21　水驱次主流线剩余油饱和度场

3）注水井附近仍有一定剩余油

从各时间单元剩余油饱和度场看，东北部中30-523注水井组因原油黏度大动用较差，注水井附近剩余油饱和度大于60%，西南部中28-519注水井组原油黏度小，水驱动用程度相对较高，剩余油饱和度在40%左右，其他两个井组中28-523、中30-519水驱井组剩余油饱和度在50%以上。

## 二、试验方案简介

1. 开发方式

先蒸汽吞吐，再适时转蒸汽驱。

2. 开发层系

将馆$5^3$、馆$5^4$、馆$5^5$作为一套开发层系，在现场操作中，可先笼统注汽，根据动态监测结果，适时进行分层注汽。

3. 转蒸汽驱时机（转驱压力）

根据中二区中部目前地层压力水平，考虑油藏的实际降压能力，再结合采收率和经济效益，转蒸汽驱压力为6.5MPa左右。

**4. 注采参数优化**

注汽速度为6t/h左右，总排液量888t/d，蒸汽驱阶段合理采注比为1.2。

**5. 水驱转热采井网**

为减缓水驱通道影响，在剩余油分布研究的基础上，采用水驱次主流线方向加密，老水井生产，扭转反九点法井网。考虑现场实施能力及利于评价，中二区中部馆5先导试验井组为4个141m×200m的反九点法井组（图14-22），面积0.44km²，储量115×10⁴t。设计新井9口，利用老井16口（其中水平井1口，需补孔11口），排液井7口。

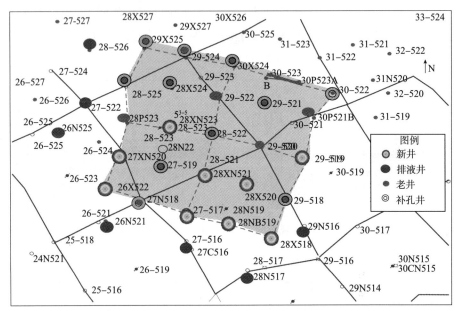

**图14-22 中二区中部先导试验井区井位部署图**

**6. 开发指标预测**

4个先导试验井组当前累计产油量31.1×10⁴t，采出程度27.0%，实施水驱转蒸汽驱，项目实施8年后，阶段产油量25.53×10⁴t，采出程度提高22.2%（表14-15）。

**表14-15 中二区中馆5水驱转蒸汽驱先导试验开发指标测算表**

| 时间/年 | 总井数/口 | 油井数/口 | 注汽井/口 | 注汽量/10⁴m³ | 年产油量/10⁴t | 年产液量/10⁴t | 累计产油量/10⁴t | 油汽比/（t/t） | 采油速度/% | 采出程度/% | 综合含水率/% |
|---|---|---|---|---|---|---|---|---|---|---|---|
| 1 | 25 | 25 | 4 | 4 | 3.85 | 19.3 | 3.85 | 0.96 | 3.35 | 3.35 | 79.3 |
| 2 | 25 | 21 | 4 | 17.2 | 4.91 | 20.6 | 8.76 | 0.29 | 4.27 | 7.62 | 76.1 |
| 3 | 25 | 21 | 4 | 17.2 | 4.08 | 20.7 | 12.84 | 0.24 | 3.55 | 11.17 | 80.3 |
| 4 | 25 | 21 | 4 | 17 | 3.39 | 20.2 | 16.23 | 0.2 | 2.94 | 14.11 | 83.2 |
| 5 | 25 | 21 | 4 | 16.5 | 2.88 | 19.8 | 19.1 | 0.17 | 2.5 | 16.61 | 85.4 |
| 6 | 25 | 21 | 4 | 16.5 | 2.45 | 19.6 | 21.55 | 0.15 | 2.13 | 18.74 | 87.5 |
| 7 | 25 | 21 | 4 | 16 | 2.13 | 19.5 | 23.68 | 0.13 | 1.85 | 20.59 | 89.1 |
| 8 | 25 | 21 | 4 | 16 | 1.85 | 20.5 | 25.53 | 0.12 | 1.61 | 22.2 | 91 |

7.矿场试验方案

为完善井组设计新井9口，新增产能1.4×10⁴t，在蒸汽驱前完成11口老井补孔工作。根据方案设计要求，安排RFT测井4口，示踪剂监测1口，观察井2口，流压监控2口。排液井8口，通过停注水井和蒸汽吞吐降低试验区地层压力，当地层压力达到6.5MPa时（预计1~2年后）转入蒸汽驱。

## 三、方案实施

中二区中部馆5稠油蒸汽驱先导试验2008年11月完善井网，2009年7月蒸汽吞吐降压开采，2011年9月15日转蒸汽驱，2019年10月结束试验，阶段注汽量130.5148×10⁴t，阶段产油量35.97×10⁴t，累计增油量18.44×10⁴t，累计油汽比0.28，提高采出程度2.9%。

（一）完善注汽井网，确保蒸汽驱顺利开展

2009年9月，设计9口新井全部完钻并投产，平均单井钻遇油层18.3m/3层，好于设计指标。新井初期平均单井日产液量56t，平均单井日产油量3.6t，综合含水率93.6%；12月份开井8口，日产液量226.7t、平均单井日产液量28.3t，日产油量40.9t、平均单井日产油量5.1t，综合含水率82%。设计老井补孔改层井网归位11井次，通过补孔、扶长停井等措施，在2009年年底全部完成。强化压力资料录取，实施RFT压力测试4口，区内安排排液井7井次，结合油井吞吐开采，汽驱前压力下降快，至2011年4月，试验井组北部地层压力为6.4MPa，中部6.7MPa，南部为7.0MPa，平均地层压力6.6MPa，基本满足蒸汽驱要求。

为提高各小层储量动用，根据隔层发育情况，优化实施分层注汽工艺。选择3口井进行试注，在隔层大于5m且分布稳定区域选择2口油井采用单管分注，覆膜砂下大通径高精密滤砂管下分层注汽管柱，注汽速度3~4t/h；隔层大于6m分布稳定区域选择1口油井采用双管分注：覆膜砂下大通径高精密滤砂管下同心双管分层注汽管柱，注汽速度2.5~3.5t/h；隔层小于2m油井采用笼统注：覆膜砂下大通径高精密滤砂管下注汽管柱，注汽速度6.5t/h。矿场实施后，注汽井注汽参数低于方案设计，2015年8月检换注汽管柱发现管柱破损，导致套变事故，停炉时间长，开井后3口分层注汽改为笼统注汽。

（二）强化跟踪调整，保障蒸汽驱均衡推进

中二区中部馆5稠油蒸汽驱于2011年9月15日转蒸汽驱，按照方案设计注汽速度23.5t/h，蒸汽驱阶段注汽压力平稳，注汽干度保持稳定。主要采取了以下保障措施。

（1）早期采用注汽引效、检泵防砂、套损井更新等措施治理低液井，累计实施吞吐引效、提液工作量111井次，引导汽驱见效。

（2）密切关注温度观察井，确保注入压力、温度保持稳定。

（3）汽驱过程中不间断的动态跟踪调整。根据"温度场、压力场、含油饱和度场、蒸汽干度场"变化情况及生产动态，对热连通程度低的井采取转周、调参等引效措施，保障蒸汽均匀推进。"引"：治理低液井，引导汽驱早日见效。按配产配注设计，根据"三场"变化和示踪剂监测，对热连通程度低的井采取转周等引效措施。"调"：调整生产压差，保障蒸汽驱均匀推进。按照方案的设计要求，调整油井生产参数，降低优势通道生产压差，放大相对非优势通道生产压差；生产压差大的油井控液，能量恢复快的油井及时提液。

根据注入井井底四参数测试监测注汽质量，井底四参数包括温度、压力、干度和热损失等，根据中27-519和中29-521井监测，按每米热损失计，地面管线损失0.0061%，井筒损失0.0093%，目的层附近蒸汽干度55%左右，监测表明：注汽压力降低，热损失较小，井底干度高，注汽质量好。随着注入的深入，注采不均衡，优势通道蒸汽外溢，局部存在汽窜现象突显。特别是中心井低液、西部井相对高液，不均衡采液，蒸汽沿优势通道扩散外溢，井组采注比、油气比持续下降。注采比由2015年12月的1.22下降到2016年4月的1.03，油汽比由0.22下降到0.14。

针对汽窜井组，通过调整采液强度、抑强扶弱、降低汽窜井组负影响，主要采取以下措施：①汽驱优势通道控液降低蒸汽负消耗；②潜力区提液提高热能利用。

对于蒸汽驱低效井的治理，主要采取以下措施：①汽窜井组，注汽井氮气调剖，改善注汽平面；②边部油井氮气调剖，降低水侵干扰，促进蒸汽向边部推进；③周期末油井，吞吐提液引效；④综合治理低液井，提高单井采液强度，均衡注采。通过示踪剂监测了解蒸汽的流动方向及推进速度，2011年10月与2013年3月监测发现，试验区整体推进是向均衡方向发展的趋势，推进速度差异变小（图14-23），很好改善了蒸汽驱驱油效果。

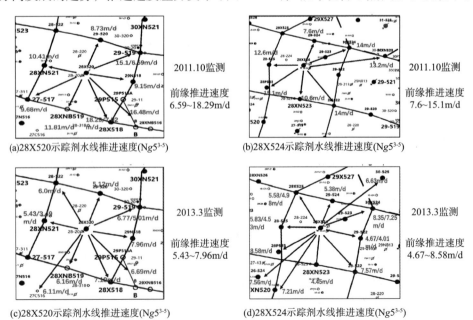

图14-23 监测不同时间示踪剂及推进速度

## 四、试验效果及主要认识

针对油藏的具体特点，开展了深入细致的研究工作，运用储层层次结构分析方法和河流沉积学新理论进行了精细地层对比；开展了储层特征及非均质研究；通过油藏工程方法、数值模拟方法等研究了水驱后剩余油的分布规律；同时对孤岛油田中二区中部馆5普通稠油水驱后的开发技术进行了研究，确定了低效水驱转蒸汽驱、井网优化加密调整的潜力区域，为中二区中部馆5稠油高效开发提供了科学依据。

### （一）增油效果明显

自2011年9月份转蒸汽驱以来，井组日产液量由蒸汽驱前的398t最高增加至蒸汽驱后的941t，日产油量由蒸汽驱前的28t最高增加至蒸汽驱后的81t，综合含水率由蒸汽驱前的93.0%最低降至蒸汽驱后的90.4%。

方案设计前8年阶段产油量25.53×10⁴t，实际产油量19.32×10⁴t，低于指标设计（图14-24）。至2019年10月注汽井停注，油井开井21口，日产液量573t，日产油量48t，综合含水率91.6%，累计注汽量97.52×10⁴t，汽驱阶段产油量20.16×10⁴t，油汽比0.21。

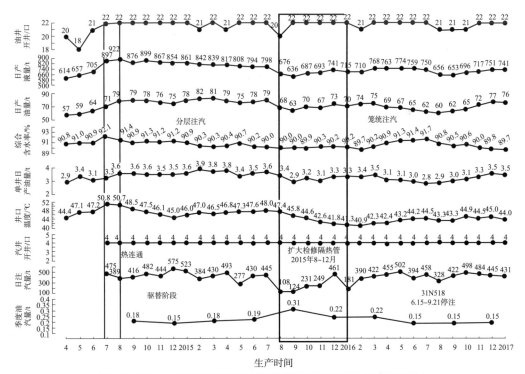

图14-24 中二区中部馆5稠油蒸汽驱月度开发曲线（需要改）

### （二）主要认识

先导区汽驱见效快，受效井增油明显。汽驱30d后明显见效，其中中28-522井第7d

见到增油效果，示踪剂监测推进速度达14m/d。

（1）亏空程度大井组见效好。西北部压降最大，汽驱后效果最好。（2）水淹程度低井组见效好。试验区饱和度北部好于南部，汽驱后北部见效好于南部。（3）厚油层油井生产效果好。整体上储层北部好于南部，汽驱后北部见效好于南部，井组内部储层发育好的区域汽驱见效好。（4）蒸汽外溢二线油井受效。中26–524井位于试验区西侧，2011年9月蒸汽驱时关井转周，从2012年2月开井至2015年6月已开井39个月，高于此前任何一周期。（5）非热采完井油井见效差。中27更518、中29–520（套变）、中29–522（小套管）均为常规完井，不能吞吐引效，常规防砂效果差，液量低导致压降小，不利于向该类井扩散，平均单井日产油量不足2.0t。

精细剩余油研究是基础，井网完善是前提，合理压降是根本，高干度连续注汽是保障，合理注采参数是重要影响因素，动态跟踪调整是有效手段。

# 第十五章　稠油热采转化学驱开发试验

孤岛稠油蒸汽吞吐开发已进入高轮次阶段，周期产油规律性递减，油汽比逐渐降低，开发效益持续下降，整体处于高含水，且采收率低（22.5%）。蒸汽驱是蒸汽吞吐后稠油大幅度提高采收率重要技术手段，但蒸汽驱中后期汽窜、套损严重，完全成本低，而且孤岛稠油边底水活跃，水侵严重，蒸汽驱不具备工业推广条件。同时，环保要求越来越高，注蒸汽热采也受到较大影响。为了探索强边底水普通稠油油藏多轮次吞吐后低碳、低成本提高采收率开发技术，在中二区北部馆5和东区馆3-4开展了热采稠油转化学驱先导开发试验。

## 第一节　中二区北部馆 5 热采稠油堵调降黏复合驱先导开发试验

### 一、试验区基本情况

（一）试验目的

研究稠油"堵调 + 降黏"复合驱油技术，提高高轮次吞吐后期、边底水普通稠油油藏井间剩余油动用程度，通过室内研究及现场先导试验，攻关形成化学降黏复合驱低成本、低碳提高采收率技术，对孤岛油田3000多万吨高轮次、高含水直井开发的普通稠油油藏提高采收率、降低开发成本、提高经济效益具有重要意义。

（二）试验区选择

根据堵调降黏复合驱技术要求，结合孤岛稠油油藏特点和实际开发状况，为保证试验效果和取得较高的经济效益，确定如下选区原则：①井网完善、储层发育好、井间连通性好；②采出程度相对较低、吞吐效益差；③高压、高含水、低产；④黏度适中（小于

10000mPa·s）；⑤地面有注入管网、配套简单；⑥具有代表性，对孤岛类似区块开发具有借鉴意义。

根据上述选区原则，2019年在中二区北部馆5的南部筛选出9个井组开展堵调降黏复合驱试验。试验区含油面积为0.67km²，有效厚度14.7m，地质储量182.4×10⁴t。生产层位为馆$5^{3、4、5}$，其中馆$5^{3、4}$为主力产油层（图15-1）。

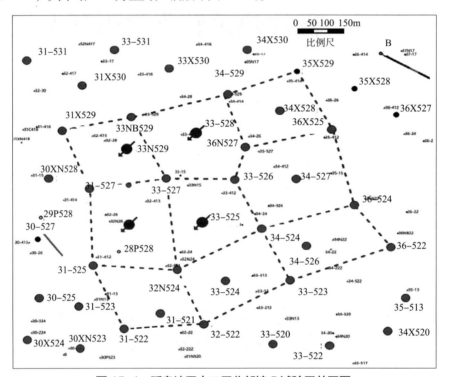

图15-1　孤岛油田中二区北部馆5试验区井网图

（三）油藏概况

1.地质简况

1）构造特征

试验区总体构造形态为南西向北东倾没的单斜构造，内部无断层，地层倾角1°~2°，构造平缓，发育多个正、负向型微构造。馆$5^3$砂体顶面海拔深度为-1300~-1270m。各小层的构造形态纵向上具有一定的继承性（图15-2）。

2）岩性特征

馆5砂层组岩性主要为棕褐色稠油油浸粉砂岩，局部含砾，偶见泥砾，为砂质辫状河沉积。碎屑组分为岩屑长石砂岩。碎屑颗粒分选中等，磨圆程度较低，次棱角状，颗粒支撑，结构成熟度较高。碎屑颗粒胶结类型为接触式，胶结疏松，填隙物以泥质杂基为主。试验区井组属河流相正韵律沉积，孔隙度高，渗透性好，胶结疏松，储层非均质性强，内部夹层发育，岩性以细砂岩为主，胶结类型为孔隙接触式。

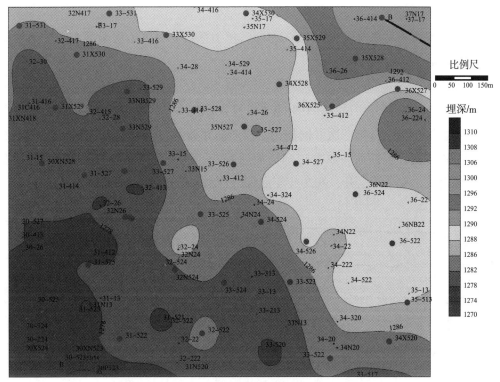

图 15-2　中二区北部馆 5³ 试验区砂体顶构造等值图

3）储层发育

馆 5³ 砂层厚度 6~16m，平均 10.7m，平均有效厚度 8.0m，砂体东部及东南部较薄。馆 5⁴ 砂层厚度一般 4~7m，平均 5.3m，平均有效厚度 4.1m，整体分布。

4）隔层发育

馆 5³ 与馆 5⁴ 隔层厚度 2~5m，平均厚度 3.4m，中、东部厚度较小，局部连通，西部厚度较大。馆 5⁴ 与馆 5⁵ 隔层厚度 2~5m，平均厚度 2.3m，中、东部厚度较小，中、南部厚度较大，局部连通。

5）储层物性

馆 5³ 砂体中、西部物性较好，孔隙度大于 32%，渗透率大于 $2500 \times 10^{-3} \mu m^2$，东部受上层尖灭区影响，物性变差，孔隙度小于 30%，渗透率小于 $2000 \times 10^{-3} \mu m^2$。馆 5⁴ 砂体中部物性较好，孔隙度大于 32%，渗透率大于 $2500 \times 10^{-3} \mu m^2$，东南部物性变差，孔隙度小于 30%，渗透率小于 $2000 \times 10^{-3} \mu m^2$。

6）流体性质

地面原油密度 $0.9704~0.9948 g/cm^3$，地面原油黏度 3800~11500mPa·s，地下原油黏度 650mPa·s。原油黏度由构造高部位向低部位逐渐变稠，具有高密度、高黏度、低凝固点的特点。中二区馆 5 稠油地层水矿化度为 5621~6332mg/L，氯离子（$Cl^-$）质量浓度为 2597~3439mg/L，硫酸根离子（$SO_4^{2-}$）质量浓度为 5~52mg/L，水型为 $NaHCO_3$ 型。

7）温度及压力系统

中二区馆5油藏原始地层压力12.72MPa，压力系数1.01，地层温度65℃，地温梯度为3.85℃/100m。

2. 开发简况

试验区1994年8月开始试采，1995年5月投入吞吐热采开发，在此期间经历了2次大的井网加密。2004年3月第一次井网加密，投产油井数由11口增加到17口，2009年3月开始井网二次加密，投产油井数由17口增加到24口，由于受边底水的影响，油井一直低效生产，综合含水率持续上升，2020年年底综合含水率高达96.1%（图15-3）。

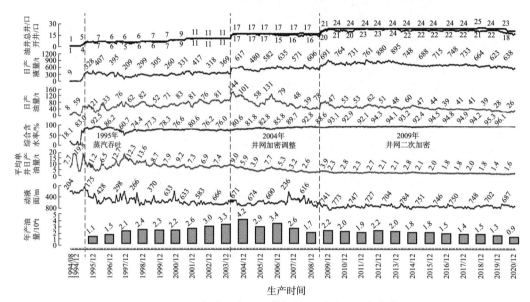

图15-3 孤岛油田中二区北部馆5试验区开发曲线

截至2020年12月，试验区开井18口，单元日产液量638t，日产油量26t，平均单井日产液量35.4t，平均单井日产油量1.6t，综合含水率96.1%，采出程度30.36%，地层压力8.1MPa，平均动液面687m。井区处于"低采油速度、中等采出程度、特高含水"开发阶段。

3. 开发状况分析

多轮次开发效果变差。试验区1995年5月采用蒸汽吞吐投入开发，历史上共有油井25口，平均吞吐周期4.5次，其中11口井完成第4周期，5口井完成了8周期，注汽周期数偏低。受边底水的影响，随着转周轮次的增加，回采水率高，周期产油、油汽比降低。第一周期与基本完成的第五周期对比，注汽量由2113t提高到2504t，注汽压力由7.6MPa上升到12.5MPa。油汽比由3.4下降到0.5，周期产油量由7090t下降到1371t，综合含水率由84.5%上升到90.1%，周期生产天数1137d下降到413d，回采水率由1832.8%下降到496%。试验区综合含水率较高，油井基本上采取常规天然能量生产（表15-1）。

表 15-1 孤岛油田中二区北部馆 5 扩大区周期注汽状况统计表

| 周期 | 井数/口 | 注汽量/t | 注汽压力/MPa | 干度/% | 生产天数/d | 周期产油量/t | 周期产水量/t | 平均日产液量/t | 平均日产油量/t | 综合含水率/% | 油汽比/(t/t) | 回采水率/% |
|---|---|---|---|---|---|---|---|---|---|---|---|---|
| 1 | 25 | 2113 | 7.6 | 69.2 | 1137 | 7090 | 38728 | 40 | 6.2 | 84.5 | 3.4 | 1832.8 |
| 2 | 23 | 2552 | 11.5 | 71.6 | 1163 | 3649 | 28218 | 28.7 | 3.3 | 88.5 | 1.4 | 1105.7 |
| 3 | 17 | 2713 | 13 | 72.9 | 571 | 1538 | 12075 | 23.9 | 2.7 | 88.7 | 0.6 | 445.1 |
| 4 | 11 | 2612 | 12.1 | 72.5 | 436 | 1833 | 9718 | 26.4 | 4.2 | 84.1 | 0.7 | 372.1 |
| 5 | 9 | 2504 | 12.5 | 72.7 | 413 | 1371 | 12419 | 33.3 | 3.3 | 90.1 | 0.5 | 496 |
| 6 | 8 | 2456 | 15 | 69 | 415 | 1917 | 7707 | 23.1 | 4.6 | 80.1 | 0.8 | 313.8 |
| 7 | 5 | 2867 | 12.1 | 74.4 | 375 | 990 | 6618 | 20 | 2.6 | 87 | 0.3 | 230.8 |
| 8 | 5 | 3172 | 16.4 | 74.8 | 1214 | 10587 | 16920 | 22.6 | 8.7 | 61.5 | 3.3 | 533.4 |
| 9 | 4 | 3150 | 8.8 | 72.8 | 251 | 2071 | 4782 | 27.5 | 8.3 | 69.8 | 0.7 | 151.8 |
| 10 | 3 | 3255 | 14.4 | 70.8 | 1410 | 7691 | 69621 | 55.6 | 5.5 | 90.1 | 2.4 | 2138.9 |
| 11 | 3 | 2944 | 14.5 | 69.1 | 245 | 850 | 4361 | 21.5 | 3.5 | 83.7 | 0.3 | 148.1 |
| 12 | 2 | 2364 | 14.3 | 70.1 | 501 | 2072 | 7532 | 19 | 4.1 | 78.4 | 0.9 | 318.6 |
| 13 | 2 | 2123 | 13.3 | 70.7 | 214 | 1256 | 3905 | 24.3 | 5.9 | 75.7 | 0.6 | 183.9 |
| 14 | 2 | 2466 | 13.6 | 72 | 147 | 416 | 2766 | 21.4 | 2.8 | 86.9 | 0.2 | 112.2 |
| 15 | 2 | 2532 | 14.2 | 68 | 242 | 1696 | 4107 | 24 | 7 | 70.8 | 0.7 | 162.2 |
| 16 | 1 | 3004 | 13.7 | 71.9 | 157 | 292 | 2803 | 20.2 | 1.9 | 90.6 | 0.1 | 93.3 |

　　试验区整体处于特高含水阶段，平均含水率94.7%，蒸汽驱实施规模受限。统计试验区单井综合含水率，综合含水率高于95%油井12口，占开井数的70.6%，主要分布在构造低部位及隔夹层不发育地区，水淹程度较高。含水率为90%~95%的井2口，占开井数的11.8%，含水率为70%~90%的井3口，占开井数17.6%，试验区普遍高含水（图15-4、表15-2）。

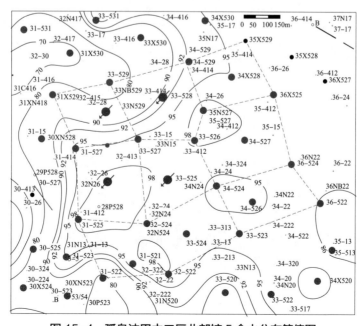

图 15-4 孤岛油田中二区北部馆 5 含水分布等值图

表 15-2　孤岛油田中二区北部馆 5 扩大区单井含水分级表

| 含水率 /% | 井数 / 口 | 比例 /% |
| --- | --- | --- |
| >95 | 12 | 70.6 |
| 90~95（含） | 2 | 11.8 |
| 70~90（含） | 3 | 17.6 |
| 合计 | 17 | 100 |

4. 试验区剩余油分布

孤岛油田中二区北部馆 5 试验区平均含油饱和度大于 45%，合层部位受底水影响含油饱和度较低。层内从顶部到底部含油饱和度逐渐降低，馆 $5^3$ 层三个韵律层平均含油饱和度分别为 0.507、0.494、0.480，馆 $5^4$ 层三个韵律层平均含油饱和度分别为 0.489、0.462、0.428，说明绝大部分区域剩余油普遍分布，且小层内顶部剩余油富集，平面上剩余油主要富集在远离边水区域（图 15-5、图 15-6）。

试验区储层层间相对均质，剩余油层间分布差异主要是受井网完善程度及边水推进的影响，主力产油层馆 $5^{3-4}$ 层采出程度分别为 34.2%、29.7%，仍是剩余油富集的主要层位（图 15-7、图 15-8）。

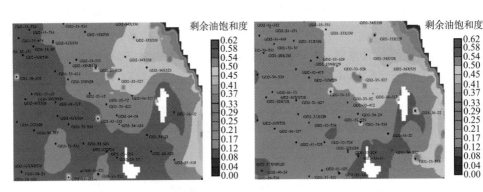

(a)馆 $5^{31}$ 剩余油饱和度　　　　　　(b)馆 $5^{32}$ 剩余油饱和度

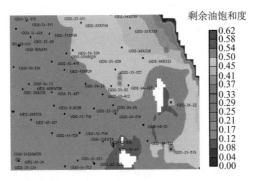

(c)馆 $5^{33}$ 剩余油饱和度

图 15-5　孤岛中二区北部试验区馆 $5^3$ 层剩余油饱和度图

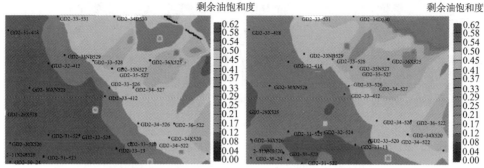

(a)馆5⁴顶部剩余油饱和度　　　　　　(b)馆5⁴中部剩余油饱和度

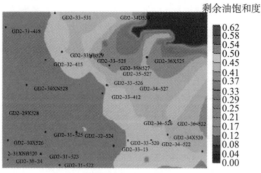

(c)馆5⁴底部剩余油饱和度

图 15-6　孤岛中二区北部试验区馆 5⁴ 层剩余油饱和度图

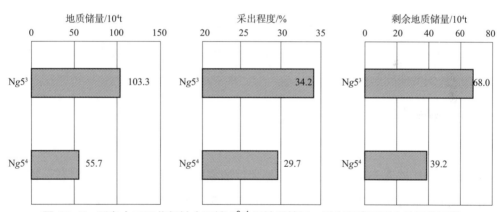

图 15-7　孤岛中二区北部扩大区馆 5³⁻⁴ 层地质储量、采出程度及剩余地质储量图

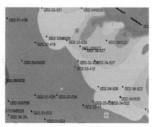
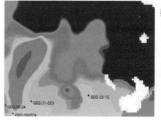

Ng5³剩余油饱和度　　　　　Ng5⁴剩余油饱和度　　　　　Ng5⁵剩余油饱和度

图 15-8　孤岛中二区北部扩大区馆 5³-5⁵ 层剩余油饱和度、储量丰度图

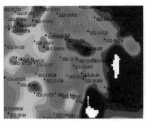
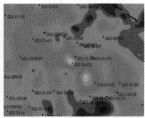
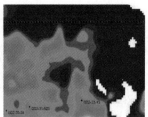

储量丰度/($10^4$t/km$^2$)

Ng5$^3$储量丰度　　　　　　Ng5$^4$储量丰度　　　　　　Ng5$^5$储量丰度

**图15-8　孤岛中二区北部扩大区馆 5$^3$-5$^5$ 层剩余油饱和度、储量丰度图（续）**

## 二、试验方案简介

### （一）井网及工作量设计

**1. 设计原则**

①利用原热采140m×200m反五点井网，最大限度利用老井，降低新井投资；②补孔、扶井完善井网，提高降黏复合驱储量控制程度，提高注采对应率。

**2. 井网设计**

孤岛中二区北部馆5降黏复合驱扩大区部署9口注水井，17口生产井，构成九个141m×200m反五点注采井组，试验区目标层为馆5$^3$-5$^4$，降黏复合驱前需先完善井网，安排水井工作量7口，主要包括定向侧钻、下分层管柱。油井措施工作量11口，主要包括大修、补孔，同时对于液量小于配液量的50%的油井定期实施吞吐引效措施，以解决因油稠造成的液量偏低的问题。

### （二）方案设计及指标预测

**1. 注入参数**

根据孤岛中二区北部馆5降黏复合驱扩大区油藏地质特征及储层物性特征、物理实验研究结果及油藏数值模拟优化研究结果，确定了矿场实施方案注入参数。采用清水配制母液、污水稀释注入的注入方式，注入方式为连续注入降黏驱油体系；段塞数量12个，单个段塞中堵调剂与降黏剂比为3:2，注入顺序为先注堵调剂90d，再注降黏剂60d，根据后期含水情况进行调整，开展一剂双效体系研究；注入浓度：堵调剂质量分数3000ppm，降黏剂浓度1.0%；总注入体积0.8PV，注入速度为0.1PV/a，注采比为1:1。

**2. 单井注采设计**

单井配产配注不仅考虑单井控制体积的影响，同时还要考虑井网内外的各种影响因素。首先确定注采井间控制体积，也是配产的基础。其计算方法是用注采井间控制面积乘以该面积内的平均有效厚度。按照井网内部注入采比1:1，考虑扩大区内部地层压力恢复对外部液量供给的影响，结合见效后含水率下降前后对生产井产液能力的变化，对生产井进行配液，不超过历史最大液量；单井补射馆5$^{3+4}$后生产层位产液能力依据地层系数（$K \cdot h$）（单位为$\mu m^2 \cdot m$）进行测算（表15-3和表15-4）。

表 15-3　试验区单井配注量设计表

| 井号 | 日配量 /m³ |
|---|---|
| GD2-33N529 | 75 |
| GD2-33-528 | 55 |
| GD2-32-526 | 75 |
| GD2-33-525 | 80 |
| GD2-34-527 | 85 |
| GD2-34X528 | 75 |
| GD2-34-526 | 80 |
| GD2-33-524 | 80 |
| GD2-31-521 | 75 |
| 合计 | 680 |

表 15-4　试验区单井配液设计表

| 序号 | 井名 | 转驱后配液 /（t/d） |
|---|---|---|
| 1 | 31X529 | 40 |
| 2 | 31-527 | 50 |
| 3 | 31-525 | 20~40 |
| 4 | 32N524 | 60 |
| 5 | 33-526 | 35~50 |
| 6 | 33-527 | 35~40 |
| 7 | 33NB529 | 10~20 |
| 8 | 34-524 | 15~35 |
| 9 | 34-529 | 20~30 |
| 10 | 35N527 | 15~35 |
| 11 | 36X525 | 45 |
| 12 | 35X529 | 40 |
| 13 | 36-524 | 50 |
| 14 | 36-522 | 40 |
| 15 | 33-523 | 40 |
| 16 | 32-522 | 35 |
| 17 | 31-522 | 30 |
|  | 合计 | 580~680 |

3. 指标预测

数值模拟预测试验区水驱继续开发12年采出程度34.49%，降黏复合驱继续开发12年采出程度可达44.45%，降黏复合驱较水驱采收率提高10.96个百分点，累计增油量为$19.99 \times 10^4$t。8年累计注入溶液量$24.82 \times 10^4$m$^3$，累计注入干粉量744.6t，吨剂换油率为33.6t/t，（图15-9、图15-10）。共分8个年头注完，年注化学剂用量如表15-5所示。

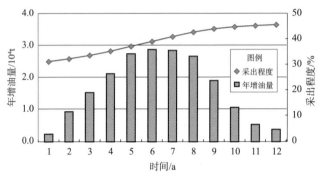

图 15-9　孤岛中二区北部馆 5 降黏复合驱开发预测曲线

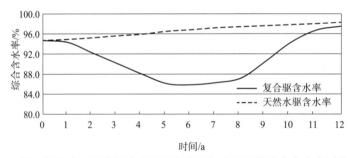

图 15-10　孤岛中二区北部馆 5 降黏复合驱与水驱开发综合含水率对比曲线

表 15-5　孤岛中二区北部馆 5 先导试验区化学降黏复合驱开发指标预测表

| 时间 /a | 油井 / 口 | 日产液量 /t | 日产油量 /t | 综合含水率 /% | 注入井 / 口 | 年注水量 /10$^4$t | 化学剂用量 /t | 采出程度 /% |
|---|---|---|---|---|---|---|---|---|
| 0 | 17 | 586 | 30 | 94.7 | 4 | 10.22 | 306.6 | 30.4 |
| 1 | 17 | 650 | 37.1 | 94.3 | 9 | 24.82 | 744.6 | 31.1 |
| 2 | 17 | 674.5 | 52.4 | 92.2 | 9 | 24.48 | 744.6 | 32.2 |
| 3 | 17 | 676.3 | 67 | 90.1 | 9 | 24.48 | 744.6 | 33.5 |
| 4 | 17 | 678.1 | 81.4 | 88 | 9 | 24.48 | 744.6 | 35.1 |
| 5 | 17 | 679.9 | 94.6 | 86.1 | 9 | 24.48 | 744.6 | 37.0 |
| 6 | 17 | 681.7 | 96.3 | 85.9 | 9 | 24.48 | 744.6 | 38.9 |
| 7 | 17 | 383.5 | 93.6 | 86.3 | 9 | 24.48 | 744.6 | 40.8 |
| 8 | 17 | 685.3 | 87.7 | 87.2 | 9 | 24.48 | 744.6 | 42.6 |
| 9 | 17 | 687.1 | 64.6 | 90.6 | 9 | 24.48 | | 43.9 |
| 10 | 17 | 688.9 | 39.3 | 94.3 | 9 | 24.48 | | 44.7 |

续表

| 时间 /a | 油井 / 口 | 日产液量 /t | 日产油量 /t | 综合含水率 /% | 注入井 / 口 | 年注水量 /10⁴t | 化学剂用量 /t | 采出程度 /% |
|---|---|---|---|---|---|---|---|---|
| 11 | 16 | 690.7 | 22.8 | 96.7 | 9 | 24.48 | | 45.1 |
| 12 | 16 | 692.5 | 17.3 | 97.5 | 9 | 24.48 | | 45.5 |

## 三、实施进展及效果

### （一）实施进展

为确保试验效果，优先选择井网完善、储层发育好、井间连通性好、地面有注入管网、地面配套简单的4个井组作为先导试验区先期实施，待取得认识后再扩大实施。先导试验区包括4口注入井，10口油井，含油面积0.26km²，地质储量58×10⁴t，综合含水率90.8%，采出程度29.1%。

2019年3月开始注水以提高地层能量（图15-11），2019年8月1日（GD2-33N529井）开始注黏弹性降黏驱油体系，2020年10月24日GD2-32-526、GD2-33-525、GD2-33-528（图15-11）也开注，但GD2-33-528由于油压快速上升又改注水，2021年4月9日大修侧钻开，10月调剖，于2021年11月14日开注。截至2022年5月，累计注水量4.5463×10⁴m³，4口已全部注黏弹性降黏驱油体系，平均日注量243m³，累计注入溶液量13.56×10⁴m³，累计注入干粉量401.377t，累计注入量0.13PV。其中，中32-526井、中33-525井分别于2022.4.29~2022.5.9、2022.5.21~2022.6.1进行调剖。

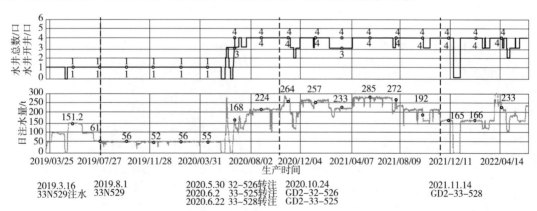

图 15-11 降黏复合驱日度注入曲线

### （二）注入情况

**1. 注水阶段注入压力较低，注入降黏复合体系后注入压力上升**

注水阶段注入压力2.3~7.3MPa，平均5.4MPa，注入黏弹性降黏驱油剂后注入压力上升，目前注入压力7.1~9.1MPa，平均7.8MPa，平均油压比注水的上升了2.4MPa。如图15-12所示。

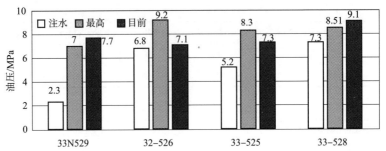

图 15-12　孤岛油田中二区北部馆 5 降黏复合驱试验区注入井油压变化柱状图

2. 纵向和平面注入状况得到改善

从注入井 GD2-33N529 的吸水剖面对比来看，GD2-33N529 受韵律层发育影响，注水阶段底部吸水明显好于上部，发育高耗水层带；调驱后对近井地带高渗透通道进行了封堵，吸水剖面明显改变，底部吸水百分数由 68.4% 下降到 0，馆 $5^3$ 层视吸水指数 3.9m³/（d·MPa）下降为 9.1m³/（d·MPa）。

注入井 GD2-33N529 井分别在注水 3 个月后与注黏弹性乳化调驱剂 6 个月后，开展了示踪剂检测。注水阶段井间示踪剂运移速度为 5.6~9.6m/d，表明井间非均质较强，存在高渗透通道；GD2-31X529 井未见示踪剂显示，注入水主要向区西南方向突进，表明区在这个方向上非均质很强。注黏弹性乳化调驱剂阶段井间示踪剂运移速度为 5.0~7.93m/d，表明沿高渗通道窜流减弱；生产井最长与最短见剂时间之差从 27d 下降到 16d，平均见剂时间从 24.8d 升至 26.2d，一线井全部见剂，说明储层动态非均质性改善，注剂前缘推进不均匀得到控制，平面流线更加均衡（图 15-13）。GD2-33-525、GD2-32-526 平面注入状况得到一定改善。

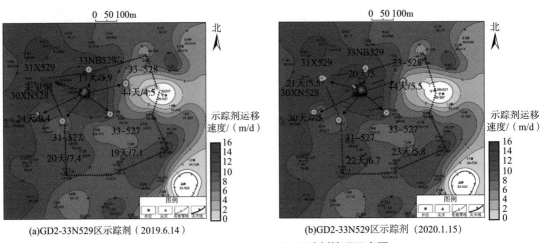

(a)GD2-33N529 区示踪剂（2019.6.14）　　　(b)GD2-33N529 区示踪剂（2020.1.15）

图 15-13　GD2-33N529 示踪剂情况示意图

（三）见效情况

1. 总体见效明显，日产液量、日产油量上升，综合含水率下降

孤岛油田中二北馆 5 降黏复合驱先导试验区自 2019 年 8 月 1 日实施以来，13 口井（一线

7口，二线6口）呈现见效趋势，截至2022年5月，先导试验井组+二线井累计增油量10932t（图15-14）。

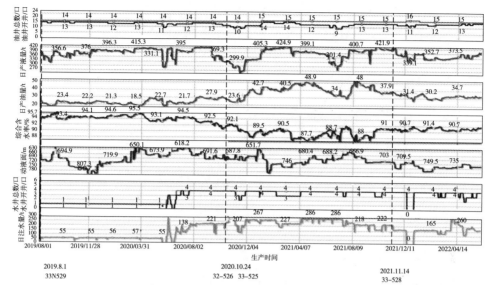

图 15-14 孤岛油田中二区北部馆5先导试验井组 + 二线井开发曲线

**2. 西部砂体较厚区域见效明显**

最早实施的GD2-33N529试注井组西北部砂体较厚区域，油井受效明显，液量、含水率下降且见效时间长。例如低部位、单采馆5³的中31X529井一直保持见效趋势，累计增油量2046t；中30XN508井见效明显，见效时间957d，累计增油量1370t；GD2-31X530井累计增油量662t（图15-15~图15-19）。

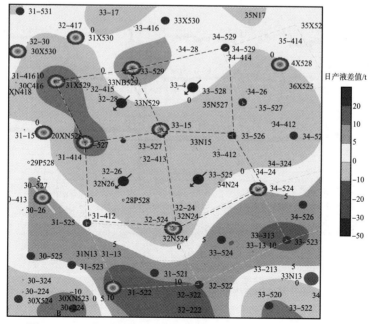

图 15-15 先导试验区日产液量差值图（2019.11~2021.6）

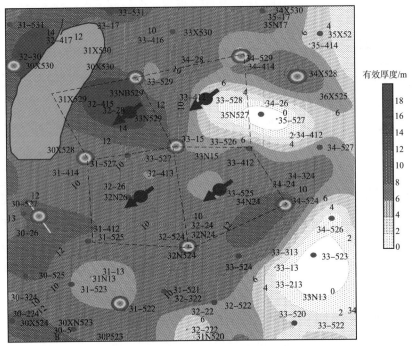

图 15-16　先导试验区馆 $5^3$ 有效厚度图

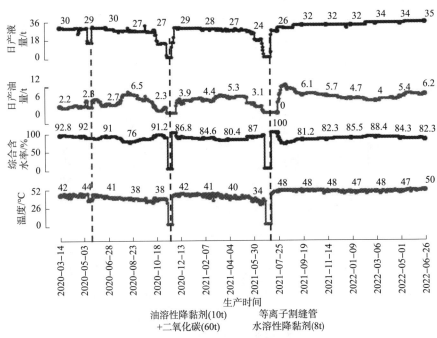

油溶性降黏剂(10t)　　　等离子割缝管
+二氧化碳(60t)　　　水溶性降黏剂(8t)

图 15-17　GD2-31X529 井日度曲线（馆 $5^3$）

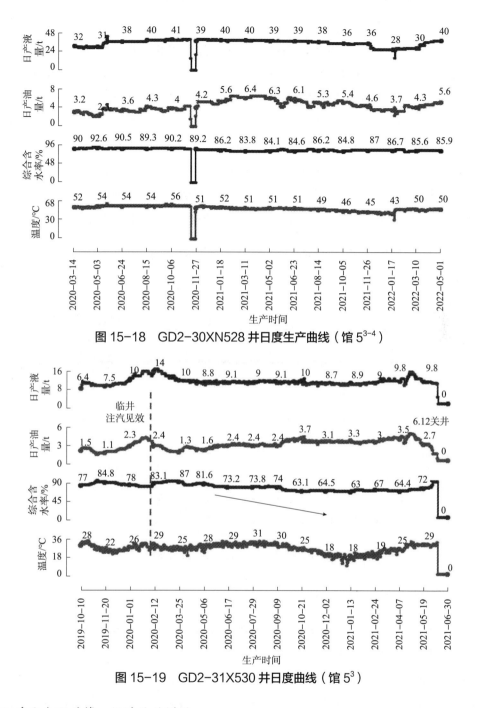

图 15-18　GD2-30XN528 井日度生产曲线（馆 5³⁻⁴）

图 15-19　GD2-31X530 井日度曲线（馆 5³）

3. 采取合理对策，促进见效增效

根据油藏地质条件及油水井实际状况，采取合理对策，促进见效增效。2020年年底对具有见效趋势、液量下降的GD2-33NB529、GD2-31X529井，实施了复合冷采降黏引效工作，效果显著。其中GD2-33NB529井采用油溶性降黏剂（15t）+二氧化碳（100t）解堵引效，日产液量由5.7t提高到23.0t，日产油量由0.5t上升到8.1t，综合含水率由91.7%

下降到60.7%，取得了较好的效果。

增加新井点变流线，二线新井GD2-31P526含水率低，累计增油量2529t；中心井GD2-33-527上调参数，近期含水率呈现下降趋势，累计增油量433t；受效井韵律层挖潜促见效，双向对应井中32N524井2021年6月采取治理措施含水下降，累计增油量258t，中34-524井2021年7月采取注灰、混排使高含水率下降，累计增油量283t；水井调剖抑制高耗水条带促增效，GD2-33-528调剖，同时将主流线方向井低效井34-529井关井、33-526井下调参数后，东部二线井34X528见效，累计增油量154t。井距近、单采馆$5^3$的中33NB529井最早见效，2020年11月实施降黏吞吐引效后效果明显，累计增油量415t。33-528调剖、33-526下调参数，目前综合含水率下降3%（图15-20）。

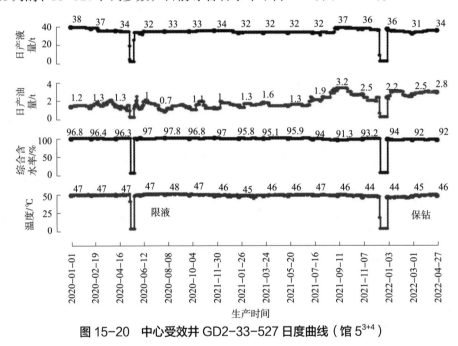

图15-20 中心受效井GD2-33-527日度曲线（馆$5^{3+4}$）

## 四、主要认识

坚定不移推进"调结构、促转型、夯基础、提质量"的总体策略，发展微生物、化学复合降黏等技术。实现持续稠油转型发展，持续深入开发转型，有序转换开发方式。

持续推进开发方式转换，根据地层能量制定差异化策略，能量不足区域超前注水补充地层能量，为后续化学驱做好准备；已补充上能量及能量充足的采取降黏及微生物采油，推拉结合，实现稠油高质量可持续发展；同时优化热力采油，引效扩波及，提升效益。

"十三五"以来突破了"稠油必须热采"的传统认识，由外延式发展转变为内涵式发展，即有序推进开发方式转换，形成了目前"热采、化学驱、水驱"并举的局面。

高耗能高排放向绿色低碳节能转变，减少碳排放量$15.4 \times 10^4$t，单位操作成本下降了近200元。同时，高轮次吞吐开发实践也表明，孤岛稠油的主要开发矛盾发生了转变，由流动性不足转变为地层能量不足，蒸汽驱为降压开采（采注比>1），开发方式需由传热降黏转向传质补能。

　　稠油持续效益稳产是目标，普通稠油流体特征是前提，稠油渗流机理研究是基础，稠油降黏注聚试验是检验，降黏配套技术攻关是关键，矿场精细管理调控是保障。

# 第二节　东区馆 3-4 热采稠油转化学驱先导开发试验

## 一、试验区基本情况

### （一）实验目的

　　胜利油田稠油油藏蒸汽吞吐开发地质储量 $4.3 \times 10^9 t$，占稠油储量的78.2%，平均吞吐周期6.2个，吞吐周期7个轮次以上井占42.4%。进入高轮次吞吐阶段后，周期产油、周期油汽比逐轮次下降，开发效果、效益逐渐变差。2017年年底标定采收率只有20.5%，经济效益变差，低效无效井占50%。急需转换开发方式，进一步提高采收率，提升开发效益。

　　实验目的是通过先导试验攻关，形成普通稠油油藏蒸汽吞吐后化学驱配套技术，需要攻关以下关键技术：①地层原油黏度较高，需要研发降黏化学驱油体系；②无注入井，需要优选转注井，合理部署井网；③地层能量亏空较大，需要优化地层能量补充方式；④研究制定降黏化学驱技术政策。

### （二）试验区选择

　　孤岛稠油黏度偏高，地下原油黏度平均391mPa·s，平均渗透率 $1600 \times 10^{-3} \mu m^2$，地层温度70℃，产出水矿化度3000~15000mg/L，钙镁离子总质量浓度124mg/L。渗透率、温度、矿化度、钙镁等条件较好，有利于化学驱。

　　根据试验目的，确定具体选区原则如下：①具有胜利油田普通稠油油藏代表性：地下原油黏度150~1000mPa·s，地层温度小于80℃，渗透率大于 $500 \times 10^{-3} \mu m^2$，地层水矿化度小于20000mg/L，钙镁离子浓度小于800mg/L；②具有一定储量规模；③油层发育较好；④隔层发育稳定；⑤井况较好。

　　根据以上选区原则，筛选出孤岛东区北部馆 $3^1-4^2$ 层作为方案区（图15-21），含油面积 $0.91 km^2$，平均有效厚度16.3m，石油地质储量 $266 \times 10^4 t$。东区馆3稠油北部边底水活跃，持续降压开采水侵严重，底部高渗透条带形成高含水条带，热采转周效果逐渐变差，后期水驱特征明显，呈现高液高含水开发状态，试验区整体采出程度较低，剩余油富集，具有转换开发方式的基础（图15-22）。

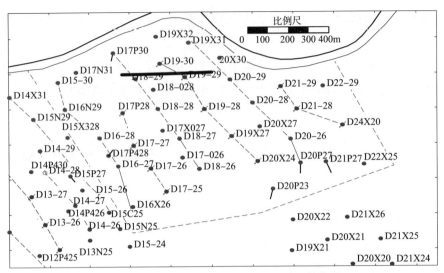

图 15-21　东区北馆 3 稠油先导试验区井位图

## （三）油藏概况

### 1. 地质概况

1）构造特征

先导试验区位于孤岛东区馆 3 稠油区北部，地层自东北向西南由低变高，馆 $3^1$ 层埋深 1219~1252m。北部靠近断层，区内断层不发育。主力层砂体全区大面积分布，油层较厚，连通性好，东部有边水。非主力油层呈"条带状""透镜状"分布。各时间单元的微构造局部存在小鼻状构造、小沟槽、微斜面等微型构造，对单砂体油水分布有一定控制作用。

2）沉积特征

东区北馆 3-4 砂组为曲河流沉积，储层主要发育河道沉积微相。

3）储层特征

根据取芯井分析孔隙度平均为 33.9%，渗透率平均 $2493 \times 10^{-3} \mu m^2$，属于属高孔隙度、高渗透率储层。岩性以细砂岩、粉细砂岩为主，黏土矿物含量 9.2%。

隔层发育稳定，馆 3 上隔层大部分在 5m 以上，西南部较薄，平均厚度 5.0m；馆 3 下隔层大部分在 3m 以上，局部尖灭，平均厚度 4.2m。

4）流体性质及温压系统

东区东扩原油性质具有高密度、高黏度、低凝固点的特点。根据试油及化验资料，馆上段 3 砂组地面原油密度 0.973~0.979g/cm³，地面原油黏度 3439~3679mPa·s，凝固点 1~4℃，含硫 0.88%~2.76%，含蜡 10.42%，胶质含量 37.95%，沥青质含量 7.27%。试验区高压物性资料显示，地下原油黏度 249~1170mPa·s，平均为 469mPa·s，由西向东原油逐渐变稠。

地层水总矿化度约 4192mg/L，水型为 $NaHCO_3$ 型，常温、常压油藏，原始地层压力

12.5MPa，目前地层压力8.9MPa，原油饱和压力8.9MPa，原始地层温度70℃。

2. 开发状况

1975年10月投产，1998年7月蒸汽吞吐开发，受水侵影响，开发效果逐年变差。截至2018年年底，试验区开油井32口，平均单井日产油量3.9t，综合含水率91%，采出程度26.7%。

1）周期注汽状况

热采井39口，大部分注汽吞吐处于1~4个周期，最大7个周期，基本上属于吞吐引效。注汽井注汽温度320~342℃，干度70%~75%，压力11~16MPa，注汽量1500~2800t。注汽压力不高，注汽质量可以保证。累计注汽87井次，累计注汽量20.05×10⁴t，累计油汽比3.54。

2）生产状况

试验区平均单井累计产油2.34×10⁴t，西部热采生产效果好于东部。总体产液能力较好，平均单井日产液量44t，5口油井日产液量大于60t，30~60t的有20口，低于30t的有7口，高含水控液、能量不足和储层连通较差是部分油井低液主要原因。

3）地层能量

试验区原始地层压力为12.49MPa，2017年年底地层压力为8.9MPa，地层总压降为3.59MPa，地层压降较大。累计水侵量300×10⁴m³，地层累计亏空340×10⁴m³。全区平均动液面526m，试验区东部、西部动液面相对较高，中部地层能量较差。这是由于试验区西部相邻化学驱井组，部分井见效，东部低部位有边水补充地层能量。

3. 剩余油分布研究

孤岛东区北馆3¹–4²层平均含油饱和度为0.476，含油饱和度大于0.45的区域占58.9%，含油饱和度大于0.525的区域占27.1%，说明绝大部分区域剩余油普遍分布。

试验区馆3¹–4²层，由于储层岩性和物性的差异及长期开采不均衡的矛盾，导致层与层之间的储量动用程度仍然存在一定的差异，剩余油在层间的分布规律也不尽相同。受井网完善程度及原始物质基础的影响，主力层馆3⁵小层采出程度高，达30.8%，但仍是剩余油富集的主要层位，剩余可采储量95×10⁴t。其余非主力层馆3³、馆3⁴、馆4²层剩余油储量也较大，分别为27×10⁴t、35×10⁴t、29×10⁴t，剩余储量的挖潜潜力较大（图15–22）。

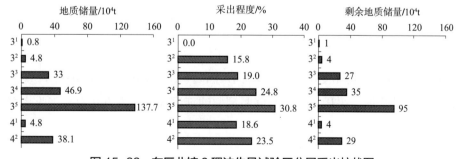

图15-22 东区北馆3稠油先导试验区分层采出柱状图

试验区馆 $3^5$ 小层有 3 个韵律层馆 $3^{51}$、馆 $3^{52}$、馆 $3^{53}$，平均含油饱和度分别为 0.473、0.475、0.462，油层中下部驱油效果好，水淹程度较高，小层内顶部剩余油富集。

## 二、试验方案简介

### （一）注采调整方案

根据储层展布、剩余油分布，充分利用老井及后续化学驱需求，设计不同井网方式进行优化。设计行列式注采井网、反九点注采井网两种井网方式进行对比优化。行列式井网特点是井网控制程度高，能够使剩余油得到充分动用。面积法井网特点是转注井少，化学驱期间尤其是初期对方案区产量影响较小，但是注入量少，波及系数较小。因此，选择平行于构造线的行列式注采井网，馆 $3^1$-$4^2$ 采用一套层系开发（图15-23）。

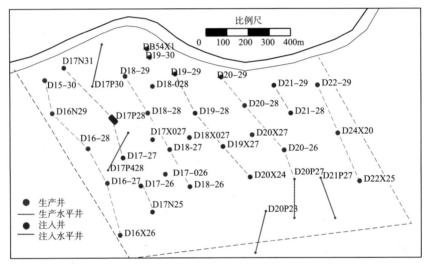

图 15-23  馆 $3^1$-$4^2$ 平行于构造线行列式井网设计图

设计注入井 11 口，其中油井转注 10 口，利用污水回注井 1 口；设计生产井 27 口，其中水平井 5 口，扶停井 3 口，补改 6 口。

### （二）矿场注入方案

#### 1.配方研究

针对东区北馆 3-4 的油藏条件，通过室内优选，最终得到三个降黏复合驱配方：0.20%P+0.3%GDD-JN11、0.20%P+0.3%GDD-JN12、0.20%P+0.3%GDD-JN15。

物理模拟试验表明，采用聚合物与降黏型驱油剂混合的注入方式提高采收率最高，三个体系提高采收率值均大于20%。

#### 2.化学驱方案

在室内实验、数值模拟及方案优化研究的基础上，根据试验目的层开采现状和水淹特点，充分考虑边水影响，采用清水配制母液、产出水稀释注入的注入方式，设计两段塞注入方式如表15-6所示。

表 15-6　矿场注入方案设计

| 段塞 | 段塞尺寸 /PV | 注入液量 /10⁴m³ | 聚合物 | | 降黏型驱油剂 | | 连续注入时间 /d |
| --- | --- | --- | --- | --- | --- | --- | --- |
| | | | 质量浓度 / ( mg/L ) | 用量 /t | 质量分数 /% | 用量 /t | |
| 一 | 0.1 | 47 | 2800 | 1475 | | | 439 |
| 二 | 0.5 | 237 | 2500 | 6583 | 0.4 | 9480 | 2194 |
| 合计 | 0.6 | 284 | | 8058 | | 9480 | 2633 |

溶液配制：清水配制母液、污水稀释注入；前置段塞：0.1PV×2800mg/L聚合物；主体段塞：0.5PV×（2500mg/L聚合物+0.4%降黏剂）；注入速度：0.08PV/a。

各级段塞的化学剂浓度为平均浓度，在矿场注入过程中，针对各井组的实际情况可适当进行调整，第二段塞根据第一段塞的注入情况调整，但要保证平均注入浓度达到方案设计。设计注入溶液量282×10⁴m³，聚合物干粉用量8058t（有效含量90%），降黏剂用量9480t。各化学剂分年度设计用量如表15-7所示。

表 15-7　化学剂分年度投入表

| 时间 | 第1年 | 第2年 | 第3年 | 第4年 | 第5年 | 第6年 | 第7年 | 第8年 | 合计 |
| --- | --- | --- | --- | --- | --- | --- | --- | --- | --- |
| 溶液 /10⁴m³ | 10 | 39 | 39 | 39 | 39 | 39 | 39 | 38 | 282 |
| 聚合物 /t | 302 | 1221 | 1095 | 1095 | 1095 | 1095 | 1095 | 1059 | 8058 |
| 降黏型驱油剂 /t | | 69 | 1577 | 1577 | 1577 | 1577 | 1577 | 1525 | 9480 |

3. 化学驱增油效果预测

利用化学驱数值模拟进行预测计算，综合含水率最低可降到80.1%（图15-24），预测实施化学驱后可提高原油采收率13.2%，预测累计增油量35.1×10⁴t（图15-25），当量吨聚增油23.4t。

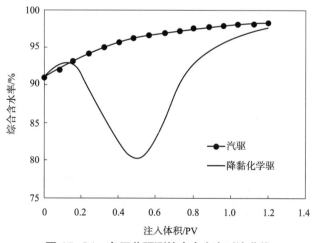

图 15-24　东区北预测综合含水率对比曲线

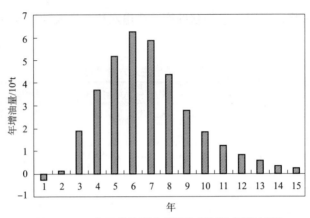

图 15-25　东区北降黏化学驱年增油预测柱状图

**4. 地层能量补充方案**

注水补充地层能量，设计注入井12口，对应油井27口，累计注入360d。补充能量期间，优选压力上升不明显井实施调剖。如表15-8所示。

表 15-8　能量补充方案设计

| 阶段 | 时间 /d | 配注 /（m³/d） | 阶段注采比 | 补充方式 |
|---|---|---|---|---|
| 一 | 30 | 1080 | 1 | 注入水 |
| 二 | 150 | 1200 | 1.1 | 注入水 |
| 三 | 180 | 1200 | 1.1 | 聚合物溶液 |

生产井27口，设计日产液量1080t，平均单井日产液量42t，产液速度14.6%。

## 三、试验实施

**1. 油井补孔，水井转注，分小层建立注采井网**

油井共实施补孔井6口，扶停2口，全部井点归位，馆$3^3$、馆$3^4$、馆$3^5$层油井分别有6口、14口、18口。

水井设计转注12口，综合考虑油井产量、位置优化转注顺序，分批分次实施转注。2020年1月21日注水4口，4月以后注水6口，7月后转注2口，注水井网逐渐完善，馆$3^3$、馆$3^4$、馆$3^5$层水井分别有4口、9口、12口。形成油井分层开采、水井合注200m×200m×400m平行构造行列式井网。

**2. 整体调剖，改善吸水状况，补充地层能量**

东区馆3稠油先导区经过多年蒸汽吞吐热采开发，地层亏空较大，地层能量较低。至2020年3月，平均动液面577m，中部达到700m；地层压力平均8.9MPa，中部达到9.4MPa，为保证化学驱实施效果，有必要在注化学驱前补充地层能量。

先导区蒸汽吞吐后大孔道更加发育，转注初期注入水沿着优势通道突进。针对这一特点，实施全区整体调剖，有效封堵高渗流通道，改善层间、层内吸水不均衡状况，实施调剖井10口，调剖后层间矛盾得到有效改善，馆3$^5$层注47.6%，馆3$^4$层注28.6%，馆4$^2$层注20.8%，馆3$^3$层注2.9%；井口油压由1.7MPa上升到4.6MPa；启动压力也得到提升，由1.1MPa上升到3.3MPa。注入端注水补能效果好。

**3. 油井分类降黏提液，建立有效驱替**

围绕实现驱替压力传导，注入端注水补能、采出端降黏引效，井间高黏带不断缩小，直至油水井间建立有效驱替关系。采出端实施分类降黏，主要采取以下措施：①边水区域采用复合调堵与转周注汽相结合；②靠近断层油稠区域实施DCS强化采油措施，实施拔管柱拔滤，地填覆膜砂，挤油溶性降黏+$CO_2$，注汽，下绕丝；③非主力层实施转周注汽，提液；④砂体边部井实施返排+微生物降黏，提液；⑤强边底水区域优化生产管柱+油溶性降黏剂，避水降黏引效。

**4. 化学驱实施**

2020年1月21日开始注水，9月16日地层能量恢复到原始地层压力的80%，即10MPa后开始注聚合物，目前已注入0.119PV，完成前置段塞的118.6%。如表15-9所示。

表15-9　东区北馆3-4稠油化学驱先导试验注入段塞完成情况表

| 段塞 | 项目 | 段塞尺寸/PV | 注入液量/10$^4$t | 聚合物 | | | 阵黏型驱油剂 | | 连续注入时间/d |
|---|---|---|---|---|---|---|---|---|---|
| | | | | 质量浓度/（mg/L） | 用量/t | 注段塞倍数/10$^{-6}$PV | 质量分数/% | 用量/t | |
| 前置段塞 | 设计 | 0.1 | 50 | 2800 | 1475 | 280 | | | 439 |
| | 实际 | 0.119 | 59.3 | 2806 | 1869.3 | 333 | | | 622 |
| | 完成/% | 118.6 | 118.6 | | 126.7 | 118.8 | | | 141.7 |
| 主体段塞 | 设计 | 0.5 | 237 | 2500 | 6583 | | 0.4 | 9480 | 2194 |
| | 实际 | | | | | | | | |
| | 完成/% | 0.0 | 0.0 | 0.0 | 0.0 | | 0.0 | 0.0 | 0.0 |
| 合计 | 设计 | 0.6 | 284 | | 8058 | | | | 2633 |
| | 实际 | | | | | | | 9480 | |
| | 完成/% | 0.0 | 0.0 | | 0.0 | | | | |

## 四、试验效果及认识

### （一）开发效果

"东区北馆3-4普通稠油油藏蒸汽吞吐后化学驱"先导开发试验已初见成效，具体情况如下。

1. 注入情况

（1）注入质量达到设计指标。2020年9月16日开始注聚，目前井口注入质量浓度2833mg/L，注入黏度82.9mPa·s。（2）注入油压上升，注聚后油压保持在8.2MPa左右。先导试验区经过注水、调剖、注聚初期及注聚一年后不同阶段油压分别为1.7MPa、4.6MPa、6.9MPa、8.2MPa。南部靠近边水区域油压高，达到11.0MPa，北部油压较低，只有6.5MPa，中间井排转注前含水低的井油压上升幅度大，最多上升9.9MPa。（3）启动压力上升。经过注水、调剖、注聚初期及注聚一年后不同阶段启动压力分别为1.1MPa、3.3MPa、6.1MPa、6.3MPa。（4）平面上受效方向多、推进较为均衡。示踪剂显示，油压上升大的区域推进速度变慢，主流线方向受效明显。

2. 采出情况

有15口井见效，日产油量由99t上升到111t，增油量0.4×10⁴t，综合含水率由91.4%下降到90.6%。跟踪发现：高部位黏度较低井、中间井排油压上升幅度大区域油井产量上升、含水率下降明显；主河道边水突进区域、断层边部油稠区域含水率变化不明显。

（二）主要认识

东区北馆3稠油于2020年9月转降黏化学驱，已初步取得一些认识，与稀油转化学驱相比，高轮次吞吐稠油存有三个方面差异：①原油黏度更高，地层原油黏度在500mPa·s以上；②地层能量更低，蒸汽弹性吞吐后地层亏空大；③储层非均质性更强，平均孔隙半径、喉道半径大幅增大，平均配位数增大、喉道长度增加。

针对高轮次吞吐稠油转化学驱的差异性，重点开展"三个强化"：①强化转驱前整体调剖，有效封堵高渗流通道，改善层间、层内吸水不均衡，东区北馆3稠油调剖后注入井油压平均上升3MPa；②强化转驱前补充能量，先注水补充地层能量，地层压力回升到原始地层压力80%后再转化学驱；③强化驱油体系与油藏特征适配，改善流度比，提高波及系数是稠油油藏提高采收率的关键，黏度高、储层非均质性强，仅靠增加驱替相黏度，克服突进的能力有限，扩大波及体积需流度和弹性并重。因此，加强降黏与采收率关系研究，由聚合物驱油转变为聚合物+降黏型驱油剂+PPG复合驱替，确保非均质储层的均衡驱替。

孤岛油田东区馆3稠油转型开发为构建高质量开发格局奠定了坚实基础，也为同类型稠油开发提供了借鉴：（1）解决了"稠油产液注水结构失衡"的矛盾。减少污水回注7000m³/d，年节约处理费用1935万元；减少无效产液量17000t/d，年节约处理费用620万元；增加有效注水11000m³/d，增加有效产液量11000t/d。（2）实现"稠油高耗能高排放"向绿色低碳转变。年减排二氧化碳15.9×10⁴t，单位操作成本由840元/t下降至

650元/t。（3）优化措施工作量结构，高质量有序发展。注汽井次由"十三五"年均296井次降至130井次；常规措施工作量由年均449井次升至714井次；水井工作量由年均341井次升至428井次。（4）注水补能、应力稳定，有效减少套变井数量。随着地层能量恢复，热采对套管附加载荷的减少，有效延长套管使用寿命，年套变井数由30口下降至不足15口。

第五篇

# 结论与认识

▷▷▷

# 第十六章　认识与成果总结

进入特高含水开发后期，油藏开发主要矛盾已发生变化，以前的许多开发观念、开发理念已不适应目前的开发需要，开发理念、开发策略决不能照搬以往的经验和方法，要转变观念拓展思路，跳出思维禁锢，用系统思维看问题，还原问题本质，深刻把握"九大新开发理念"，深入推进开发转型升级，以思想的大解放、理念的新转变推动开发水平的新提升，资源有限，创新无限，解放思想，挑战极限。

（一）深刻把握"稠油由注蒸汽降压开采向注水（聚）补能降黏冷采转变"的理念

稠油在经过多轮次吞吐热采转周后，地层压力只有4~6MPa，地层亏空导致套损加剧，周期产油量、周期油汽比持续走低，注蒸汽吞吐吨油成本持续上升，其主要矛盾已由流动性的问题转变为地层能量不足的问题，实现高效开发的关键是快速恢复地层能量。要突破"稠油必须热采"的思想禁锢，围绕地层能量恢复，坚定不移地实施低成本的绿色低碳开发转型战略，深入推动稠油转注水、转注聚工作，积极探索降黏剂吞吐、微生物吞吐等低成本增产措施，实现稠油产量稳中有升。

（二）深刻把握"稠油转换开发方式由温和注水向快速补能转变"的理念

为抑制注入水窜进，稠油油藏转注初期采用温和注水，井组注采比1.1左右，但整体稠油单元的注采比只有0.43。因前期地层亏空过大，液面回升速度慢，能量恢复不明显。以孤气9为例，在注水初期采用温和注水，一年时间，动液面一直保持在840m左右，无回升。如果持续采用温和注水方式，需要10年以上的时间地层能量才可恢复。2021年选取两口水井采用高强度大排量注水，周围油井限液生产，动液面回升至650m，实现稠油快速补充地层能量。

（三）深刻把握"由流线驱替向压力扩散转变"的理念

特高含水后期，长期固定的注采井网、井距导致注入水沿高渗透层带低效无效循环，极易形成极端耗水层带，造成高含水。要持续推进拉大井距，通过抽稀井网，拉大井距，单井采单层，水井提注形成高压区，油井提液放大压差，利用"人造大压差、高饱和"促进剩余油向采出端扩散运移，这样不易形成驱替流线，更不易形成高耗水流线；同时，充分利用抽稀油水井完善非主力层、韵律层井网，提高储量控制程度，做到主力层和非主力层兼顾。这样在单元整体井网密度不变的情况下，实现低含水高效开发。

对于井网不完善的主力层，探索实施基于构型注采大井距大压差试验，通过低成本拉大井距转流线，实现特高含水后期油藏长效经济开发。

（四）深刻把握"转井网变流线控含水"的理念

孤岛西区北馆3-4开展层系井网互换变流线先导开发试验，启示基于利用老井实施转流线调整流场，日产油量上升50t，综合含水率由98.0%下降至96.5%，预计水驱提高采收率2.1%，为后续水驱储量转型提供了坚实支撑，要加快推进转流线+强化学驱+流场调整开发试验，保证特高含水后期油藏水驱长期规模效益，延长经济寿命期，形成采收率50%~60%~70%技术系列。

（五）矿场应用典型单元全过程高效开发案例成果认识

不同开发阶段，针对开发主要矛盾，提出开发试验，形成高效开发技术，体现了基础研究、单井试注、井组试验，扩大试验及工业化应用全过程，每个阶段均体现了实践、认识、再实践、再认识的基本规律，体现了基础研究是理论创新的基础，严谨的开发程序是技术革新的保障。

一）中一区馆3-6中高渗疏松砂岩普通稠油油藏采收率突破60%

1. 油藏地质特征

中一区馆3-6单元位于孤岛油田披覆背斜构造顶部，含油面积11.8km²，地质储量8111×10⁴t。构造简单平缓，南高北低，倾角1°。油藏埋深1200~1350m，自上而下划分为20个小层，6个主力层平均有效厚度8.0m，单层厚度大，储量集中；属河流相沉积，油层非均质性严重、胶结疏松、泥质夹层较多，大部分油层存在气顶。平均孔隙度33.7%，平均空气渗透率1810×10⁻³μm²，渗透率变异系数0.4~0.8，渗透率突进系数0.5~2.0，原始含油饱和度60%。地面原油黏度（50℃）1806mPa·s，地面原油密度为0.97g/cm³，地下原油黏度为50~150mPa·s，地下原油密度为0.919g/cm³，油藏类型为高孔高渗疏松砂岩稠油油藏。

2. 开发历程效果

中一区馆3-6单元于1972年投入开发，先后经历了水驱井网多次细分层系调整、聚合物驱、后续水驱等四个开发阶段，层系细分为馆3、馆4、馆5、馆6等4套开发层系，2023年年底采出程度56.0%，标定采收率61.6%，盈亏平衡点39.8$/bbl。其中，中一区馆3非均相示范区，标定采收率63.6%，盈亏平衡点39.2$/bbl。

水驱井网多次细分层系调整（1972—1993年）。初期利用弹性和气压驱动开发，地层压力下降快，总压降2.5MPa。为恢复地层能量，1974年采用反九点面积井网注水开发，并将层系细分馆3-4、馆5-6两套层系；中含水期，为了减缓层间干扰，1981年将层系进一步细分调整，馆3-4细分成馆3、馆4分注分采行列井网，馆5-6细分成馆5、馆6分注分采行列井网，阶段末综合含水91.7%，提高采出程度34.3%。

聚合物驱阶段（1994—2003年）。特高含水初期，"三高一差"矛盾突出（综合含水高达91.7%，可采出程度高达74.0%，剩余油速度高达15.9%，措施效果差），1992年9月开展中一区馆3聚合物先导试验，取得显著效果，1994—2000年陆续工业化推广应用，阶段末综合含水率91.8%，采出程度提高13.1%。

后续水驱阶段（2004年至今）：这一阶段水油比急剧上升、极端耗水层带严重，确定了"转井网变流线、强注强采、提高过水倍数"为主的精细注采调整思路。同时开展了中一区馆3井网流线转换+非均相复合驱、馆5顶部韵律层水平井调整、馆5产液结构调整，稳定层系液量、少井条件提高单井液量，大压差提注提液等试验，阶段末综合含水率97.3%，阶段采出程度提高8.6个百分点（图16-1、图16-2）。

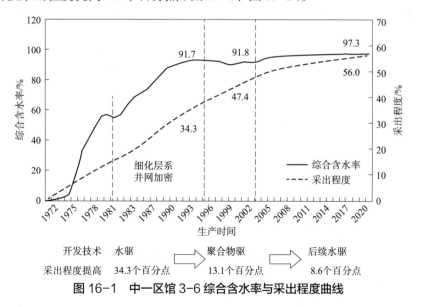

图 16-1 中一区馆 3-6 综合含水率与采出程度曲线

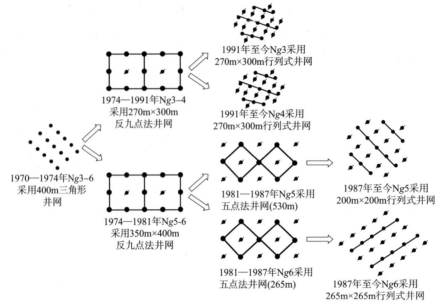

1970—1974年Ng3—6
采用400m三角形
井网

1974—1991年Ng3—4
采用270m×300m
反九点法井网

1974—1981年Ng5—6
采用350m×400m
反九点法井网

1991年至今Ng3采用
270m×300m行列式井网

1991年至今Ng4采用
270m×300m行列式井网

1981—1987年Ng5采用
五点法井网(530m)

1981—1987年Ng6采用
五点法井网(265m)

1987年至今Ng5采用
200m×200m行列式井网

1987年至今Ng6采用
265m×265m行列式井网

**图16-2 中一区馆3—6单元井网演变示意图**

3. 开发认识及启示

（1）依据不同开发阶段的主要矛盾，形成了不同的开发技术对策。开发初期，优化基础井网，创新注水开发技术；中高含水期，针对大段合采层间干扰严重，开展细分层系为主的井网加密调整，主力层由4个减少到2个；高含水期，强化注采系统的局部加密调整，适时提液；特高含水期，发展聚合物驱提高采收率。

（2）创新形成比较完善的砂岩工艺技术。孤岛油田储层胶结疏松，地层易出砂，先后创新了化学防砂、机械防砂和化学+机械复合防砂等多种防砂工艺，满足了不同开发阶段防砂需要，突破了"怕稠、怕砂、怕水"不敢提液的禁区。

（3）高黏度高渗透疏松砂岩油藏，采用常规注采井网、生物竞争脱硫，污水配注条件下聚合物提高采收率是可行的。本着"先试验、再扩大、后推广"的原则，发展聚合物驱油藏工程、地面工程、经济评价等配套创新技术，为聚合物驱大面积应用提供实践依据。

（4）剩余油认识的不断深化，指导后续水驱高效开发。从中一区馆3井网流线转换+非均相复合驱先导试验的密闭取芯井资料看，水井间、油水井间、油井间仍有较好的剩余油物质基础。剩余油分布认识也由高含水期"水淹严重、高度分散"，到特高含水期"总体分散、局部集中"，到特高含水后期的"普遍分布、差异富集"，明确了后续水驱开发调整思路，并开展了进一步提高采收率的技术探索。

二）渤21断块中高渗高黏稠油油藏多种开发方式高效开发

1. 油藏地质特征

渤21断块位于孤岛披覆背斜构造的最西端，含油面积3.6km²，地质储量867×10⁴t。构造东高西低，东缓西陡，东部构造倾角1°~2°，西部构造倾角2°~3°。油层埋藏深度

1225~1301m，发育有较弱的边底水，油水界面1300m。主要含油层为馆3、馆4砂层组，平均有效厚度14m，自上而下划分为5个小层，主力油层为馆3$^3$、馆3$^5$。曲河流相沉积，岩性以粉、细砂岩为主，粒度中值0.15~0.2mm。泥质含量8.6%~10.5%，孔隙度为31.7%，渗透率为$1280 \times 10^{-3} \mu m^2$，地层原油黏度为687mPa·s，脱气原油密度0.955~0.981g/cm$^3$。油藏类型为高孔高渗的强非均质稠油油藏。

2. 开发历程效果

渤21断块于1975年4月投产，经历了常规水驱、蒸汽吞吐、蒸汽驱+热水驱、注水开发、注聚合物等五个开发阶段，2023年年底采出程度42.9%，综合含水率83.5%，标定采收率52.7%，盈亏平衡点33.9$/bbl。

水驱开发阶段（1975—1995年）。1975年4月投入开发，1978年采用300m反九点法面积井网注水开发，1989年加密调整为150m×300m行列式井网，阶段末综合含水率93.5%，采出程度提高12.7%。

蒸汽吞吐开发阶段（1995—2003年）。孤岛油田蒸汽吞吐试验取得成功，开展了低效水驱转热采开采调整，在原井排之间钻加密调整热采井44口，阶段末综合含水率81.4%，采出程度提高6.8%，最大压降5.9MPa，引起套损井增加。

蒸汽驱+热水驱开发阶段（2003—2007年）：由于水驱、蒸汽吞吐试验没有得到预期目的，在渤21-7-15井区7个井组采用不规则反九点井网开展热水驱试验，东部依靠天然能量开发，西部采用蒸汽吞吐开采方式，阶段末综合含水率87.5%，采出程度提高3.6%。

注水开发阶段（2007—2012年）：东部黏度相对低的7口井组开始恢复注水，西部区域采取蒸汽吞吐方式开采，地层能量逐渐恢复，单元产量稳步上升，阶段末综合含水率85.0%，采出程度提高3.6%。

注聚开发阶段（2012年至今）：2012年8月投入注聚，将150m×300m反九点注采井网调整成为150m×150m反五点注采井网，注入0.62PV，累计增油量77.4×10$^4$t，阶段末综合含水率83.5%，采出程度提高16.2个百分点（图16-3、图16-4）。

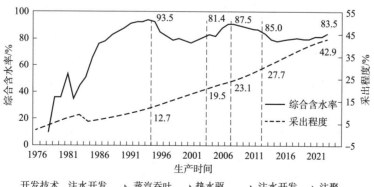

图16-3　渤21单元综合含水与采出程度曲线

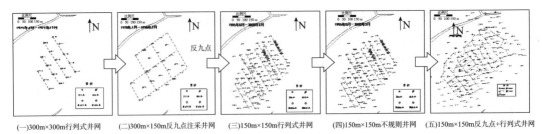

（一）300m×300m行列式井网  （二）300m×150m反九点注采井网  （三）150m×150m行列式井网  （四)150m×150m不规则井网  （五)150m×150m反九点+行列式井网

**图 16-4　渤 21 单元井网演变示意图**

3. 开发认识及启示

（1）聚合物驱能够有效动用强非均质薄层高黏稠油油藏。受油稠、地层非均质性严重的影响，渤21水驱、热采、热水驱效率低，采收率低，而经过多方式开采，极端耗水、热连通发育，聚合物能够起到扩大波及、降水增油的效果，达到提高采收率的目的。

（2）形成了非均质薄层高黏稠油油藏不同注聚阶段开发技术。注聚前大孔道识别、储层精细描述及重建注采井网技术；注聚初期整体调剖、低液不见效井、高见聚含水回返井治理技术；高峰期耦合注聚、不稳定注聚技术，有效扩大了聚驱波及。

（3）低液量井治理是强非均质薄层高黏稠油高效开发关键。化学驱低液井形成机理研究，堵塞物主要成分为聚合物交联原油、黏土细砂形成的团状物，同时聚合物吸附作用又加剧了团状物在防砂充填层的滞留。在实践中，逐步攻关形成"解稳防排"一体化长效工艺技术体系，优选配套化学解堵、物理解堵以及二者组合解堵工艺，释放有效液量。

三）中二北馆 3-4 单元国内外注入时间最长、量最大、效益最好聚合物驱项目

1. 油藏地质特征

中二北馆 3-4 单元位于孤岛油田披覆背斜构造北翼，构造简单平缓，西南高，东北低，区内无断层发育。含油面积 5.0km$^2$，地质储量 2341×10$^4$t，分馆 3、馆 4 两个层系，发育 9 个小层，有效厚度 27.1m，主力层为馆 3$^5$、馆 4$^4$ 层，主力层有效厚度 18.2m。河流相沉积，储层胶结疏松，非均质性强，孔隙度30%~33.1%，平均空气渗透率1269×10$^{-3}$μm$^2$，原始含油饱和度60%~65%，泥质含量8.95%；地面原油黏度（50℃）994~3851mPa·s，地下原油黏度72~115mPa·s，油藏类型为高孔高渗厚层普通稠油油藏。

2. 开发历程效果

单元于1972年5月投入开发，先后经历了天然能量、注水、层系细分加密调整和注聚合物开发。

天然能量开发阶段（1972—1979年）。采用400m井距开采，因油稠没有能量补充，地层压力下降快，阶段末综合含水率12.1%，采出程度提高3.8%，地层总压降2.7MPa。

注水开发阶段(1979—2005年)。为恢复地层能量，采用反七点法面积井网注水，压降降低到0.98MPa；为减少层间干扰，1984年开发进入中含水期，细分为馆3、馆4两套层系，原井网采馆3层系，馆4层系调整为西部五点法、东部反九点法，阶段末综合含水率

95.7%，采出程度提高30.7%。

注聚开发阶段（2006年至今）：进入特高含水期，为进一步提高采收率，投入聚合物驱开发，经过前置段塞、主体段塞、见效高峰期、延长期等针对性调整，先后编制14次优化段塞方案，目前注聚19年，注入1.105PV，目前综合含水率86.3%，含水持续谷底运行180个月，已累增油197×10⁴t，采出程度提高14.0个百分点（图16-5、图16-6）。

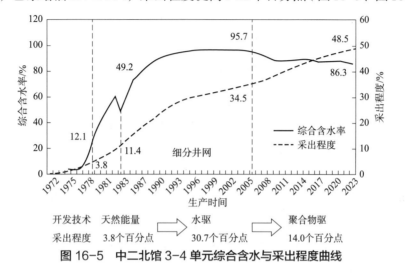

图 16-5　中二北馆 3-4 单元综合含水与采出程度曲线

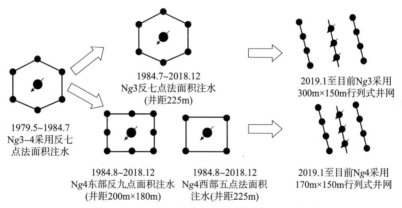

图 16-6　中二北馆 3-4 单元井网演变示意图

3. 开发认识及启示

中二北馆3-4单元标定采收率56.8%，尤其是2005年12月注聚合物后，有效期大幅延长，盈亏平衡点32.5$/bbl，创出了Ⅱ类油藏化学驱开发的高水平。

（1）及时调整开发策略，均衡注采比促见效。针对原注水井网大孔发育、原油黏度更高，局部井区未见效先见聚的情况，初期采取调整注采强度、封堵大孔道、降低周边注采，调整后油压由9.8上升到11.2MPa，单元进入见效期。

（2）分区域优化段塞尺寸，突破高黏聚驱瓶颈。开展注聚井组效果评价和技术界限评价，确立"五停五不停"的原则，段塞由585PVmg/L延长到1200PVmg/L，打破了传统化学驱注入段塞认识，采收率由4.19%提高至15%。

（3）优化流场重置，实现长段塞注入的长效开发。挖掘驱油"盲区"和非主流向的剩余油潜力，形成了见效高峰期差异化治理技术，平面上分井组调整浓度，纵向上细分减少层间干扰，主流向控制生产压差，非主流向放大生产压差，单元实现全面见效。

（4）大段塞期实施低成本井网调整，进一步稳效延效。大段塞期剩余油呈现"弱驱富集"的特征，将面积井网优化为行列式井网，利用侧钻、大修、扶停等技术小角度变流线，综合含水率由88.3%下降到86.3%。

四）西区北馆3-4单元特高含水后期变流线+非均相复合效益开发示范区

1. 油藏地质特征

孤岛油田西区北馆3-4单元位于孤岛披覆背斜构造西翼的北部，其北界、西界为孤岛1号大断层遮挡，含油面积4.8km²，地质储量1954×10⁴t。构造简单平缓，东高西低，构造高差20m，地层倾角1.5°。含油层为馆陶组上段的馆3、馆4砂层组，油藏埋深1180~1310m，主力油层为馆$3^5$、馆$4^2$、馆$4^4$，厚度大，分布广。河流相沉积，平均孔隙度34.8%，平均空气渗透率3213×10⁻³μm²。储层非均质性强，馆3渗透率级差1.2，馆4渗透率级差1.03。地下原油黏度（50℃）58~130mPa·s，平面上自东向西逐渐增大，与单元东高西低的构造特点相对应，油藏类型为构造-岩性普通稠油油藏。

2. 开发历程效果

西区北单元自1973年1月投产以来，先后经历了注水、层系细分加密、注聚合物、后续水驱、层系井网互换变流线+非均相复合驱等五个开发阶段。

注水开发阶段（1976—1997年）。针对初期弹性开采压力下降，采用反九点法面积井网、一套层系注水开发；但后期含水上升快，层间干扰严重，1983年5月细分调整划分为馆$3^1$-$4^1$和馆$4^2$-$6^2$两套开发层系，阶段末综合含水率94.5%，采出程度提高30.1%。

注聚开发阶段（1997—2002年）。西区馆$4^2$-$6^2$单元投入聚合物驱开发，中部6个井组开展三元复合驱试验，油井见效率最高86.4%，阶段末综合含水率91.1%，阶段采出程度5.3%。

后续水驱开发阶段（2002年4月—2018年9月）。将原馆$4^2$-$6^2$层系细分为西区馆$4^2$-$4^4$和西区馆5-6，原馆5-6低效水驱转入热采开发，原西区馆$3^1$-$4^1$单元和馆$4^2$-$4^4$单元继续采用水驱开发，阶段末综合含水率96.2%，阶段采出程度12.4%。

井网互换开发阶段（2018年10月至今）。特高含水后期阶段，井网形式长期固定，注采流线长期不变，极端耗水层带发育，注水效率极低，开展国家科技重大专项和中石化重大先导试验——层系井网互换变流线+非均相复合驱先导试验，目前综合含水率94.9%，日增油56t，提高采出程度2.0个百分点，再转非均相复合驱，预计提高采收率7%以上（图16-7、图16-8）。

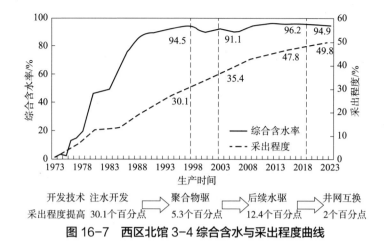

图 16-7　西区北馆 3-4 综合含水与采出程度曲线

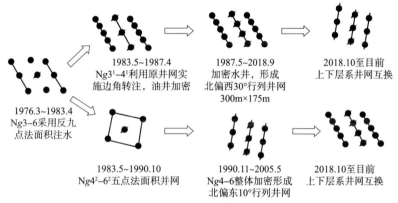

图 16-8　西区北馆 3-4 上下层系井网演变过程

3. 开发认识及启示

通过井网互换转流线技术的探索，多层系油藏特高含水后期单元开发效益提升，日产油由 122t 上升到 176t，综合含水率由 98.1% 下降到 96.9%，标定采收率 57.5%，盈亏平衡点 42.8$/bbl。目前正实施非均相复合驱，预计采收率 65%。

（1）精准描述调控高耗水是核心。特高含水期以来，地质认识由精细到小层发展到精细到侧积层，形成了储层构型描述的技术方法，实现了点坝内部构型的精细解剖；明确了动静资料综合识别高耗水层带思路，精确刻画高耗水层带控制下的剩余油分布。

（2）部署高驱低耗注采井网是基础。在精准描述调控高耗水的基础上，互换上下两套井网，下层系井网上返，由 300m × 175m 井网转变为 200m × 230m 井网；上层系井网下返，由 200m × 230m 井网转变为 300m × 175m 井网，主流线发生 40° 左右偏转，有效改变液流方向，新化射孔方案避射极端高耗水层带，减少无效水循环。

（3）配套低成本工艺技术是关键。围绕低成本转井网变流线，形成了套损井大修换井底技术、高效封堵卡封技术、水力喷砂避水驱油射孔+酸化氮气逐级返排等技术，充分利用老井实现井网不欠、层系不乱、注采不窜、控水增油降本。

五）东区馆 3–4 单元多薄层普通稠油二元复合驱 + 流场调整高效开发示范区

1. 油藏地质特征

孤岛油田东区馆 3–4 单元位于孤岛披覆背斜构造东翼，是一个人为划分的不封闭的开发单元，构造简单平缓，西高东低，向东倾斜，倾角 1.3° 左右。含油面积 12.9km²，平均有效厚度 17.7m，地质储量 3969×10⁴t；主要含油层为馆陶组上段的馆 3、馆 4，油藏埋深 1200~1320m，为一套曲流河沉积的砂泥岩互层，以粉砂岩为主，胶结类型以孔隙 – 接触式和接触式为主，成岩作用弱，胶结疏松，泥质含量均值 9.2%，孔渗性较好，孔隙度 31.1%，空气渗透率 1138×10⁻³μm²，含油饱和度 61.3%。地下原油黏度 300~1000mPa·s，地下原油密度平均 0.919g/cm³，平面黏度呈现随着构造加深增高的特征，油藏类型为典型的 Ⅱ 类稠油油藏。

2. 开发历程效果

东区馆 3–4 单元 1975 年 6 月投入开发，先后经历了天然能量开发、注水开发以及注聚开发等三个阶段。

天然能量开采阶段（1975—1978 年）。初期弹性驱动，天然能量弱，单井产量低；随着地层压力下降，边水逐渐发挥作用，单井产能有所上升。阶段末含水率达到 22.5%，采出程度提高 2.5%。

注水开发阶段（1978—2008 年）。由于地下亏空加大，利用反九点面积注水井网注水开发，恢复地层压力，日产油水平回升，但含水上升速度快；1987 年 2 月将面积注水井网转化成南北向行列式注采井网，平均总压降由 2.06MPa 恢复到 0.16MPa，阶段末含水率达到 94.9%，采出程度提高 30.6%。

注聚开发阶段（2008 年至今）。实施注聚开发，其中原油黏度较低的东区北采取聚合物驱开发，原油黏度较高的东区南、东区三期实施二元复合驱，无因次日油 3.7 以上，采出程度提高 18.5 个百分点，吨聚增油 21.5t，目前综合含水率 83.9%（图 16-9、图 16-10）。

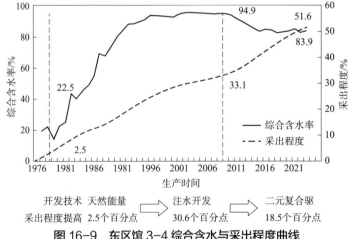

图 16-9 东区馆 3-4 综合含水与采出程度曲线

| 1975年井网 | 1991年井网 | 1997年井网 | 2020年井网 |
|---|---|---|---|

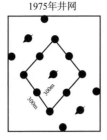 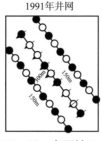 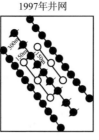 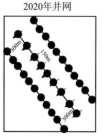

图 16-10　东区馆 3-4 注聚区井网演变过程

3. 开发认识及启示

注聚 16 年以来,适时剩余油动态跟踪,井网完善、局部细分层系调整、单层开发,长期处于见效高峰期,含水持续谷底已 130 个月,标定采收率 62.8%,盈亏平衡点 36.6$/bbl。

(1)拓宽了化学驱技术政策极限。Ⅱ类油藏开发中存在黏性指进严重、原油启动难、驱替不均衡的问题,设计和优选了二元体系,抑制指进能力大幅提升,同时在无碱条件下获得了超低界面张力,降低了原油与岩石表面的黏附性和实现了原油的渗透分离,聚合物驱适用的地下原油黏度从 50mPa·s 扩展到了 500~1000mPa·s。

(2)创新了高黏度油藏大段塞化学驱精细调控技术。深入认识化学驱不同开发阶段剩余油分布规律特点,注聚初期剩余油连片分布、见效高峰期剩余油差异富集、优化调整期剩余油"弱驱富集",形成了多维度"3+2"井网调整、多轮次注入调整、多波段流线调整模式,实现了剩余油多层、多向、全面动用,10 年剩余油饱和度由 45.2% 降低至 27.2%,与水驱 40 年饱和度下降幅度相当。

(3)探索了水驱稠油大幅度提高采收率的化学驱技术。二元驱结合精细调控可以显著改善水驱稠油的开发效果,孤岛东区南馆 3-4 二元驱段塞优化到 1.15PV,采收率从水驱的 35.4% 提高到 61.3%,提高 25.9 个百分点,在油价 40$/bbl 时仍然具有经济效益,可为同类油藏的开发提供理论依据和实践经验。

六)孤岛馆 5 边底水稠油环油藏热化学驱高效开发典范

1. 油藏地质特征

孤岛油田中区馆 5 稠油单元位于孤岛背斜构造中部,构造简单平缓,为南西向北东倾斜的单斜构造,含油面积 9.5km$^2$,地质储量 $2019 \times 10^4$t,主力含油小层为馆 $5^3$。河流相正韵律沉积,胶结疏松,储层非均质性强,平均孔隙度 35.7%,原始含油饱和度 60.1%。内部夹层发育,岩性以细砂岩为主,胶结类型为孔隙接触式。原始油藏温度为 70℃,平均空气渗透率 $2762 \times 10^{-3} \mu m^2$。地面脱气原油黏度(50℃)4000~15000mPa·s,平面上总体展布形态与构造基本一致,南西向北东方向黏度逐渐增大。油藏平均埋深 1300m,构造低部位边底水较发育,油水界面为 1313.0m,为边底水的构造-岩性厚层稠油油藏。

2. 开发历程效果

孤岛油田中区馆 5 稠油单元 1991 年 8 月开始蒸汽吞吐开采,先后经历了基础井网构建、井网加密调整和热化学蒸汽驱等三个开发阶段。

基础井网构建阶段（1991—1997年）。1991年8月，对中25-420和中24-421两口井开展注蒸汽吞吐试采试验，周期产油6575t，油汽比3.06t/t，突破了孤岛稠油热采技术瓶颈，揭开孤岛油田稠油热采动用开发的序幕，整体采用200m×283m反九点法井网蒸汽吞吐开发，阶段末综合含水率73.9%，采出程度提高7.8%。

井网加密调整阶段（1997—2010年）。通过深化吞吐加热半径和蒸汽吞吐加密界限研究，将200m×283m反九点法井网对角之间加密成141m×200m五点法井网，局部加密井网为100m×141m反九点井网，阶段末综合含水率90.2%，采出程度提高25%。

热化学蒸汽驱开发阶段（2010—2019年）。进入高轮次吞吐阶段，面临含水高、无技术接替难题，开展了中二北馆5稠油热化学驱先导试验、中二中馆5稠油油藏水驱后转蒸汽驱先导试验，探索深层、高地层压力稠油油藏化学蒸汽驱的可行性，相继取得突破，提高采收率16.5个百分点，实现稠油产量有效驱替和挑战55%采收率，阶段末综合含水率91.2%、采出程度49.3%（图16-11、图16-12）。

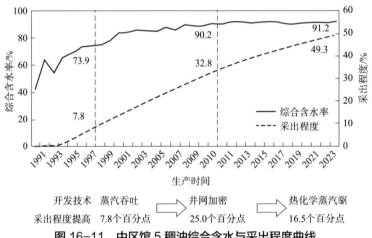

图 16-11 中区馆5稠油综合含水与采出程度曲线

3. 开发认识及启示

馆5稠油环蒸汽吞吐提高采收率37%、蒸汽驱热化学驱后标定采收率56.1%，盈亏平衡点39.2$/bbl，实现了边底水稠油油藏热采高效开发。

（1）馆5稠油环热采的成功突破了孤岛稠油热采技术瓶颈，揭开孤岛油田稠油注蒸汽热采开发的序幕。在弱水侵区剩余油分布认识的基础上，开展了吞吐加热半径和蒸汽吞吐加密界限研究、孤岛稠油渗流规律研究，形成了具有孤岛特色的低效水驱转热采、井网优化加密、水平井单层开发技术，打造了具有孤岛特色的热采高速高效开发模式。

（2）蒸汽驱油藏压力适应界限拓宽至7MPa。针对孤岛馆5稠油环边底水稠油油藏，形成了"高干度蒸汽+高温驱油剂+高温泡沫"协同增效理论，创新高干度蒸汽解决地层压力高带来的蒸汽带小、热水带大的问题，利用注高温驱油剂提高驱油效率，注高温泡沫剂抑制水淹高渗条带窜进，均衡扩大蒸汽腔。

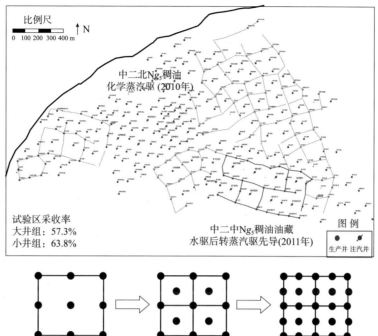

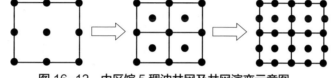

图 16-12　中区馆 5 稠油井网及井网演变示意图

（3）形成"排、停、堵、避"综合治理水侵技术。边部大泵排液，抑制边底水向内部推进；停注降注稀油区附近同层系常规注水井，减少注入水水侵；水侵前缘含水较高的热采井实施氮气调剖，降低单井含水同时形成阻止水侵的屏障；新钻热采井避射油层下部，利用层内夹层抑制底水锥进。

七）孤北孤气 9 断块高泥质含量弱边水稠油油藏蒸汽驱高效开发

1. 油藏地质特征

孤北孤气 9 断块稠油单元位于孤岛披覆背斜北翼，孤北断层的下降盘，是一个被断层复杂化的断阶区，为单斜构造，倾向向东。含油面积 $0.63km^2$，平均有效厚度 18.4m，地质储量 $224 \times 10^4t$，油藏平均埋深 1227~1336m。主力层为馆 $3^3$、馆 $3^5$、馆 $4^2$，属于曲流河沉积，渗透性好，胶结疏松，但非均质性强。岩性以粉细砂岩及细砂岩为主，胶结类型为孔隙-接触式，平均孔隙度 32%，平均空气渗透率 $1529 \times 10^{-3}\mu m^2$，原始含油饱和度 62%，泥质含量 10%~18%。地面脱气原油黏度（50℃时）5800~27000mPa·s，地面原油密度为 0.9914~1.0067g/cm³，地下原油黏度平均为 155mPa·s，油水界面埋深 1313m，为一具有弱边底水的高孔、高渗、高泥质含量的构造-岩性稠油油藏。

2. 开发历程效果

孤北孤气 9 稠油单元自 1994 年 1 月投入开发，先后经历了蒸汽吞吐、井网加密、蒸汽驱等三个开发阶段，标定采收率 40.5%，盈亏平衡点 43.3$/bbl。

蒸汽吞吐阶段（1994—2004 年）。在中二北馆 5 稠油热采先导试验（1993 年）获得成功的基础上，1994年10月采用150m×250m不规则五点法井网蒸汽吞吐开采，阶段末综合含水66.4%，采出程度提高9.9%，油汽比0.8~0.9t/t。

井网加密阶段（2004—2008年）。这一阶段，将150m×250m反五点法井网加密成130m×150m反九点法井网，阶段末综合含水率73.2%，采出程度提高3.5%，采油汽比由0.92t/t下降至0.6t/t。

蒸汽驱阶段（2008年至今）。蒸汽吞吐开发采出程度低、采收率低，2008年开始了蒸汽驱试验，日油水平由50t增加至127t；2014年蒸汽驱汽窜加剧，为改善开发效果，采取不稳定注汽+高稳复合驱油体系，封堵高渗条带、提高洗油效率，阶段末综合含水率85.7%，采出程度提高16.3%，油汽比0.3~0.4t/t（图16-13、图16-14）。

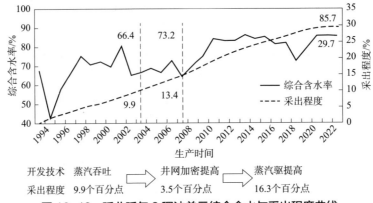

图 16-13　孤北孤气 9 稠油单元综合含水与采出程度曲线

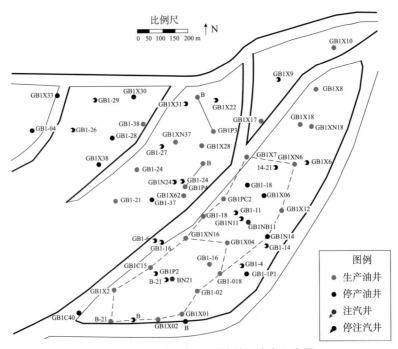

图 16-14　孤北孤气 9 稠油井网演变示意图

3. 开发认识及启示

（1）蒸汽驱是弱边水高泥质含量稠油油藏蒸汽吞吐开发后的有效接替方式。孤气9断块蒸汽驱提高采收率16.3%，蒸汽吞吐提高采收率13.4%，说明蒸汽驱技术适合在孤岛油田推广应用，这对于孤岛油田稠油高轮次吞吐后进一步提高采收率具有重要意义。

（2）攻关形成蒸汽驱相应注采调整技术。蒸汽驱注采调整技术以保障蒸汽向各方向均衡推进，扩大蒸汽波及体积为目的。孤气9断块非均质性严重，逐步形成相适应的射孔技术、配产配注技术、动态监测技术及"引、调、堵"为主的注采调整技术，有效提高蒸汽波及体积，改善蒸汽驱开展状况。

（3）配套了高泥质含量稠油蒸汽驱防膨技术。在对注蒸汽开采油藏储层伤害特征分析评价基础上，选择了耐温能力、防膨效果好的GH-2和GD-21两种高温防膨剂；施工中，先使用高浓度（大于10%）高温黏土稳定剂处理地层，处理半径大于1.0m，然后用较低质量分数（2%~5%）的高温黏土稳定剂作为携砂液，以加强对黏土膨胀的抑制，同时研制SD-4深部解堵剂，抑制或清除注蒸汽油井出现的各种储层伤害，降低了注汽压力。

# 参考文献

［1］廖广志，马德胜，王正茂.油田开发重大试验实践与认识［M］.北京：石油工业出版社，2018.

［2］段昌旭，于京秋，等.中国油藏开发模式丛书·孤岛常规稠油油藏［M］.北京：石油工业出版社，1997.

［3］刘文章.中国油藏开发模式丛书·稠油热采油藏开发模式［M］.北京：石油工业出版社，1998.

［4］《孤岛油田开发志》编写组.孤岛油田开发志［M］.北京：石油工业出版社，2008.5.

［5］孙焕泉.水平井开发技术［M］.北京：石油工业出版社，2012.

［6］张绍东，束青林，张本华，等.河道砂常规稠油油藏特高含水期聚合物驱研究与实践［M］.北京：石油工业出版社，2005.

［7］张绍东.孤岛油田聚合物驱油技术应用实践［M］.北京：中国石化出版社，2005.

［8］陆先亮，束青林，曾祥平，等.孤岛油田精细地质研究［M］.北京：石油工业出版社，2005.

［9］肖建洪，付继彤，王代流.孤岛油田采油工程技术［M］.北京：中国石化出版社，2014.

［10］《胜利油田孤岛采油厂志》编审委员会.胜利油田孤岛采油厂志1996-2015［M］.北京：石油工业出版社，2018.

［11］蔡燕杰，杨晓敏.孤岛地区石油地质特征与勘探实践［M］.北京：石油工业出版社，2010.

［12］蔡燕杰.聚合物驱注采调整技术［M］.北京：中国石化出版社，2002.

［13］林承焰.油藏精细描述与剩余油研究［M］.东营：中国石油大学出版社，2017.

［14］刘建民.沉积结构单元在油藏研究中的应用以沾化凹陷东部馆上段为例［M］.北京：石油工业出版社，2003.

［15］李阳，等.中国石化提高采收率工作会议论文集［M］.北京：中国石化出版社，2009.

［16］李阳，束青林，张本华，等.孤岛油田开发技术与实践［M］.北京：中国石化出版社，2018.

［17］束青林，张本华，荆波，等.极浅海埕岛油田开发技术与实践［M］.北京：中国石化出版社，2021.

［18］李阳，刘建民.油藏开发地质学［M］.北京：石油工业出版社，2007.

［19］李阳.陆相水驱油藏剩余油富集区表征［M］.北京：石油工业出版社，2011.